21世纪高职高专系列规划教材

高等数学

第2版

主　编　汪学骞
副主编　郭红财
　　　　朱良撑
　　　　董冉冉

GAODENG SHUXUE

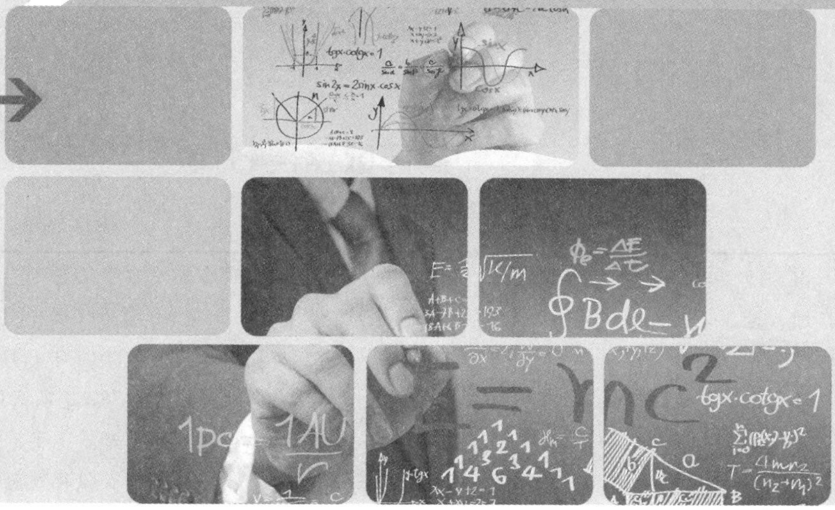

合肥工業大學出版社

内容摘要

《高等数学(第2版)》是高职专科院校通用公共基础教材。全书共11章,主要内容有:一元函数与多元函数微积分、常微分方程、空间解析几何初步、无穷级数等。其内容涵盖了高职高专院校各工程专业、管理专业等所必需的数学知识以及如何利用这些知识解决实际问题的方法。另外,本书还以数学实验的形式,编写了利用数学软件解决实际计算的内容。书末附有习题答案。

图书在版编目(CIP)数据

高等数学/汪学骞主编.—2版—合肥:合肥工业大学出版社,2017.7(2019.8重印)
ISBN 978-7-5650-3478-7

Ⅰ.①高… Ⅱ.①汪… Ⅲ.①高等数学—高等职业教育—教材 Ⅳ.①O13

中国版本图书馆CIP数据核字(2017)第175683号

高等数学(第2版)

主　编　汪学骞　　　　责任编辑　张择瑞

出　版	合肥工业大学出版社	版　次	2015年9月第1版
地　址	合肥市屯溪路193号		2017年7月第2版
邮　编	230009	印　次	2019年8月第3次印刷
电　话	理工编辑部:0551-62903204	开　本	787毫米×1092毫米　1/16
	市场营销部:0551-62903198	印　张	16　　字　数　365千字
网　址	www.hfutpress.com.cn	印　刷	安徽昶颉包装印务有限责任公司
E-mail	hfutpress@163.com	发　行	全国新华书店

ISBN 978-7-5650-3478-7　　　　定价:30.00元

安徽扬子职业技术学院教材

编写委员会

前　　言

高等职业技术院校的教育培养目标，离不开国家的教育培养目标。国家的教育培养目标，是要培养有理想、有道德、有文化、有纪律的社会主义建设者。这一总体的培养目标对于我国各级各类教育都是适用的。当然，各级各类教育又有它特定范围的培养目标，高等职业技术院校以"科教兴国，造福天下"为办学宗旨，以培养应用型人才或高级技工为目标。同时，高等职业技术院校的各个专业也有自己的培养目标，随着社会的发展，其专业的设置和培养目标必定随着科学技术的发展产生相应的变化。

现在，非高职院校毕业生的就业问题压力很大，其主要原因之一，恐怕和所学非所用、所用非所学有关。而高等职业技术院校毕业生的就业率和工资待遇，一般都高于同一级别的非高职院校，这和社会需求息息相关。高等职业技术院校的专业设置以职业分析为基础，培训目标以职业能力为本位，课程设计以职业活动为核心，教学方法以成人成才为手段，考试考核以职业资格为标准，办学形式以最大限度地利用资源为原则，办学特色以着力培养学生就业能力、创业能力和适应能力为己任。

实现上述目标，既是分析社会需求的归结，又是根据不同的专业制定教学计划的开端。在科学技术日新月异、社会需求不断变化的今天，高等职业技术院校只有设置社会急需的专业、培养高质量的毕业生，才能在竞争中立于不败之地。而实现这一目标的生命线，离不开教学建设。而教学建设的主要内容之一，是教材建设。为此，安徽扬子职业技术学院发挥自身优势，并整合社会优质资源和优秀人才，特编写一套科学、管用、前沿、优秀的高等职业技术院校的教材。在教材的酝酿、编写过程中，得到安徽工程科技大学、合肥工业大学、安徽师范大学、安徽机电职业技术学院等院校相关教授的参与和支持，特表感谢！

参加《高等数学(第 2 版)》一书撰写的有(以章节先后为序)：董冉冉撰写第一章；朱良撑撰写第二章、第三章、第四章、第五章；王巍撰写第六章、第七章；郭红财撰写第八章、第九章、第十章；陈亮撰写第十一章和附录。全书由主编统稿，编委会审定。

安徽扬子职业技术学院教材编写委员会

2017 年 6 月 26 日

目　　录

第 1 章　函　数

在初等数学里已经学过函数，从高等数学开始将用极限思维研究函数一些特性. 本章首先对函数的概念及简单性质做个回顾，然后学习极限的概念、无穷小的概念和两个重要极限.

1.1　函数的概念

1.1.1　映射与函数

定义　具有某种特定性质的事物的总体称为集合；组成这个集合的事物称为该集合的元素.

集合的表示法：① 列举法 $A=\{a_1,a_2,\cdots,a_n\}$；② 描述法 $M=\{x \mid x$ 所具有的特征$\}$.

元素与集合的关系：元素 a 属于集合 M，记作 $a\in M$；元素 a 不属于集合 M，记作 $a\notin M$.

集合与集合的关系：若 $x\in A$，且 $x\in B$，则称 A 是 B 的子集，记作 $A\subseteq B$. 若 A 是 B 的子集，B 又是 A 的子集，则称 A 与 B 相等，记作 $A=B$.

定义　设有两个非空集合 A、B，如果集合 A 中的每一个元素 x 按照某一个确定的对应关系 f，使得在集合 B 中都有唯一确定的元素 y 与之对应，那么就称对应关系为集合 A 到集合 B 的一个映射，记作 $f:A\to B$.

定义　设 A、B 是两个集合，$f:A\to B$ 是集合 A 到集合 B 的映射，如果在这个映射下，对于集合 A 的不同元素，在集合 B 中有不同的象，且 B 中每一个元素都有原象，那么这个映射叫作集合 A 到集合 B 上的一一映射.

注　(1) 一一映射是一种特殊的映射：A 到 B 是映射，B 到 A 也是映射.

(2) 一一映射满足集合 A 与集合 B 中元素个数相同.

定义　设 x 和 y 是两个变量，D 是一个非空实数集. 如果对于 D 中的每个变量 x，变量 y 按照一定法则 f 总有唯一确定的数值与之对应，则称 y 是 x 的函数，记作 $y=f(x)$. 其中 x 称为自变量，y 称为因变量. 自变量的取值范围（数集 D）称为这个函数的定义域.

例 1　求下列函数的定义域：

(1) $f(x)=\sqrt{\sqrt{4-x^2}-1}$；　　　(2) $f(x)=\dfrac{\sqrt{x^2-3x-4}}{|x+1|-2}$；

(3) $f(x)=\dfrac{1}{1+\dfrac{1}{x}}$；　　　　(4) $f(x)=\dfrac{(x+1)^0}{\sqrt{|x|-x}}$.

解　(1) 使函数有意义，满足 $4-x^2\geqslant 1$ 得 $-\sqrt{3}\leqslant x\leqslant\sqrt{3}$，该函数的定义域为 $\left[-\sqrt{3},\sqrt{3}\right]$；

(2) 使函数有意义，须满足 $\begin{cases}x^2-3x-4\geqslant 0\\|x+1|-2\neq 0\end{cases}$，得该函数的定义域为 $\{x\mid x<-3$ 或 $-3<x\leqslant -1$ 或 $x\geqslant 4\}$；

(3) 要使函数有意义，须满足 $\begin{cases}x\neq 0\\1+\dfrac{1}{x}\neq 0\end{cases}$，得该函数的定义域为 $\{x\mid x\in R$ 且 $x\neq 0,-1\}$；

(4) 要使函数有意义，须满足 $\begin{cases}x+1\neq 0\\|x|-x>0\end{cases}$，得该函数的定义域为 $\{x\mid x<-1$ 或 $-1<x<0\}$.

通过定义可以看出函数有两个关键的要素：定义域与对应法则. 如果两个函数的定义域与对应法则均相同，那么这两个函数相等.

当自变量 x 在定义域 D 内的某一定值 x_0 时，按照对应法则 f 所得的对应值 y_0 称为函数 $y=f(x)$ 在 $x=x_0$ 处的函数值，记作 $f(x_0)$，即 $y_0=f(x_0)$. 函数值 y 构成的集合称为函数的值域，记作 M，即

$$M=\{y\mid y=f(x),x\in D\}.$$

注　函数与映射的关系：

(1) 函数是特殊的映射，映射是函数概念的扩展.

(2) 映射与函数都是建立在两个非空数集上的特殊对应关系.

定义　在定义域的不同区间函数有不同的表达式的函数称为分段函数，如 $f(x)=\begin{cases}3x+2,x<2\\x^2+6,x\geqslant 2\end{cases}$.

1.1.2　复合函数

定义　设函数 $y=f(u)$ 的定义域为 D_1，函数 $u=\varphi(x)$ 的值域为 D_2，满足 $D_2\subseteq D_1$，则变量 y 通过变量 u 成为 x 的函数，这个函数称为由函数 $y=f(u)$ 和函数 $u=\varphi(x)$ 构成的复合函数，记作 $y=f(u)=f[\varphi(x)]$. 由函数 $y=f(u)$ 和函数 $u=\varphi(x)$ 得到 $y=f[\varphi(x)]$ 称为函数的复合过程.

其中 u 为中间变量，x 为自变量，y 为因变量，$y=f(u)$ 为外函数，$u=\varphi(x)$ 为内函数. 如函数 $y=2^{3x+6}$ 是由函数 $y=2^u$ 与函数 $u=3x+6$ 复合而成. 不是任意的函数都可以复合，只有满足内函数的值域是外函数的定义域的子集的函数才可以复合.

1.1.3 初等函数

在初等数学中学过六类基本初等函数：常数函数、幂函数、指数函数、对数函数、三角函数、反三角函数. 有关六类基本初等函数的概念与性质请查阅相关资料复习.

定义 由基本初等函数经过有限次的四则运算与有限次的复合而成由一个式子所表达的函数称为初等函数. 如 $y=\arctan x^{-1}$ 是初等函数，$y=\sum\limits_{i=1}^{\infty}x^i$ 不是初等函数.

1.1.4 反函数

定义 设有已知函数 $y=f(x)$，$x\in D$，值域为 $f(D)$. 若对于 $\forall\, y\in f(D)$，都可由关系式 $y=f(x)$ 确定唯一的一个值 x 与之对应，这样便确定了一个定义在 $f(D)$ 上以 y 为自变量，x 为因变量的新函数，这个函数称为原函数的反函数，记作

$$x=f^{-1}(y),y\in f(D).$$

为了便于统一，$y=f(x)$，$x\in D$ 的反函数通常记作 $y=f^{-1}(x)$，$x\in f(D)$.

总结求函数 $y=f(x)$ 的反函数的方法步骤如下：

(1) 把原函数 $y=f(x)$ 看作是以 x 为未知数的方程，解方程求出 $x=f^{-1}(y)$.

(2) 把 x、y 互换，得 $y=f^{-1}(x)$，这就是原函数 $y=f(x)$ 的反函数，写出反函数的定义域.

注 原函数与反函数之间的关系：

(1) 原函数的定义域是反函数的值域，原函数的值域是反函数的定义域；

(2) 原函数的图像与反函数的图像关于直线 $y=x$ 对称；

(3) 原函数在定义域内与反函数对应的值域具有相同的单调性；

(4) 分段函数的反函数仍是分段函数.

习题 1-1

1. 下列各对函数中哪些相同？哪些不同？

(1) $f(x)=\ln x^2,g(x)=2\ln x$；　　(2) $f(x)=x,g(x)=\sqrt{x^2}$；

(3) $f(x)=\sqrt{1-x^2},g(x)=1-|x|,x\in[-1,1]$；

(4) $f(x)=\log_a a^x\,(a>0$ 且 $a\neq 1),g(x)=\sqrt[3]{x^3}$.

2. 求下列函数的定义域：

(1) $y=\sqrt{5-x^2}$；　　(2) $y=\dfrac{1}{4-x^2}$；

(3) $y=\arcsin(x-1)$；　　(4) $y=\ln(x+1)$.

3. 求下列函数的反函数：

(1) $y=2^{-x}+1$，　　(2) $y=x|x|+2x$.

4. 求出下列函数的复合过程：

(1) $y=\sin(2x+5)$；　　(2) $y=\cos^2 x$；

(3) $y=\ln\sqrt{1-x}$；　　(4) $y=f(2^{x+1})$.

5. 函数 $y=\dfrac{2x-3}{x+a}$ 的反函数是其本身，请问 a 的值是多少？

1.2　几个经济中常用的函数

1.2.1　需求函数与供给函数

需求函数是指在某一特定时期内，市场上某种商品的购买数量和起决定因素价格之间的函数关系

$$Q=f(P),$$

其中，Q 表示需求量，P 表示价格. 需求函数在定义域内是单调减函数，需求量会随着价格的增加而减少. 需求函数的反函数 $P=f^{-1}(Q)$ 称为价格函数.

1.2.2　供给函数

供给函数是指在某一特定时期内，市场上某种商品的各种可能的供给量 S 和起决定因素价格之间的函数关系

$$S=g(P).$$

其中，S 表示供给量. 一般来说，供给函数是单调增函数，供给量随着价格上升而上升.

1.2.3　均衡函数

对一种商品而言，如果需求量等于供给量，则这种商品就达到了市场均衡. 以需求函数和供给函数为例，如果

$$Q=f(P)=S=g(P),$$

得 $P=P_0$，$Q=Q_0$，价格 P_0 称为该商品的市场均衡价格，商品量 Q_0 称为市场均衡数量. 市场均衡价格、市场均衡数量分别就是需求函数和供给函数两条曲线的交点的横坐标、纵坐标. 该点称为市场均衡点 (P_0, Q_0)（见图 1-1）.

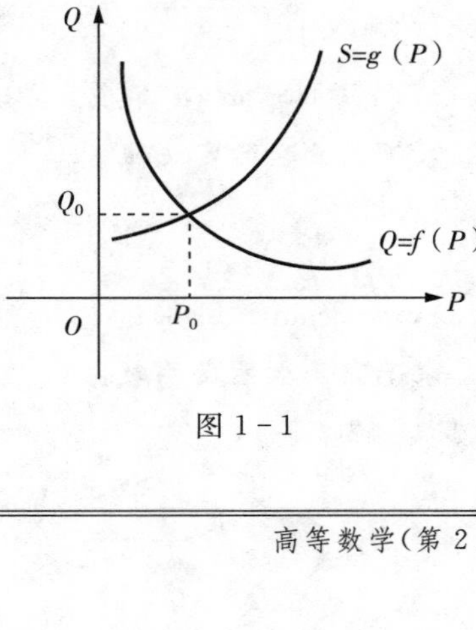

图 1-1

例 1　某种商品的供给函数和需求函数分别为

$$Q=20P-25, S=100-5P,$$

求该商品的市场均衡价格和市场均衡数量.

解　由供需均衡条件 $Q=f(P)=S=g(P)$ 得

该商品的市场均衡价格为 $P_0=5$,该商品的市场均衡数量 $Q_0=75$.

1.2.4　成本函数

总成本是指生产一定数量的产品所需的费用(劳动力、原材料、设备等)总额.总成本主要由两块构成:第一块是厂房、设备等固定资产的折旧,管理者工资等固定成本,用 C_0 表示,它不会随着产量的改变而改变;第二块是原材料费用、能源费用、劳动者工资等可变成本,用 $C_1(Q)$ 表示,其中 Q 表示产量.总成本函数用 $C(Q)$ 表示,即

$$C(Q)=C_0+C_1(Q).$$

平均成本是生产一定的数量产品,平均每单位产品的成本.平均成本函数为

$$\frac{C(Q)}{Q}=\frac{C_0+C_1(Q)}{Q}=\frac{C_0}{Q}+\frac{C_1(Q)}{Q}.$$

成本函数是单调增加函数,成本随着产量的增加而增加.

1.2.5　收益函数与利润函数

1.收益函数

销售某种产品的收益 R 取决于产品的销售量 Q 和与此对应的价格 P,即 $R(Q)=P(Q)Q$,称其为收益函数.平均收益函数为 $\bar{R}(Q)=R(Q)/Q$.

例 2　某工厂生产某种产品年产量为 x 台,每台售价 500 元,当年产量超过 800 台时,超过部分只能按 8.5 折出售,这样可多售出 200 台;如果再多生产,本年就销售不出去了.试写出本年的收益函数.

解　收益函数是一个分段函数,当产量在 800 台以下(含 800 台)时,收益为 $500x$ 元;当产量高于 800 台低于 1000 台(含 1000 台)时,收益为 $400000+500\times0.85x$ 元;当产量高于 1000 台时,收益为 485000 元,则此收益函数为

$$R(x)=\begin{cases}500x, & x\in[0,800]\\ 400000+425x, & x\in(800,1000].\\ 485000, & x\in(1000,\infty)\end{cases}$$

2.利润函数

销售利润 L 等于收入 $R(Q)$ 去除成本 $C(Q)$ 的剩余部分,即 $L=R(Q)-C(Q)$,称其为利润函数,由此可见利润函数也是商品量的函数.平均利润为 $\bar{L}(Q)=\frac{L(Q)}{Q}$.

例 3　设生产某种产品 x 件的总成本为 $C(x)=20+2x+0.5x^2$(单位:万元),若该产品

的销售单价是 20 万元，求售出 20 件该产品时的总利润和平均利润.

解 $L(x)=R(x)-C(x)$

$=20x-(20+2x+0.5x^2)$.

$L(20)=-20+18\times20-0.5\times20^2$

$=140$(万元).

$\overline{L}(20)=\dfrac{L(20)}{20}=\dfrac{140}{20}=7$(万元).

注 当 $L=R-C>0$ 时，生产者盈利；

当 $L=R-C<0$ 时，生产者亏损；

当 $L=R-C=0$ 时，生产者盈亏平衡，使 $L(x)=0$ 的点 x_0 称为盈亏平衡点(又称为保本点).

习题 1-2

1. 设某企业生产某种产品的固定成本为 9 万元，每生产一件商品需增加 0.7 万元的成本，试求总成本函数及平均成本函数，并判断平均成本函数的单调性.

2. 某厂每年生产某产品 Q 台的平均成本为 $\overline{C}(Q)=\left(Q+6+\dfrac{20}{Q}\right)$ 万元/台，该产品的销售单价为 $P=30$ 万元/台，试求每年生产 Q 台产品的总利润函数.

1.3 函数的极限

1.3.1 数列极限

两列数 $1,\dfrac{1}{2},\dfrac{1}{3},\cdots,\dfrac{1}{n}$ 和 $\dfrac{1}{2},\dfrac{2}{3},\dfrac{3}{4},\cdots,\dfrac{n}{n+1}$，称它们为数列，记作 $a_1,a_2,a_3,\cdots,a_n$.

现在来讨论当 n 无限增大时，这两个数列的变化趋势. 为了能直观地观察到数列的变化趋势，可以把这两个数列在数轴上表示出来，如图 1-2、图 1-3 所示.

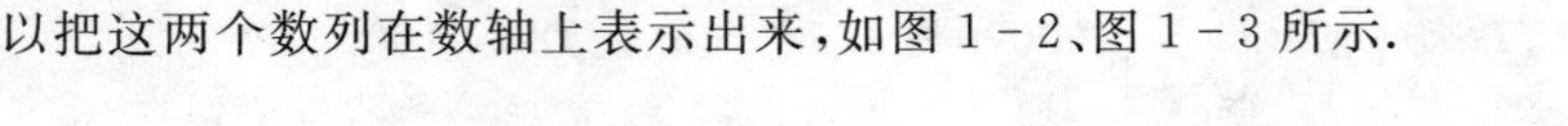

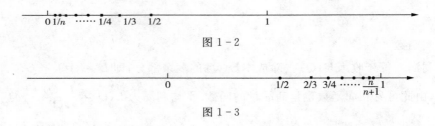

图 1-2

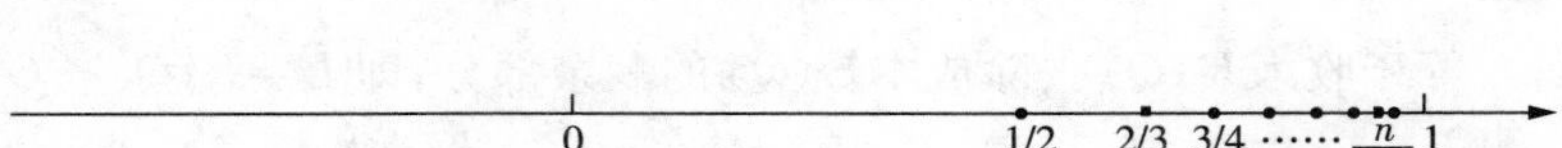

图 1-3

由图1-2可以看出，当$a_n=\frac{1}{n}$无限增大时，表示的点$a_n=\frac{1}{n}$逐渐密集在点0的右侧，即$a_n=\frac{1}{n}$无限接近于0；由图1-3可以看出，当n无限增大时，表示$a_n=\frac{n}{n+1}$的点逐渐密集在点1的左侧，即$a_n=\frac{n}{n+1}$无限接近于1.

上述两个数列具有相同的变化特征，即当n无限增大时，它们的通项x_n都无限接近于一个确定的常数. 对于具有这样特征的数列，引出数列极限的定义.

定义　如果当n无限增大时，数列$\{x_n\}$的通项x_n无限接近于一个确定的常数A，则把常数A称为数列$\{x_n\}$的极限(也称数列$\{x_n\}$收敛于A)记作

$$\lim_{n\to\infty}x_n=A \text{ 或}(x_n\to A)(n\to\infty)$$

例1　观察下面数列的变化趋势，并写出它们的极限.

(1)$a_n=\frac{1}{2^{n-1}}$；　　(2)$a_n=\frac{n+1}{n}$；

(3)$a_n=\frac{1}{(-3)^n}$；　　(4)$a_n=4$.

解　(1)$a_n=\frac{1}{2^{n-1}}$的项依次为$1,\frac{1}{2},\frac{1}{4},\frac{1}{8},\cdots$，当$n$无限增大时，$a_n$无限接近于0，所以$\lim\limits_{n\to\infty}\frac{1}{2^{n-1}}=0$；

(2)$a_n=\frac{n+1}{n}$的项依次为$2,\frac{3}{2},\frac{4}{3},\frac{5}{4},\cdots$，当$n$无限增大时，$a_n$无限接近于1，所以$\lim\limits_{n\to\infty}\frac{n+1}{n}=1$；

(3)$a_n=\frac{1}{(-3)^n}$的项依次为$-\frac{1}{3},\frac{1}{9},-\frac{1}{27},\frac{1}{81},\cdots$，当$n$无限增大时，$a_n$无限接近于0，所以$\lim\limits_{n\to\infty}\frac{1}{(-3)^n}=0$；

(4)$a_n=4$为常数数列，无论n取怎样的正整数，a_n始终为4，所以$\lim\limits_{n\to\infty}4=4$.

一般地，一个常数数列的极限等于这个常数本身，即

$$\lim_{n\to\infty}C=C(C\text{ 为常数})$$

需要指出的是，并不是所有数列都有极限，如数列$a_n=2^n$，当n无限增大时，a_n也无限增大，不能无限地接近于一个确定的常数，所以它没有极限；又如数列$a_n=(-1)^n$，当n无限增大时，a_n在两个数-1和1上来回移动，不能无限地接近于一个确定的常数，所以它也没有极限. 对于没有极限的数列，我们称该数列的极限不存在，亦称该数列发散.

1.3.2 函数极限

对于函数的极限，根据自变量的变化趋势的不同分两种情况讨论.

1. 当自变量 x 的绝对值无限增大时($x \to \infty$)，函数 $y=f(x)$ 的极限

定义 设函数 $y=f(x)$ 在 $|x|>a$ 时有定义(a 为某个正实数)，如果当自变量 x 的绝对值无限增大时，函数 $y=f(x)$ 无限趋近于一个确定的常数 A，则称常数 A 为当 $x\to\infty$ 时，函数 $y=f(x)$ 的极限，记作

$$\lim_{x\to\infty} f(x)=A \text{ 或 } f(x)\to A(x\to\infty)$$

需要指出的是，$x\to\infty$ 表示 x 既取正值且无限增大(记作 $x\to+\infty$)，同时又取负值且其绝对值无限增大(记作 $x\to-\infty$).

显然，函数 $f(x)$ 在 $x\to\infty$ 时的极限与在 $x\to+\infty$，$x\to-\infty$ 时的极限存在以下逻辑关系：

定理 1 $\lim\limits_{x\to\infty} f(x)=A$ 的充要条件是 $\lim\limits_{x\to+\infty} f(x)=\lim\limits_{x\to-\infty} f(x)=A$.

例 2 讨论下列函数当 $x\to\infty$ 时的极限：

(1) $y=\dfrac{1}{x}$； (2) $y=2^x$； (3) $y=\arctan x$.

解 (1) 由反比例函数 $y=\dfrac{1}{x}$ 的图形及性质可知，当 $|x|$ 无限增大时，$\dfrac{1}{x}$ 无限接近于 0，所以 $\lim\limits_{x\to\infty}\dfrac{1}{x}=0$；

(2) 由指数函数 $y=2^x$ 的图形及性质可知，$\lim\limits_{x\to+\infty}2^x=+\infty$，$\lim\limits_{x\to-\infty}2^x=0$，所以 $\lim\limits_{x\to\infty}2^x$ 不存在.

(3) 由反正切函数 $y=\arctan x$ 的图形及性质可知，$\lim\limits_{x\to+\infty}\arctan x=\dfrac{\pi}{2}$，$\lim\limits_{x\to-\infty}\arctan x=-\dfrac{\pi}{2}$，所以 $\lim\limits_{x\to\infty}\arctan x$ 不存在.

2. 当 $x\to x_0$ 时，函数 $y=f(x)$ 的极限

当自变量 x 无限接近于某一定值 x_0 时，记作 $x\to x_0$.

定义 设 $\delta>0$，我们把集合 $\{x\,|\,|x-x_0|<\delta\}$ 称为点 x_0 的 δ 邻域，记作 $U(x_0,\delta)$，点 x_0 称为邻域的中心，δ 称为邻域的半径. 集合 $\{x\,|\,0<|x-x_0|<\delta\}$ 称为点 x_0 的 δ 去心邻域，记作 $\mathring{U}(x_0,\delta)$.

定义 设函数 $y=f(x)$ 在 x_0 的某去心邻域 $\mathring{U}(x_0,\delta)$ 内有定义，如果当 x 无限趋近于 x_0 时，$f(x)$ 无限接近于一个确定的常数 A，则称常数 A 为当 $x\to x_0$ 时函数 $f(x)$ 的极限，记作

$$\lim_{x\to x_0} f(x)=A \text{ 或 } f(x)\to A(x\to x_0)$$

如函数 $y=2^x$，当 x 从 1 的左、右两旁无限趋近于 1 时，曲线 $y=2^x$ 上的点都无限接近于点 (1,2)，即函数 $y=2^x$ 的值无限接近于常数 2，所以 $\lim\limits_{x\to 1}2^x=2$.

注 (1) 由于现在考察的是当 $x\to x_0$ 时函数 $f(x)$ 的变化趋势，所以定义中并不要求 $f(x)$ 在点 x_0 处有定义；

(2) $x\to x_0$ 表示自变量 x 从 x_0 的左、右两旁同时无限趋近于 x_0.

例 3 求 $y=\dfrac{x^2-1}{x+1}(x\neq -1)$ 当 $x\to -1$ 时的极限.

解 由函数 $y=\dfrac{x^2-1}{x+1}=x-1(x\neq -1)$ 的图形，当 x 从左、右两旁同时无限趋近于 -1 时，函数 $y=\dfrac{x^2-1}{x+1}=x-1(x\neq -1)$ 的值无限趋近于常数 -2，所以

$$\lim_{x\to -1}\frac{x^2-1}{x+1}=\lim_{x\to -1}(x-1)=-2.$$

定义 设函数 $y=f(x)$ 在 $(x_0-\delta,x_0)$（或 $(x_0,x_0+\delta)$）内有定义，若当自变量 x 从 x_0 的左(右)近旁无限接近于 x_0，记作 $x\to x_0^-$ $(x\to x_0^+)$ 时，函数 $y=f(x)$ 无限接近于一个确定的常数 A，则称常数 A 为 $x\to x_0$ 时的左(右)极限，记作

$$\lim_{x\to x_0^-}f(x)=A \text{ 或 } f(x_0-0)=A\left(\lim_{x\to x_0^+}f(x)=A \text{ 或 } f(x_0+0)=A\right).$$

极限与左、右极限之间有以下结论：

定理 2 $\lim\limits_{x\to x_0}f(x)=A$ 的充要条件是 $\lim\limits_{x\to x_0^-}f(x)=\lim\limits_{x\to x_0^+}f(x)=A$.

例 4 讨论下列函数当 $x\to 0$ 时的极限.

(1) $f(x)=\operatorname{sgn}(x)=\begin{cases}1, & x>0\\ 0, & x=0\\ -1, & x<0\end{cases}$；　　(2) $f(x)=\begin{cases}x+1, & x\geqslant 0\\ 1-x, & x<0\end{cases}$.

解 (1) 因为 $\lim\limits_{x\to 0^+}\operatorname{sgn}(x)=\lim\limits_{x\to 0^+}1=1$，$\lim\limits_{x\to 0^-}\operatorname{sgn}(x)=\lim\limits_{x\to 0^-}(-1)=-1$，所以根据定理 2，$\lim\limits_{x\to 0}\operatorname{sgn}(x)$ 不存在（$\operatorname{sgn}(x)$ 称为符号函数）.

(2) 因为 $\lim\limits_{x\to 0^+}f(x)=\lim\limits_{x\to 0^+}(x+1)=1$，$\lim\limits_{x\to 0^-}f(x)=\lim\limits_{x\to 0^-}(1-x)=1$，所以根据定理 2，$\lim\limits_{x\to 0}f(x)=1$.

1.3.3 极限的四则运算

定理 3 设 $\lim\limits_{x\to x_0}f(x)=A$，$\lim\limits_{x\to x_0}g(x)=B$，则

(1) $\lim\limits_{x\to x_0}[f(x)\pm g(x)]=\lim\limits_{x\to x_0}f(x)\pm\lim\limits_{x\to x_0}g(x)=A\pm B$；

(2) $\lim\limits_{x\to x_0}C\cdot f(x)=C\cdot\lim\limits_{x\to x_0}f(x)=CA$（$C$ 为常数）；

(3) $\lim\limits_{x\to x_0}[f(x)\cdot g(x)]=\lim\limits_{x\to x_0}f(x)\cdot\lim\limits_{x\to x_0}g(x)=A\cdot B$；

(4) $\lim\limits_{x\to x_0}\dfrac{f(x)}{g(x)}=\dfrac{\lim\limits_{x\to x_0}f(x)}{\lim\limits_{x\to x_0}g(x)}=\dfrac{A}{B}(B\neq 0)$.

注 (1) 上述运算法则对于 $x\to\infty$ 时的情形也是成立的；而且法则(1)与(3)可以推广到有限个具有极限的函数的情形.

(2) 由于数列可以看作定义在正整数集上并依次取值的函数，因此，数列极限也满足以上的四则运算法则.

例 5 求下列函数极限：

(1) $\lim\limits_{x\to\infty}\dfrac{3x^2-4x-5}{4x^2+x+2}$； (2) $\lim\limits_{x\to\infty}\dfrac{2x^2+x-3}{3x^3-2x^2-1}$.

解 (1) 因为当 $x\to\infty$ 时，分子、分母的极限都不存在，所以不能直接应用法则(4). 可先对函数变形，试着用 x^2 同除分子、分母，然后再求极限

$$\lim_{x\to\infty}\frac{3x^2-4x-5}{4x^2+x+2}=\lim_{x\to\infty}\frac{3-\dfrac{4}{x}-\dfrac{5}{x^2}}{4+\dfrac{1}{x}+\dfrac{2}{x^2}}=\frac{\lim\limits_{x\to\infty}(3-\dfrac{4}{x}-\dfrac{5}{x^2})}{\lim\limits_{x\to\infty}(4+\dfrac{1}{x}+\dfrac{2}{x^2})}=\frac{3-0-0}{4+0+0}=\frac{3}{4};$$

(2) 同上题的方法，分子、分母同除以 x^3，得

$$\lim_{x\to\infty}\frac{2x^2+x-3}{3x^3-2x^2-1}=\lim_{x\to\infty}\frac{\dfrac{2}{x}+\dfrac{1}{x^2}-\dfrac{3}{x^3}}{3-\dfrac{2}{x}-\dfrac{1}{x^3}}=\frac{\lim\limits_{x\to\infty}(\dfrac{2}{x}+\dfrac{1}{x^2}-\dfrac{3}{x^3})}{\lim\limits_{x\to\infty}(3-\dfrac{2}{x}-\dfrac{1}{x^3})}=\frac{0+0-0}{3-0-0}=0.$$

1.3.4 两个重要极限

准则 Ⅰ (迫敛性定理) 如果函数 $f(x)$，$g(x)$，$h(x)$ 在自变量同一变化过程中满足

$$g(x)\leqslant f(x)\leqslant h(x)$$

且 $\lim\limits_{x\to x_0}g(x)=\lim\limits_{x\to x_0}h(x)=A$，那么 $\lim\limits_{x\to x_0}f(x)$ 存在且等于 A.

作为准则 Ⅰ 的应用，下面证明一个重要的极限

$$\lim_{x\to 0}\frac{\sin x}{x}=1.$$

证明 如图 1-4 作单位圆. 当 $0<x<\dfrac{\pi}{2}$ 时，显然有 $S_{\triangle OAD}<S_{扇形OAD}<S_{\triangle OAB}$. 即 $\dfrac{1}{2}\sin x<\dfrac{1}{2}x<\dfrac{1}{2}\mathrm{tg}x$，$\sin x<x<\mathrm{tg}x$. 除以 $\sin x$，得到 $1<\dfrac{x}{\sin x}<\dfrac{1}{\cos x}$，或 $1>\dfrac{\sin x}{x}>\cos x$. 由偶函数性质，上式对 $-\dfrac{\pi}{2}<x<0$，时也成立. 对一切满足不等式 $0<|x|<\dfrac{\pi}{2}$ 的 x 都成立.

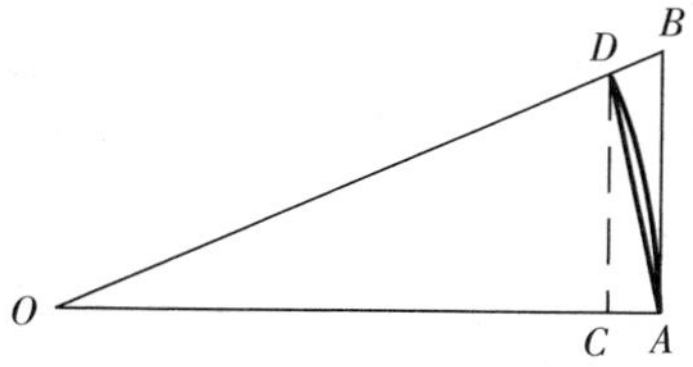

图 1-4

由$\lim\limits_{x\to 0}\cos x$ 及函数极限的迫敛性定理立刻可得$\lim\limits_{x\to 0}\frac{\sin x}{x}=1$.

准则 Ⅱ　单调有界数列必有极限.

准则 Ⅱ 的一个重要是应用,证明$\lim\limits_{n\to\infty}(1+\frac{1}{n})^{n}$存在.

证明　先建立一个不等式,设 $b>a>0$,于是对任一自然数 n 有$\frac{b^{n+1}-a^{n+1}}{b-a}<(n+1)b^{n}$ 或 $b^{n+1}-a^{n+1}<(n+1)b^{n}(b-a)$,整理后得不等式

$$a^{n+1}>b^{n}[(n+1)a-nb]. \tag{1-1}$$

令 $a=1+\frac{1}{n+1}$,$b=1+\frac{1}{n}$,代入(1-1)式.由$(n+1)a-nb=(n+1)(1+\frac{1}{n+1})-n(1+\frac{1}{n})=1$,

得$(1+\frac{1}{n+1})^{n+1}>(1+\frac{1}{n})^{n}$,这就是说$\left\{(1+\frac{1}{n})^{n}\right\}$为递增数列.

再令 $a=1$,$b=1+\frac{1}{2n}$,代入(1-1)式.由$(n+1)a-nb=(n+1)-n(1+\frac{1}{2n})=\frac{1}{2}$,得$1>(1+\frac{1}{2n})^{n}\frac{1}{2}$,$2>(1+\frac{1}{2n})^{n}$.不等式两端平方后有$4>(1+\frac{1}{2n})^{2n}$,它对一切自然数 n 成立.联系数列的单调性,由此又推得数列$\left\{(1+\frac{1}{n})^{n}\right\}$是有界的.于是由单调有界定理知道极限$\lim\limits_{n\to\infty}(1+\frac{1}{n})^{n}$是存在的.

现在证明另外一个重要极限:$\lim\limits_{x\to\infty}(1+\frac{1}{x})^{x}=\mathrm{e}$.等价于同时成立下述两个极限:

(1) $\lim\limits_{x\to+\infty}(1+\frac{1}{x})^{x}=\mathrm{e}$;　　(2) $\lim\limits_{x\to-\infty}(1+\frac{1}{x})^{x}=\mathrm{e}$.

现在先证明(1)式成立.

设 $n\leqslant x<n+1$,则有

$$1+\frac{1}{n+1}<1+\frac{1}{x}\leqslant 1+\frac{1}{n}\text{ 及}(1+\frac{1}{n+1})^{n}<(1+\frac{1}{x})^{x}<(1+\frac{1}{n})^{n+1} \tag{1-2}$$

作定义在$[1,+\infty)$上的阶梯函数.

$$f(x)=\left(1+\frac{1}{n+1}\right)^{n},n\leqslant x<n+1,g(x)=\left(1+\frac{1}{n}\right)^{n+1},n\leqslant x<n+1.$$

由(1－2)式得 $f(x)<\left(1+\frac{1}{x}\right)^{x}<g(x),x\in[1,+\infty)$. 由 $\lim\limits_{x\to+\infty}f(x)=\lim\limits_{n\to\infty}\left(1+\frac{1}{n+1}\right)^{n}=\lim\limits_{n\to\infty}\frac{\left(1+\frac{1}{n+1}\right)^{n+1}}{1+\frac{1}{n+1}}=\mathrm{e}$, $\lim\limits_{x\to+\infty}g(x)=\lim\limits_{n\to\infty}\left(1+\frac{1}{n}\right)^{n+1}=\lim\limits_{n\to\infty}\left(1+\frac{1}{n}\right)^{n}\left(1+\frac{1}{n}\right)=\mathrm{e}$,根据迫敛性定理便得(1)式.

现在证明(2)式. 作代换 $x=-y$,得 $\left(1+\frac{1}{x}\right)^{x}=\left(1-\frac{1}{y}\right)^{-y}=\left(1+\frac{1}{y-1}\right)^{y}=\left(1+\frac{1}{y-1}\right)^{y-1}\left(1+\frac{1}{y-1}\right)$.

因为当 $x\to-\infty$ 时,有 $y-1\to+\infty$,故上式右端以 e 为极限,这就证得 $\lim\limits_{x\to-\infty}\left(1+\frac{1}{x}\right)^{x}=\mathrm{e}$.

习题 1－3

1. 观察下列数列的变化趋势,并判断极限是否存在,若存在,指出其极限值.

(1)$x_n=1+n$;　　(2)$x_n=2+\frac{1}{n}$;

(3)$x_n=\frac{1}{n^2}$;　　(4)$x_n=1+(-1)^n$.

2. 考察下列函数当 $x\to2$ 时的变化趋势,并求出其当 $x\to2$ 时的极限.

(1)$y=2x+1$;　　(2)$y=\frac{x^2-4}{x-2}$.

3. 讨论下列函数当 $x\to0$ 时的极限:

(1)$f(x)=\begin{cases}1-x & x<0\\ 0 & x=0\\ \mathrm{e}^x & x>0\end{cases}$;　　(2)$f(x)=\frac{|x|}{x}$.

4. 求下列函数的极限:

(1) $\lim\limits_{x\to-1}(4x^3+3x^2-2x+1)$;　　(2) $\lim\limits_{x\to2}\frac{x^2-4}{x^2+x-6}$;

(3) $\lim\limits_{x\to1}\left(\frac{1}{x-1}-\frac{3-x^2}{x^2-1}\right)$;　　(4) $\lim\limits_{x\to\infty}\frac{3x^2-x+5}{5x^2+2x-3}$;

(5) $\lim\limits_{x\to-\infty}\mathrm{e}^x\sin x$;　　(6) $\lim\limits_{x\to+\infty}(\sqrt{x^2+1}-x)$.

1.4 无穷小量与无穷大量

1.4.1 无穷小

1. 无穷小的概念

定义 在自变量x的某一变化过程中，若函数$f(x)$的极限为零，则称此函数为在自变量x的这一变化中的无穷小量，简称无穷小.

如函数$f(x)=(x-1)^2$，因为$\lim\limits_{x\to 1}(x-1)^2=0$，所以函数$f(x)=(x-1)^2$是当$x\to 1$时的无穷小.

又如函数$f(x)=\dfrac{1}{x}$，因为$\lim\limits_{x\to\infty}\dfrac{1}{x}=0$，所以函数$f(x)=\dfrac{1}{x}$是当$x\to\infty$时的无穷小.

注 (1) 说一个函数是无穷小，必须指明自变量的变化趋势. 如$f(x)=(x-1)^2$是当$x\to 1$的无穷小，而当x趋向其他数值时，$f(x)=(x-1)^2$就不是无穷小；

(2) 常数中只有"0"可以看成无穷小.

2. 无穷小具有如下性质

(1) 有界函数与无穷小的乘积为无穷小；

(2) 有限个无穷小的代数和为无穷小；

(3) 有限个无穷小的乘积为无穷小.

例 1 求$\lim\limits_{x\to\infty}\dfrac{\sin x}{x}$.

解 因$\lim\limits_{x\to\infty}\dfrac{1}{x}=0$，$|\sin x|\leqslant 1$，即$\dfrac{1}{x}$是当$x\to\infty$时的无穷小，$\sin x$是有界函数. 所以根据无穷小的性质知，$\dfrac{1}{x}\sin x$仍为当$x\to\infty$时的无穷小，即

$$\lim_{x\to\infty}\frac{\sin x}{x}=0.$$

1.4.2 无穷小与极限的关系

定理 1 在自变量的某一变化过程中，函数$f(x)$的极限为A的充要条件是$f(x)$可以表示成A与一个同一变化过程中的无穷小量$\alpha(x)$之和

$$\lim_{\substack{x\to x_0\\(x\to\infty)}} f(x)=A \Leftrightarrow f(x)=A+\alpha(x).$$

1.4.3 无穷大

定义 在自变量x的某一变化过程中，函数$f(x)$的绝对值无限增大，而且可以任意地

大，则函数 $f(x)$ 称为在自变量 x 的这一变化过程中的无穷大量，简称无穷大，记作

$$\lim_{\substack{x \to x_0 \\ (x \to \infty)}} f(x) = \infty.$$

∞ 只为记号方便，并不能说明极限存在.

例如当 $x \to 0$ 时，$\left|\frac{1}{x}\right|$ 无限增大，所以 $\frac{1}{x}$ 是当 $x \to 0$ 时的无穷大，记作 $\lim\limits_{x \to 0} \frac{1}{x} = \infty$；当 $x \to \infty$ 时，x^2 总取正值而无限增大，所以 x^2 是当 $x \to \infty$ 时的无穷大，记作 $\lim\limits_{x \to \infty} x^2 = +\infty$；当 $x \to 0^+$ 时，$\ln x$ 取负值而绝对值无限增大，所以 $\ln x$ 是当 $x \to 0^+$ 时的无穷大，记作 $\lim\limits_{x \to 0^-} \ln x = -\infty$.

1.4.4 无穷小与无穷大的关系

在自变量的同一变化过程中，若 $f(x)$ 为无穷大，则 $\frac{1}{f(x)}$ 为无穷小；反之，若 $f(x)$ 为不恒等于零的无穷小，则 $\frac{1}{f(x)}$ 为无穷大.

例 2 求 $\lim\limits_{x \to \infty} \frac{x^2 - 3x - 2}{2x + 1}$.

解 因为 $\lim\limits_{x \to \infty} \frac{2x+1}{x^2 - 3x - 2} = \lim\limits_{x \to \infty} \frac{\frac{2}{x} + \frac{1}{x^2}}{1 - \frac{3}{x} - \frac{2}{x^2}} = \frac{\lim\limits_{x \to \infty}\left(\frac{2}{x} + \frac{1}{x^2}\right)}{\lim\limits_{x \to \infty}\left(1 - \frac{3}{x} - \frac{2}{x^2}\right)} = \frac{0+0}{1-0-0} = 0$

所以 $\lim\limits_{x \to \infty} \frac{x^2 - 3x - 2}{2x + 1} = \infty$.

根据这个例题，可以证明：

$$\lim_{x \to \infty} \frac{a_0 x^n + a_1 x^{n-1} + \cdots + a_{n-1} x + a_n}{b_0 x^m + b_1 x^{m-1} + \cdots + b_{m-1} x + b_m} = \begin{cases} \frac{a_0}{b_0} & n = m \\ 0 & n < m \quad (a_0 \neq 0, b_0 \neq 0). \\ \infty & n > m \end{cases}$$

1.4.5 无穷小的比较

定义 设 α 与 β 是自变量的同一变化过程中的两个无穷小，

(1) 若 $\lim \frac{\alpha}{\beta} = 0$，则称 α 是比 β 高阶的无穷小，记作 $\alpha = o(\beta)$；

(2) 若 $\lim \frac{\alpha}{\beta} = c$（$c$ 为非零常数），则称 α 与 β 是同阶无穷小，特别地，$c=1$ 时，则称 α 与 β 是等价无穷小，记作 $\alpha \backsim \beta$.

例 3 下列函数是当 $x \to 1$ 时的无穷小，试与 $x-1$ 相比较，哪个是高阶无穷小？哪个同阶无穷小？哪个等价无穷小？

(1)$2(\sqrt{x}-1)$；　　(2)x^3-1；　　(3)x^3-3x+2.

解　因为$\lim\limits_{x\to 1}\dfrac{2(\sqrt{x}-1)}{x-1}=\lim\limits_{x\to 1}\dfrac{2}{\sqrt{x}+1}=1$；

$$\lim_{x\to 1}\frac{x^3-1}{x-1}=\lim_{x\to 1}(x^2+x+1)=3；$$

$$\lim_{x\to 1}\frac{x^3-3x+2}{x-1}=\lim_{x\to 1}(x^2+x-2)=0.$$

所以当$x\to 1$时，$2(\sqrt{x}-1)$是与$x-1$等价的无穷小，x^3-1是与$x-1$同阶的无穷小，x^3-3x+2是比$x-1$高阶的无穷小.

习题 1－4

1. 试比较下列各组无穷小阶数的高低：

(1)$x-4$与$4(\sqrt{x}-2)$ $(x\to 4)$；

(2)$3x^3-2x^2$与x^2　$(x\to 0)$；

(3)$\dfrac{1}{2x^2}$与$\dfrac{2}{x}$　$(x\to\infty)$.

1.5　函数的连续性

1.5.1　连续函数的定义

定义　设函数$f(x)$在某$U(x_0)$内有定义.若$\lim\limits_{x\to x_0}f(x)=f(x_0)$，则称$f(x)$在点$x_0$处连续.

如函数$f(x)=2x+1$，因为$\lim\limits_{x\to 2}f(x)=\lim\limits_{x\to 2}(2x+1)=5=f(2)$，所以函数在点$x=2$处连续.又如，函数$f(x)=\begin{cases}x\sin\dfrac{1}{x}, & x\neq 0\\ 0, & x=0\end{cases}$，因为$\lim\limits_{x\to 0}f(x)=\lim\limits_{x\to 0}x\sin\dfrac{1}{x}=0=f(0)$，所以函数在点$x=0$处连续.

为引入函数$y=f(x)$在点x_0处连续的另一种表述，记$\Delta x=x-x_0$，称为自变量x(在点x_0)的增量或改变量.设$y_0=f(x_0)$，相应的函数y(在点x_0处)的增量记作

$$\Delta y=f(x)-f(x_0)=f(x_0+\Delta x)-f(x_0)=y-y_0$$

自变量的增量Δx或函数的增量Δy可以是正数，也可以是负数.引进了增量的概念之后，易见“函数$y=f(x)$在点x_0处连续”等价于$\lim\limits_{\Delta x\to 0}\Delta y=0$.

由于函数在一点处连续是通过极限来定义的，因而也可直接用 $\varepsilon-\delta$ 方式来叙述，即若对 $\forall\varepsilon>0$，存在 $\delta>0$，使得当 $|x-x_0|<\delta$ 时有

$$|f(x)-f(x_0)|<\varepsilon$$

则称函数 $f(x)$ 在点 x_0 处连续.

由上述定义，我们可得出函数 $f(x)$ 在点 x_0 处有极限与 $f(x)$ 在点 x_0 处连续之间的关系.

定理 1　若 $f(x)$ 在点 x_0 处连续，则极限 $\lim\limits_{x\to x_0}f(x)$ 存在；反之不一定成立.

例 1　求证函数 $f(x)=xD(x)$ 在点 $x=0$ 连续，其中 $D(x)=\begin{cases}1, & x\text{ 是有理数}\\ 0, & x\text{ 是无理数}\end{cases}$，为狄利克雷函数.

证明　由 $f(0)=0$ 及 $\varepsilon>0$，对任给的 $\varepsilon>0$，为使

$$|f(x)-f(0)|=|xD(x)|\leqslant|x|<\varepsilon.$$

只要取 $\delta=\varepsilon$，即可按 $\varepsilon-\delta$ 定义推得 $f(x)$ 在 $x=0$ 连续. 结合 $f(x)$ 在点 x_0 处的左、右极限的概念，给出函数在点 x_0 处左、右连续的定义：

定义　设函数 $f(x)$ 在某 $U_+(x_0)$ $(U_-(x_0))$ 内有定义. 若

$$\lim_{x\to x_0^+}f(x)=f(x_0)\ \left(\lim_{x\to x_0^-}f(x)=f(x_0)\right),$$

则称 $f(x)$ 在点 x_0 右(左) 连续. 左连续或右连续又称为单侧连续(单边连续).

根据上述定义，不难推出如下定理.

定理 2　函数 $f(x)$ 在点 x_0 连续的充要条件是：$f(x)$ 在点 x_0 既是右连续又是左连续.

例 2　讨论函数 $f(x)=\begin{cases}x+2, x\geqslant 0\\ x-2, x<0\end{cases}$ 在点 $x=0$ 的连续性.

解　因为 $\lim\limits_{x\to 0^+}f(x)=\lim\limits_{x\to 0^+}(x+2)=2$,

$\lim\limits_{x\to 0^-}f(x)=\lim\limits_{x\to 0^+}(x-2)=-2$，而 $f(0)=2$，所以 $f(x)$ 在点 $x=0$ 右连续，但不左连续，从而它在 $x=0$ 处不连续.

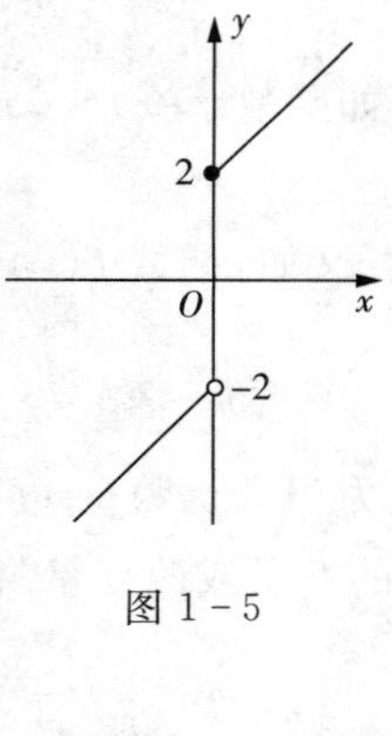

图 1-5

1.5.2　间断点及其分类

定义　设函数 $f(x)$ 在某 $\mathring{U}(x_0)$ 内有定义. 若 $f(x)$ 在点 x_0 无定义，或 $f(x)$ 在点 x_0 有定义而不连续，则称点 x_0 为函数 f 的间断点或不连续点.

按此定义以及上一段中关于极限与连续性之间联系的讨论，若 x_0 为函数 $f(x)$ 的间断点，则必出现下列情形之一：

(1) $f(x)$ 在点 x_0 处无定义或极限 $\lim\limits_{x\to x_0}f(x)$ 不存在；

(2) $f(x)$ 在点 x_0 处有定义且极限 $\lim\limits_{x\to x_0}f(x)$ 存在，但 $\lim\limits_{x\to x_0}f(x)\neq f(x_0)$.

根据以上可能出现间断点的情形，我们对函数的间断点作如下分类：

① 若 $\lim\limits_{x\to x_0}f(x)=f(x_0)$ 而 $f(x)$ 在点 x_0 处无定义，或有定义但 $\lim\limits_{x\to x_0}f(x)\neq f(x_0)$，则称点 x_0 为 $f(x)$ 的可去间断点.

如函数 $f(x)=|\operatorname{sgn}x|$，因 $f(0)=0$，而 $\lim\limits_{x\to 0}f(x)=1\neq f(0)$ 故 $x=0$ 为 $f(x)=|\operatorname{sgn}x|$ 的可去间断点. 又如函数 $g(x)=\dfrac{\sin x}{x}$，由于 $\lim\limits_{x\to 0}g(x)=1$，而 $g(x)$ 在 $x=0$ 无定义，所以 $x=0$ 是函数 $g(x)$ 的可去间断点.

对于有可去间断点函数 $f(x)$，我们可以通过假设函数在该点的函数值等于极限值，定义构造一个新的函数，新的函数可以看成原函数的连续函数.

② 若函数 $f(x)$ 在点 x_0 的左、右极限都存在，但 $\lim\limits_{x\to x_0^+}f(x)\neq\lim\limits_{x\to x_0^-}f(x)$ 则称点 x_0 为函数 f 的跳跃间断点.

如对取整函数 $f(x)=[x]$，当 $x=n$（n 为整数）时有 $\lim\limits_{x\to n^-}[x]=n-1$，$\lim\limits_{x\to n^+}[x]=n$，所以在整数点上函数 $f(x)$ 的左、右极限不相等，从而整数点都是函数 $f(x)=[x]$ 的跳跃间断点. 又如符号函数 $\operatorname{sgn}x$ 在点 $x=0$ 处的左、右极限分别为 -1 和 1，故 $x=0$ 是 $\operatorname{sgn}x$ 的跳跃间断点.

可去间断点和跳跃间断点统称为第一类间断点. 第一类间断点的特点是函数在该点处的左、右极限都存在.

③ 函数的所有其他形式的间断点，即使得函数至少有一侧极限不存在的那些点，称为第二类间断点.

例如，函数 $y=\dfrac{1}{x}$，当 $x\to 0$ 时，不存在有限的极限，故 $x=0$ 是 $y=\dfrac{1}{x}$ 的第二类间断点. 函数 $\sin\dfrac{1}{x}$ 在点 $x=0$ 处左、右极限都不存在，故 $x=0$ 是 $\sin\dfrac{1}{x}$ 的第二类间断点. 又如，对于狄利克雷函数 $D(x)$，对于定义域 R 上每一点 x 都是第二类间断点.

1.5.3 区间上的连续函数

定义 若函数 $f(x)$ 在区间 I 上的每一点处连续，则称函数 $f(x)$ 为区间 I 上的连续函数，区间 I 称为该函数的连续区间. 对于闭区间或半开半闭区间的闭端点，函数在这些端点处连续是指单边连续.

例如，函数 $y=C$，$y=x$，$y=\sin x$ 和 $y=\cos x$ 都是 R 上的连续函数. 又如函数 $y=\sqrt{1-x^2}$ 在 $(-1,1)$ 每一点处都连续，在 $x=1$ 为左连续，在 $x=-1$ 为右连续，因而它在 $[-1,1]$ 上连续.

1.5.4 连续函数的性质

1. 连续函数的局部性质

根据函数的在 x_0 点连续性，即 $\lim\limits_{x \to x_0} f(x) = f(x_0)$ 可推断出函数 $f(x)$ 在 x_0 点的某邻域 $U(x_0)$ 内的一些性态.

定理 3 （局部有界性） 若函数 $f(x)$ 在 x_0 点处连续，则 $f(x)$ 在 x_0 点的某邻域内有界.

定理 4 （局部保号性） 若函数 $f(x)$ 在 x_0 点处连续，且 $f(x_0) > \alpha > 0$，则对任意 $0 < \beta < \alpha$，存在 x_0 的某邻域 $U(x_0)$，当 $x \in U(x_0)$ 时，$f(x) > \beta > 0$.

定理 5 （四则运算性质） 若函数 $f(x)$，$g(x)$ 在区间 I 上有定义，且都在 $x_0 \in I$ 连续，则 $f(x) \pm g(x)$，$f(x)g(x)$，$f(x)/g(x)(g(x_0) \neq 0)$ 在 x_0 点处连续.

因 $y = C$（C 为常数）和 $y = x$ 连续，可推出多项式函数

$$P(x) = a_0 x^n + a_1 x^{n-1} + \cdots + a_{n-1} x + a_n$$

和有理函数 $R(x) = \dfrac{P(x)}{Q(x)}$（$P(x)$，$Q(x)$ 为 x 多项式）在定义域的每一点处连续. 同样由 $\sin x$ 和 $\cos x$ 在 R 上的连续性，可推出 $\tan x$ 与 $\cot x$ 在定义域上连续.

定理 6 （复合函数的连续性） 若函数 $f(x)$ 在 x_0 点连续，$g(u)$ 在 u_0 点连续，$u_0 = f(x_0)$，则复合函数 $g(f(x))$ 在 x_0 点连续.

证明 由于 g 在 u_0 连续，对任给的 $\varepsilon > 0$，存在 $\delta_1 > 0$，使 $|u - u_0| < \delta_1$ 时有 $|g(u) - g(u_0)| < \varepsilon$，又由 $u_0 = f(x_0)$ 及 $u = f(x)$ 在连续，故对上述 $\delta_1 > 0$，存在 $\delta > 0$，使得当 $|x - x_0| < \delta$ 时，有 $|u - u_0| = |f(x) - f(x_0)| < \delta_1$. 联系上式得：对任给的 $\varepsilon > 0$，存在 $\delta > 0$，当 $|x - x_0| < \delta$ 时有

$$|g(f(x)) - g(f(x_0))| < \varepsilon,$$

这就证明了 $g[f(x)]$ 在点 x_0 连续.

根据连续性的定义，定理 6 的结论可表示为

$$\lim_{x \to x_0} g(f(x)) = g(\lim_{x \to x_0} f(x)) = g(f(x_0)).$$

通过函数连续性的性质可以证明任何初等函数在其定义域上都为连续函数. 同时，也存在着在其定义区间上其他类型函数，如狄利克雷函数 $D(x) = \begin{cases} 1, x \text{ 是有理数} \\ 0, x \text{ 是无理数} \end{cases}$ 在定义域上不连续，黎曼函数 $R(x) = \begin{cases} \dfrac{1}{q}, \text{当 } x = \dfrac{p}{q} (p, q \text{ 为正整数}, p/q \text{ 为既约真分数}) \\ 0, \text{当 } x = 0, 1 \text{ 及 } (0,1) \text{ 内无理数} \end{cases}$ 在 $(0,1)$ 内任何无理点处都连续，任何有理点处都不连续.

例 3 求$\lim\limits_{x \to 1}\sin(1-x^2)$.

解 $\sin(1-x^2)$可看作函数$g(u)=\sin u$与$u=1-x^2$的复合.由复合函数的连续性可得

$$\lim_{x \to 1}\sin(1-x^2)=\sin\lim_{x \to 1}(1-x^2)=\sin 0=0.$$

注 若复合函数$g[f(x)]$的内函数$f(x)$当$x \to x_0$时极限为a,而$a \neq f(x_0)$或$f(x)$在x_0处无定义(x_0为$f(x)$的可去间断点),外函数$g(u)$在对应点$u=a$处连续,仍可用上述定理来求复合函数的极限,即有

$$\lim_{x \to x_0} g(f(x))=g(\lim_{x \to x_0} f(x)).$$

上式对于$x \to \infty$,$x \to -\infty$或$x \to x_0^{\pm}$等类型的极限也是成立的.

例 4 求极限:(1) $\lim\limits_{x \to 0}\sqrt{2-\dfrac{\sin x}{x}}$; (2) $\lim\limits_{x \to \infty}\sqrt{2-\dfrac{\sin x}{x}}$.

解 (1) $\lim\limits_{x \to 0}\sqrt{2-\dfrac{\sin x}{x}}=\sqrt{2-\lim\limits_{x \to 0}\dfrac{\sin x}{x}}=\sqrt{2-1}=1$;

(2) $\lim\limits_{x \to \infty}\sqrt{2-\dfrac{\sin x}{x}}=\sqrt{2-\lim\limits_{x \to \infty}\dfrac{\sin x}{x}}=\sqrt{2-0}=\sqrt{2}$.

2. 闭区间上连续函数的基本性质

前面我们研究了函数的局部性质,下面通过局部性质研究函数在闭区间上的整体性质.

定义 设$f(x)$为定义在数集D上的函数,若存在$x_0 \in D$,使得对一切$x_0 \in D$有

$$f(x_0) \geqslant f(x)(f(x_0) \leqslant f(x))$$

则称$f(x)$在D上有最大(最小值)值,并称$f(x_0)$为$f(x)$在D上的最大(最小值)值.

如$\sin x$在$[0,\pi]$上有最大值1,最小值0.但一般而言$f(x)$在定义域D上不一定有最大值或最小值(即使$f(x)$在D上有界).如$f(x)=x$在$(0,1)$上既无最大值又无最小值,又如

$$g(x)=\begin{cases}\dfrac{1}{x}, x \in (0,1) \\ 2, x=0 \text{ 或 } x=1\end{cases}$$ 在闭区间$[0,1]$上也无最大、最小值.

定理 7 (最大最小值定理)若函数$f(x)$在闭区间$[a,b]$上连续,则$f(x)$在闭区间$[a,b]$上有最大值与最小值.

推论 (有界性)若函数$f(x)$在闭区间$[a,b]$上连续,则$f(x)$在闭区间$[a,b]$上有界.

定理 8 (介值性定理)若函数$f(x)$在闭区间$[a,b]$上连续,且$f(a) \neq f(b)$,若μ为$f(a)$与$f(b)$介于之间的任何实数($f(a)<\mu<f(b)$或$f(b)<\mu<f(a)$),则在开区间(a,b)内至少存在一点x_0,使得$f(x_0)=\mu$.

推论 (根的存在定理)若函数$f(x)$在闭区间$[a,b]$上连续,且$f(a)$,$f(b)$异号,则至少存在一点$x_0 \in (a,b)$使得$f(x_0)=0$,即$f(x)$在(a,b)内至少有一个实根.

由介值性定理可以推出：若 $f(x)$ $(f(x)\neq C)$ 在区间$[a,b]$上连续，则值域 $f(I)$ 也是一个区间；特别若 $I=[a,b]$，$f(x)$ 在$[a,b]$上的最大值为 M，最小值为 m，则 $f([a,b])=[m,M]$；又若 $f(x)$ 为$[a,b]$上的增（减）连续函数且不为常数，则 $f([a,b])=[f(a),f(b)]$ $([f(b),f(a)])$.

例 5 设 $f(x)$ 在$[a,b]$连续，满足

$$f([a,b])\subset[a,b],$$

求证存在 $x_0\in[a,b]$，使得

$$f(x_0)=x_0.$$

证明 由条件 $f([a,b])\subset[a,b]$，得对任何 $x_0\in[a,b]$ 有 $a\leqslant f(x)\leqslant b$，特别有

$$a\leqslant f(a) \text{ 以及 } b\leqslant f(b),$$

若 $a=f(a)$ 或 $b=f(b)$，则取 $x_0=a$ 或 b，从而得等式成立.

现设 $a<f(a)$ 与 $b<f(b)$，令

$$F(x)=f(x)-x,$$

则 $F(a)=f(a)-a>0$，$F(b)=f(b)-b<0$. 由根的存在性定理知，存在 $x_0\in(a,b)$，使得 $F(x_0)=0$ 即 $f(x_0)=x_0$.

1.5.5 反函数的连续性

定理 9 （反函数的连续性） 若函数 $f(x)$ 是闭区间$[a,b]$上严格递增（递减）连续的函数，则其反函数 $f^{-1}(y)$ 在相应的定义域$[f(a),f(b)]$ $([f(b),f(a)])$ 上递增（递减）且连续.

应用单侧极限的定义，同样可得 $x=f^{-1}(y)$ 在区间端点也是连续的. 例如由于 $y=\sin x$ 在区间$\left[-\frac{\pi}{2},\frac{\pi}{2}\right]$上严格单调且连续，故反函数 $y=\arcsin x$ 在区间$[-1,1]$上连续.

1.5.6 一致连续性

前面介绍的函数 $f(x)$ 在某区间内连续，是指它在区间的每一点处都连续. 这只反映函数在区间内每一点附近的局部性质，下面介绍函数在定义域上的连续性，其定义中的 $\delta>0$ 只与 $\varepsilon>0$ 有关，而与 x_0 无关.

定义 （一致连续性）设函数 $f(x)$ 在区间 I 上有定义，若 $\forall\varepsilon>0$，$\exists\delta=\delta(\varepsilon)>0$，只要 $x_1,x_2\in I$，$|x_1-x_2|<\delta$，都有 $|f(x_1)-f(x_2)|<\varepsilon$，则称 $f(x)$ 在区间 I 上一致连续.

定理 10 （一致连续性）若函数 $f(x)$ 在闭区间$[a,b]$上连续，则 $f(x)$ 在$[a,b]$上一致连续.

习题 1－5

1. 已知 $f(x)=\begin{cases}1, & x<-1\\ x, & -1\leqslant x\leqslant 1\\ 1, & x>1\end{cases}$，证明 $f(x)$ 在 $x=1$ 处连续，在 $x=-1$ 处间断.

2. 求下列函数的连续区间和间断点，并指出间断点的类型.

(1) $f(x)=\dfrac{x^3+3x^2-x-3}{x^2+x-6}$；　　(2) $f(x)=\begin{cases}\dfrac{1}{x}, & x<0\\ x^2, & 0\leqslant x\leqslant 1.\\ 2x-1, & x>1\end{cases}$

3. 已知函数 $f(x)=\begin{cases}2x, & x<1\\ ax^2+b, & 1\leqslant x\leqslant 2\\ 4x, & x>2\end{cases}$ 在 $(-\infty,+\infty)$ 内连续，试求 a 与 b 的值.

1.6 Mathematica 软件简介

Mathematica 是美国 Wolfram 研究公司开发的一种通用软件，以符号计算见长，也具有高精度的数值计算功能和强大的图形功能，是当前国际上四大数学软件之一. 它主要应用于航天、科学、工程、金融和教育等领域.

1.6.1 Mathematica 的安装与使用

1. Mathematica 的安装与其他普通软件安装基本相同.

2. 启动与运行方法

Mathematica 作为标准的 Windows 程序，其启动方式与 Windows 下其他程序的启动方式一样.

Mathematica 的界面由工作区窗口、基本输入模板和主菜单组成. 左边为工作窗口区，可以直接输入函数或命令；工作区窗口右边的是基本输入模板，由一系列按钮组成；图上方所示的是主菜单. 当输入完算式后按 Shift + Enter 键或小键盘中 Enter 键执行计算，而“Enter”键可以用来换行. 如果执行运行后长时间没有完成计算，可以通过“Alt + 空格键”或“Alt +.”来强制停止计算.

1.6.2 Mathematica 的常用常数与函数

Mathematica 中提供了数学上通用的一些常数，表 1－1 给出了其中一部分常数.

表 1-1

常　　数	数学含义	常　　数	数学含义
Pi	圆周率 π	Infinity	无穷大 ∞
E	自然对数的底 e	$-$Infinity	负无穷大 ∞
I	虚数单位 i	ComplexInfinity	复平面上无穷远点

这些常数可以参与运算.

例 1　In[1]:=　2 * E　　Out[1]=　2e

In[2]:=　N[Pi,30]　Out[2]=　3.14159265358979323846264338328

函数 N[x,n] 给出 x 的 n 位有效数字.

Mathematica 提供了许多数学上的函数,表 1-2 给出了一些常用的数学函数.

表 1-2

函　　数	数学含义	函　　数	数学含义
Abs[x]	$\|x\|$	Log[x]	$\ln x$
ArcCos[x]	$\arccos x$	log[a,x]	$\log_a x$
ArcCot[x]	$\mathrm{arccot} x$	Max[x1,x2,…]	$\max\{x_1, x_2, \cdots\}$
ArcSin[x]	$\arcsin x$	Min[x1,x2,…]	$\min\{x_1, x_2, \cdots\}$
ArcTan[x]	$\arctan x$	Mod[a,b]	a 除以 b 的余数
Arg[z]	$\arg z$(幅角的主值)	N[x,n]	x 的 n 位有效数字
Binomial[n,m]	二项式系数 e^x	Prime[n]	第 n 个素数
Ceiling[x]	不小于 x 的最小整数	Random[ ]	[0,1] 之间均匀随机数
Conjugate[z]	z 的共轭复数	Re[z]	z 的实部
Cos[x]	$\cos x$	Round[x]	最接近于 x 的整数
Cot[x]	$\cot x$	Sec[x]	$\sec x$
Exp[x]	e^x	Sin[x]	$\sin x$
Floor[x]	不大于 x 的最大整数	Sqrt[x]	平方根
Im[z]	z 的虚部	Tan[x]	$\tan x$
Solve[eqns,vats]	从方程组 eqns 中解出 Vats	Solve[eqns, vats,elims]	从方程组 eqns 中削去变量 elims,解出 vats
DSolve[eqn,y,x]	解微分方程,其中、y 是 x 的函数	DSolve[{eqnl,eqn2, …},{y1,y2…},]	解微分方程组,其中 y_i 是 x 的函数
DSolve[eqn,y, {x1,x2…}]	解偏微分方程	Eliminate[eqns,Vats]	把方程组 eqns 中变量 vars 约去

(续表)

函　数	数学含义	函　数	数学含义
SolveAlways[eqns, vars]	给出等式成立的所有参数满足的条件	Reduce[eqns,Vats]	化简并给出所有可能解的条件
LogicalExpand [expr]	用 && 和,,将逻辑表达式展开	InverseFunction[f]	求函数 $f(x)$ 的反函数
Root[f,k]	求多项式函数的第 k 个根	Roots[1hs == rhs, var]	得到多项式方程的所有根
D[f,x]	求 $f[x]$ 的微分	D[f,{x,n}]	求 $f[x]$ 的 n 阶微分
D[f,x1,x2…]	求 $f[x]x_1,x_2,\cdots$ 偏微分	Dt[f,x]	求 $f[x]$ 的全微分 df/dx
Dt(f)	求 $f[x]$ 的全微分 df	Dt[f,{x,n}]	n 阶全微分 d^n f/dx^n
Dt[f,x1,x2..]	$f[x]$ 对 $x_1,x_2,\cdots$ 的偏微分	Integrate[f,x]	$f[x]$ 对 x 不定积分
Integrate[f,{x, xmin,xmax}]	$f[x]$ 对 x 在区间 ($x$min, $x$max) 的定积分	Integrate[f, {x,xmin, xmax},{y,ymin, ymax}]	$f[x,y]$ 的二重积分
Limit[expr,x —> x0]	x 趋近于 x_0 时 expr 的极限	Residue[expr,{x,x0}]	expr 在 x_0 处的留数
Series[f,{x,x0,n}]	给出 $f[x]$ 在 x_0 处的幂级数展开	Series[f, {x,x0,nx}, {y,y0,ny}]	先对 y 幂级数展开,再对 x 幂级数展开
Normal[expr]	化简并给出最常见的表达式	SeriesCoefficient [series,n]	给出级数中第 n 次项的系数
SeriesCoefficient [series,{n1,n2…}]	一阶导数	SeriesData[x,x0, {a0, a1,..},nmin, nmax,den]	表示一个 x_0 处 x 的幂级数
O[x]^n	n 阶小量 x^n	InverseSeries[s,x]	给出逆函数的级数
ComposeSeries [seriel,serie2…]	给出两个基数的组合		

本章小结

1. 理解函数与反函数的概念,复合函数与初等函数的概念.

2. 了解数列极限与函数极限的概念;极限的四则运算;无穷大与无穷小的概念;掌握两个重要极限 $\lim\limits_{x\to 0}\dfrac{\sin x}{x}=1$ 与 $\lim\limits_{x\to\infty}\left(1+\dfrac{1}{x}\right)^x=\mathrm{e}$ 及运用.

3. 了解函数的连续点与间断点的概念;函数在某点连续须满足的三个条件;初等函数的连续性;闭区间上的连续函数的性质;最大值与最小值定理、介值定理、零点定理和根的存在性定理.

学习中要注意以下两点：

1. $\lim\limits_{x\to\infty}f(x)=A\Leftrightarrow\lim\limits_{x\to+\infty}f(x)=\lim\limits_{x\to-\infty}f(x)=A$，

$\lim\limits_{x\to x_0}f(x)=A\Leftrightarrow f(x_0+0)=f(x_0-0)=A$.

2. 极限与连续的关系：若 $f(x)$ 在点 x_0 处连续，则极限 $\lim\limits_{x\to x_0}f(x)$ 存在；反之不一定成立.

复习题 1

1. 设 $f(x)$ 为定义在对称区间上的函数，结合初等数学的知识试判断函数 $F(x)=\frac{1}{2}[f(x)+f(-x)]$ 与 $G(x)=\frac{1}{2}[f(x)-f(-x)]$ 的奇偶性. 你能从此题的结果中得出什么结论？

2. 求下列极限：

(1) $\lim\limits_{x\to\infty}\dfrac{(1-2x)^3}{(x+1)(x+2)(x+3)}$；

(2) $\lim\limits_{n\to\infty}\dfrac{1+2+3+\cdots+n}{n^2}$；

(3) $\lim\limits_{x\to 0}\sqrt{|x|}\cdot\cos^2 x$；

(4) $\lim\limits_{x\to 0}\dfrac{\sqrt{1+x}-\sqrt{1-x}}{x}$；

(5) $\lim\limits_{x\to 0}\dfrac{1-\cos 2x}{x\sin x}$；

(6) $\lim\limits_{x\to 0^+}\sqrt[x]{1+2x}$；

(7) $\lim\limits_{x\to 1}(2-x)^{\frac{2}{1-x}}$；

(8) $\lim\limits_{x\to\infty}\left(\dfrac{2x+3}{2x+1}\right)^{2x}$.

3. 设 $f(x)=x^2$，求 $\lim\limits_{h\to 0}\dfrac{f(x+h)-f(x)}{h}$.

4. 求下列函数的连续区间和间断点，并指出间断点的类型：

(1) $f(x)=\dfrac{x^2+3x+2}{x^2-1}$；

(2) $f(x)=\begin{cases}(x+\pi)^2-1, & x<-\pi\\ \cos x, & -\pi\leqslant x\leqslant\pi.\\ (x-\pi)\sin\dfrac{1}{x-\pi}, & x>\pi\end{cases}$

5. 已知 $\lim\limits_{x\to 0}\dfrac{\sqrt{ax+b}-2}{x}=1$，求常数 a、b 的值.

6. 已知 $f(x)=\begin{cases}e^x+1, & x<0\\ a, & x=0\\ b+\arctan x, & x>0\end{cases}$ 在 $x=0$ 处连续，求 a 与 b 值.

第 2 章　导数与微分

微积分学是微分学与积分学的统称，它是高等数学的核心内容，构成了微分学的总体. 它们以函数和极限为基础，反应函数变化速度与变化大小，在理论和实践中有着广泛的应用. 本章将从两个实际例子出发，抽象出导数概念，进而介绍导数的计算. 在此基础上，进一步讨论微分学的理论.

2.1　导数的概念

2.1.1　引例

(1) 变速直线运动的瞬时速度

设有一质点沿直线做变速直线运动，其运动规律(函数)为：

$$s = s(t),$$

其中 t 表示时间，s 表示位移. 下面讨论在时刻 t_0 的瞬时速度.

当时间由 t_0 变到 $t_0 + \Delta t$ 时(Δt 是时间的改变量，又叫增量)，位移由 $s = s(t_0)$ 变化到 $s + \Delta s = s(t_0 + \Delta t)$，故有位移的增量 Δs(如图 2 - 1)：

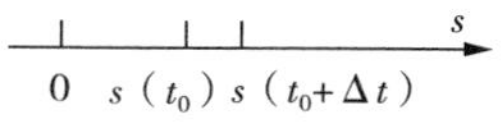

图 2 - 1

$$\Delta s = s(t_0 + \Delta t) - s(t_0).$$

则质点 M 在时间 Δt 内的平均速度为：

$$\bar{v} = \frac{\Delta s}{\Delta t} = \frac{s(t_0 + \Delta t) - s(t_0)}{\Delta t}.$$

当 Δt 变化时，平均速度 $\bar{v}$ 也随之变化. 若质点 M 做匀速运动时，平均速度 $\bar{v}$ 是一常数，且为任意时刻的速度. 若质点 M 做变速运动，当 $|\Delta t|$ 较小时，平均速度 $\bar{v}$ 是质点在时刻 t_0 的“瞬时速度”的近似值. 显然，$|\Delta t|$ 愈小，它的近似程度愈好. 当 $\Delta t \to 0$ 时，若 $\bar{v}$ 趋于确定值，该值就是质点 M 在时刻 t_0 的瞬时速度 v，即

$$v = \lim_{\Delta t \to 0} \bar{v} = \lim_{\Delta t \to 0} \frac{\Delta s}{\Delta t} = \lim_{\Delta t \to 0} \frac{s(t_0 + \Delta t) - s(t_0)}{\Delta t}.$$

(2) 成本函数的边际成本

设某产品产量为 q 时所需的总成本为 $C = C(q)$，称为总成本函数或成本函数. 当产量由

q_0 变为 $q_0+\Delta q$ 时，成本函数的改变量 $\Delta C=C(q_0+\Delta q)-C(q_0)$；这时，平均意义上的边际成本为

$$\frac{\Delta C}{\Delta q}=\frac{C(q_0+\Delta q)-C(q_0)}{\Delta q}.$$

而当 $\Delta q\to 0$ 时，产量为 q_0 时的边际成本为

$$MC=\lim_{\Delta q\to 0}\frac{\Delta C}{\Delta q}=\lim_{\Delta q\to 0}\frac{C(q_0+\Delta q)-C(q_0)}{\Delta q}.$$

2.1.2 导数的概念

以上我们研究了变速直线运动的瞬时速度和成本函数的边际成本，都是通过以下步骤，抽象出函数的增量与自变量的增量之比的极限(当自变量的增量趋于 0 时)，

(1) 当自变量在给定 x_0 处有增量 Δx 时，则函数 $y=f(x)$ 相应地有增量 Δy 为：

$$\Delta y=f(x_0+\Delta x)-f(x_0).$$

(2) 函数的增量 Δy 与自变量的增量 Δx 的比值

$$\frac{\Delta y}{\Delta x}=\frac{f(x_0+\Delta x)-f(x_0)}{\Delta x}.$$

就是函数在区间$(x_0,x_0+\Delta x)$或$(x_0+\Delta x,x_0)$内的平均变化率.

(3) 当自变量的增量 $\Delta x\to 0$ 时，平均变化率的极限(如果存在的话)

$$\lim_{\Delta x\to 0}\frac{\Delta y}{\Delta x}=\lim_{\Delta x\to 0}\frac{f(x_0+\Delta x)-f(x_0)}{\Delta x},$$

就是函数 $y=f(x)$ 在点 x_0 处的瞬时变化率，如引例中的瞬时速度、边际成本等.

定义 设函数 $y=f(x)$ 在点 x_0 的某邻域内有定义，当自变量 x 在 x_0 处有增量 Δx，函数相应地有增量 $\Delta y=f(x_0+\Delta x)-f(x_0)$. 如果极限

$$\lim_{\Delta x\to 0}\frac{\Delta y}{\Delta x}=\lim_{\Delta x\to 0}\frac{f(x_0+\Delta x)-f(x_0)}{\Delta x}$$

存在，则称函数 $y=f(x)$ 在点 x_0 处可导，此极限值称为函数 $y=f(x)$ 在点 x_0 处的导数，记作 $f'(x_0)$，$y'\big|_{x=x_0}$，$\left.\frac{\mathrm{d}y}{\mathrm{d}x}\right|_{x=x_0}$，$\left.\frac{\mathrm{d}f(x)}{\mathrm{d}x}\right|_{x=x_0}$，即

$$f'(x_0)=\lim_{\Delta x\to 0}\frac{\Delta y}{\Delta x}=\lim_{\Delta x\to 0}\frac{f(x_0+\Delta x)-f(x_0)}{\Delta x}.$$

如果极限不存在，就称函数 $y=f(x)$ 在点 x_0 处不可导. 若当 $\Delta x\to 0$ 时，$\frac{\Delta y}{\Delta x}\to\infty$，通常说函数 $y=f(x)$ 在点 x_0 处的导数为无穷大，也可以记为 $f'(x_0)=\infty$.

如果函数 $y=f(x)$ 在区间(a,b)内的每一点都可导，就说 $y=f(x)$ 在区间(a,b)内可导. 这时，对于(a,b)内的每一个 x 值，都有唯一确定的导数值与它相对应，这就构成了一个

关于x的新的函数，这个新的函数称为函数$y=f(x)$在区间(a,b)上的导函数，记作$f'(x)$，y'，$\frac{dy}{dx}$或$\frac{df(x)}{dx}$，即

$$f'(x)=\lim_{\Delta x\to 0}\frac{\Delta y}{\Delta x}=\lim_{\Delta x\to 0}\frac{f(x+\Delta x)-f(x)}{\Delta x},x\in(a,b)$$

在不发生混淆的情况下，我们也称导函数为导数.

显然，函数$y=f(x)$在点x_0处的导数$f'(x_0)$就是导函数$f'(x)$在$x=x_0$处的函数值，即

$$f'(x_0)=f'(x)\mid_{x=x_0}.$$

由上可见，函数增量与自变量增量之比$\frac{\Delta y}{\Delta x}$是函数在区间$(x_0,x_0+\Delta x)$或$(x_0+\Delta x,x_0)$上的平均变化率，而导数$y'\mid_{x=x_0}$则是函数$y=f(x)$在点$x_0$处的瞬时变化率，它反映了函数$y=f(x)$在点$x_0$处变化的快慢程度.

有了导数的概念以后，我们可以将前面所讨论的两个实例用导数的概念表述如下：

(1) 变速直线运动在时刻t的瞬时速度是位移s对时间t的导数，即

$$v(t)=\frac{ds}{dt};$$

(2) 生产产量为q时的边际成本是总成本C对产量q的导数，即

$$MC=\frac{dC}{dq}.$$

由定义可知求导数的一般步骤为：

(1) 求增量：$\Delta y=f(x_0+\Delta x)-f(x_0)$；

(2) 算比值：$\frac{\Delta y}{\Delta x}=\frac{f(x_0+\Delta x)-f(x_0)}{\Delta x}$；

(3) 求极限：$y'\mid_{x=x_0}=\lim\limits_{\Delta x\to 0}\frac{\Delta y}{\Delta x}=\lim\limits_{\Delta x\to 0}\frac{f(x_0+\Delta x)-f(x_0)}{\Delta x}$.

例 1 求函数$y=x^2$的导数，并求在$x=0$和$x=1$处的导数.

解 (1)$\Delta y=(x+\Delta x)^2-x^2=2x\Delta x+(\Delta x)^2$

(2) $\frac{\Delta y}{\Delta x}=\frac{2x\Delta x+(\Delta x)^2}{\Delta x}=2x+\Delta x$

(3)$y'=\lim\limits_{\Delta x\to 0}\frac{\Delta y}{\Delta x}=\lim\limits_{\Delta x\to 0}(2x+\Delta x)=2x$

$$y'\mid_{x=0}=2\times 0=0,y'\mid_{x=1}=2\times 1=2.$$

下面给出利用定义法求几类常用函数的导数的具体过程：

(一) 常值函数$f(x)=C$(C为常数)的导数

(1)$\Delta y=f(x+\Delta x)-f(x)=C-C=0$

(2) $\frac{\Delta y}{\Delta x}=\frac{0}{\Delta x}=0$

(3) $\lim\limits_{\Delta x\to 0}\frac{\Delta y}{\Delta x}=\lim\limits_{\Delta x\to 0}0=0$

即

$$(C)'=0.$$

(二) 幂函数 $y=x^n$(n 为正整数)的导数

(1)$\Delta y=(x+\Delta x)^n-x^n=nx^{n-1}\Delta x+\frac{n(n-1)}{2!}x^{n-2}(\Delta x)^2+\cdots+(\Delta x)^n$

(2) $\frac{\Delta y}{\Delta x}=nx^{n-1}+\frac{n(n-1)}{2!}x^{n-2}\Delta x+\cdots+(\Delta x)^{n-1}$

(3) $\lim\limits_{\Delta x\to 0}\frac{\Delta y}{\Delta x}=\lim\limits_{\Delta x\to 0}[nx^{n-1}+\frac{n(n-1)}{2!}x^{n-2}\Delta x+\cdots+(\Delta x)^{n-1}]=nx^{n-1}$

即

$$(x^n)'=nx^{n-1}.$$

特别地,当 $n=1$ 时,

$$x'=1.$$

一般地,对于幂函数 $y=x^\alpha$(α 为实数)有

$$(x^\alpha)'=\alpha x^{\alpha-1}.$$

(三) 对数函数 $y=\log_a x$($a>0$ 且 $a\neq 1$)的导数

(1)$\Delta y=\log_a(x+\Delta x)-\log_a x=\log_a(1+\frac{\Delta x}{x})$

(2) $\frac{\Delta y}{\Delta x}=\frac{1}{\Delta x}\log_a(1+\frac{\Delta x}{x})=\frac{1}{x}\log_a(1+\frac{\Delta x}{x})^{\frac{x}{\Delta x}}$

(3) $\lim\limits_{\Delta x\to 0}\frac{\Delta y}{\Delta x}=\lim\limits_{\Delta x\to 0}[\frac{1}{x}\log_a(1+\frac{\Delta x}{x})^{\frac{x}{\Delta x}}]=\frac{1}{x}\log_a[\lim\limits_{\Delta x\to 0}(1+\frac{\Delta x}{x})^{\frac{x}{\Delta x}}]=\frac{1}{x}\log_a \mathrm{e}=\frac{1}{x\ln a}$

即

$$(\log_a x)'=\frac{1}{x\ln a}.$$

特别地,当 $a=\mathrm{e}$ 时,有

$$(\ln x)'=\frac{1}{x}.$$

(四) 正弦函数 $y=\sin x$ 的导数

(1)$\Delta y=\sin(x+\Delta x)-\sin x=2\cos(x+\frac{\Delta x}{2})\sin\frac{\Delta x}{2}$

(2) $\frac{\Delta y}{\Delta x}=\cos\left(x+\frac{\Delta x}{2}\right)\frac{\sin\frac{\Delta x}{2}}{\frac{\Delta x}{2}}$

(3) $\lim\limits_{\Delta x\to 0}\frac{\Delta y}{\Delta x}=\lim\limits_{\Delta x\to 0}\cos\left(x+\frac{\Delta x}{2}\right)\frac{\sin\frac{\Delta x}{2}}{\frac{\Delta x}{2}}=\lim\limits_{\Delta x\to 0}\cos\left(x+\frac{\Delta x}{2}\right)\lim\limits_{\Delta x\to 0}\frac{\sin\frac{\Delta x}{2}}{\frac{\Delta x}{2}}=\cos x$

即

$$(\sin x)'=\cos x.$$

同理可得

$$(\cos x)'=-\sin x.$$

（五）指数函数 $y=a^x(a>0,a\neq 1)$ 的导数

(1) $\Delta y=a^{x+\Delta x}-a^x=a^x(a^{\Delta x}-1)$

(2) $\frac{\Delta y}{\Delta x}=\frac{a^x(a^{\Delta x}-1)}{\Delta x}\overset{令 a^{\Delta x}-1=t}{=\!=\!=\!=}\frac{t}{\log_a(1+t)}\cdot a^x$

(3) $\lim\limits_{\Delta x\to 0}\frac{\Delta y}{\Delta x}=\lim\limits_{t\to 0}\frac{t}{\log_a(1+t)}\cdot a^x=a^x\lim\limits_{t\to 0}\frac{t}{\log_a(1+t)}=a^x\frac{1}{\log_a \mathrm{e}}=a^x\ln a$

即

$$(a^x)'=a^x\ln a.$$

特别地，当 $a=\mathrm{e}$ 时，有

$$(\mathrm{e}^x)'=\mathrm{e}^x.$$

2.1.3　导数的几何意义

函数 $y=f(x)$ 的导数的几何意义：$f'(x_0)$ 表示曲线 $y=f(x)$ 在点 $(x_0,f(x_0))$ 处的切线的斜率

$$k=\tan\alpha=f'(x_0).$$

此时，切线方程为

$$y-f(x_0)=f'(x_0)(x-x_0),$$

法线方程为

$$y-f(x_0)=-\frac{1}{f'(x_0)}(x-x_0)\;(f'(x_0)\neq 0).$$

例 2　用定义法求曲线 $f(x)=\sqrt{x}$ 的导数，并求在点 $(1,1)$ 处的切线方程和法线方程.

解　先求导数

$$\Delta y=\sqrt{x+\Delta x}-\sqrt{x}=\frac{(\sqrt{x+\Delta x}-\sqrt{x})(\sqrt{x+\Delta x}+\sqrt{x})}{(\sqrt{x+\Delta x}+\sqrt{x})}=\frac{\Delta x}{(\sqrt{x+\Delta x}+\sqrt{x})},$$

$$\frac{\Delta y}{\Delta x}=\frac{1}{\sqrt{x+\Delta x}+\sqrt{x}},$$

$$y'=\lim_{\Delta x\to 0}\frac{\Delta y}{\Delta x}=\lim_{\Delta x\to 0}\frac{1}{\sqrt{x+\Delta x}+\sqrt{x}}=\frac{1}{2\sqrt{x}}.$$

那么在曲线 $f'(x_0)\neq 0$ 在点(1,1)处的切线的斜率 $k=y'\mid_{x=1}=\frac{1}{2}$，

切线方程为　$y-1=\frac{1}{2}(x-1)$，

法线方程为　$y-1=-2(x-1)$.

2.1.4　可导与连续的关系

定理 1　如果函数 $y=f(x)$ 在点 x_0 可导，则它在点 x_0 处一定连续.

该定理描述了函数可导与连续的关系，即可导必连续，但连续却不一定可导. 例如，连续函数 $y=|x|$ 在 $x=0$ 处不可导. 因为

$$y=|x|=\begin{cases}x, x\geqslant 0\\-x, x<0\end{cases},$$

自变量 x 在 $x=0$ 处取得增量 Δx 时，相应函数 $y=|x|$ 也取得增量 Δy

$$\Delta y=f(0+\Delta x)-f(0)=f(\Delta x)-f(0)=|\Delta x|=\begin{cases}\Delta x, \Delta x\geqslant 0\\-\Delta x, \Delta x<0\end{cases},$$

$$\lim_{\Delta x\to 0^-}\frac{\Delta y}{\Delta x}=\lim_{\Delta x\to 0^-}\frac{-\Delta x}{\Delta x}=-1,$$

$$\lim_{\Delta x\to 0^+}\frac{\Delta y}{\Delta x}=\lim_{\Delta x\to 0^+}\frac{\Delta x}{\Delta x}=1,$$

所以 $\frac{\Delta y}{\Delta x}$ 在 $\Delta x\to 0$ 时的极限不存在，即函数 $y=|x|$ 在 $x=0$ 处不可导. 从几何上看，$y=|x|$ 在 $x=0$ 处是尖点，如图 2-2 所示.

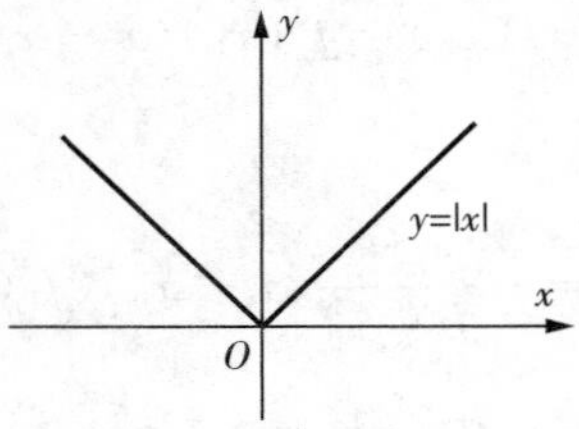

图 2-2

习题 2－1

1. 用定义法求导.

(1) $y=\cos x$，求 $y'\big|_{x=\frac{\pi}{4}}$.　　(2) $y=x^3$，求 $y'\big|_{x=2}$.

2. 求下列曲线在给定点处的切线方程.

(1) $y=\ln x$，点 $(\mathrm{e},1)$；　　(2) $y=\sin x$，点 $(\frac{2}{3}\pi,\frac{\sqrt{3}}{2})$.

3. 某厂每月生产的产品固定成本是 10000 元，生产 q 个单位产品的可变成本为 $(0.02q^2+5q)$ 元，求总成本函数 $C(q)$ 和边际成本 $\frac{\mathrm{d}C}{\mathrm{d}q}$.

2.2　导数的运算

前面我们介绍了导数的概念，并推导了一些基本初等函数的求导公式，但在实际问题中遇到的往往都是初等函数，如果总按定义去求它的导数，计算量会很大. 本节我们将介绍一套系统的求导公式和运算法则，进而相对简单地解决所有初等函数的求导问题.

2.2.1　函数的和、差、积、商的求导法则

定理 2　如果函数 $u=u(x)$ 和 $v=v(x)$ 都在点 x 有导数，那么它们的和、差、积、商（除分母为零的点外）都在点 x 有导数，且

(1) $(u\pm v)'=u'\pm v'$；

(2) $(uv)'=u'v+uv'$；

(3) $(\frac{u}{v})'=\frac{u'v-uv'}{v^2}, v\neq 0$.

法则(2) 中，若 $v=C$（C 为常数），则 $(Cu)'=Cu'$.

法则(1)(2) 可以推广至任意有限个可导函数的情形. 以三个可导函数为例，$u(x)$、$v(x)$、$w(x)$ 都在点 x 处可导，那么它们的代数和与乘积也在点 x 处可导，且有

$$(u\pm v\pm w)'=u'\pm v'\pm w'$$

$$(uvw)'=u'vw+uv'w+uvw'$$

例 1　求函数 $y=x^2-\cos x+\ln x-5$ 的导数.

解　$y'=(x^2-\cos x+\ln x-5)'$

$=(x^2)'-(\cos x)'+(\ln x)'-(5)'$

$=2x+\sin x+\frac{1}{x}$.

例 2 求函数 $y=x^3\ln x$ 的导数.

解 $y'=(x^3\ln x)'=(x^3)'\ln x+x^3(\ln x)'$

$$=3x^2\ln x+x^3\cdot\frac{1}{x}$$

$$=x^2(3\ln x+1).$$

例 3 求函数 $y=\tan x$ 的导数.

解 $y'=(\tan x)'=\left(\frac{\sin x}{\cos x}\right)'=\frac{(\sin x)'\cos x-\sin x(\cos x)'}{\cos^2 x}$

$$=\frac{\cos^2 x+\sin^2 x}{\cos^2 x}=\frac{1}{\cos^2 x}=\sec^2 x.$$

利用类似的方法我们可以得到：$(\cot x)'=-\csc^2 x$.

例 4 求函数 $y=\sec x$ 的导数.

解 $y'=(\sec x)'=\left(\frac{1}{\cos x}\right)'=\frac{0-(\cos x)'}{\cos^2 x}=\frac{\sin x}{\cos^2 x}=\sec x\tan x.$

利用类似的方法我们可以得到：$(\csc x)'=-\csc x\cot x$.

2.2.2 导数的基本公式

为了在以后的计算中方便查阅，我们在这里给出常用的求导公式：

(1) $(C)'=0$； (2) $(x^\alpha)'=\alpha x^{\alpha-1}$；

(3) $(\sin x)'=\cos x$； (4) $(\cos x)'=-\sin x$；

(5) $(\tan x)'=\sec^2 x$； (6) $(\cot x)'=-\csc^2 x$；

(7) $(\sec x)'=\sec x\tan x$； (8) $(\csc x)'=-\csc x\cot x$；

(9) $(a^x)'=a^x\ln a$； (10) $(\mathrm{e}^x)'=\mathrm{e}^x$；

(11) $(\log_a x)'=\frac{1}{x\ln a}$； (12) $(\ln x)'=\frac{1}{x}$；

(13) $(\arcsin x)'=\frac{1}{\sqrt{1-x^2}}$； (14) $(\arccos x)'=-\frac{1}{\sqrt{1-x^2}}$；

(15) $(\arctan x)'=\frac{1}{1+x^2}$； (16) $(\mathrm{arccot}\, x)'=-\frac{1}{1+x^2}$.

部分公式的推导我们将在后面章节中给出.

2.2.3 高阶导数

如果函数 $y=f(x)$ 的导数 $y'=f'(x)$ 仍然可导，则把 $f'(x)$ 的导数称为函数 $y=f(x)$ 的二阶导数，记作：y''，$f''(x)$，$\frac{\mathrm{d}^2 y}{\mathrm{d}x^2}$ 或 $\frac{\mathrm{d}^2 f(x)}{\mathrm{d}x^2}$.

如果 $y''=f''(x)$ 可导，则它的导数称为函数 $y=f(x)$ 的三阶导数，记作：y'''，$f'''(x)$，$\frac{\mathrm{d}^3 y}{\mathrm{d}x^3}$

或$\dfrac{d^3 f(x)}{dx^3}$.

依此类推,如果函数 $y=f(x)$ 的 $n-1$ 阶导数仍然可导,则它的导数称为函数 $y=f(x)$ 的 n 阶导数,记作:$y^{(n)}$,$f^{(n)}(x)$,$\dfrac{d^n y}{dx^n}$ 或$\dfrac{d^n f(x)}{dx^n}$.

二阶及二阶以上的导数统称为高阶导数.

由以上定义可知,高阶导数只需对函数 $y=f(x)$ 逐阶求导、多次求导即可.

例 5 已知二次函数 $y=ax^2+bx+c(a\neq 0)$,求 y''.

解 $y'=2ax+b$;

$y''=(2ax+b)'=2a$.

例 6 求函数 $y=\sin x$ 的 n 阶导数.

解 $y'=\cos x=\sin(x+\dfrac{\pi}{2})$;

$y''=\cos(x+\dfrac{\pi}{2})=\sin(x+\dfrac{\pi}{2}+\dfrac{\pi}{2})=\sin(x+2\times\dfrac{\pi}{2})$;

$y'''=\cos(x+2\times\dfrac{\pi}{2})=\sin(x+3\times\dfrac{\pi}{2})$;

$y^{(4)}=\cos(x+3\times\dfrac{\pi}{2})=\sin(x+4\times\dfrac{\pi}{2})$.

由数学归纳法,有

$$y^{(n)}=\sin(x+n\times\frac{\pi}{2}).$$

习题 2-2

1. 求下列函数的导数.

(1) $y=\sqrt{2}x+\dfrac{1}{\sqrt{2}}$;

(2) $y=e^x\cos x$;

(3) $y=x^3-\dfrac{2}{x}+4$;

(4) $y=\dfrac{\sin x}{\cos x+1}$;

(5) $y=x^3(\ln x)\sin x$;

(6) $y=\sqrt{x\sqrt{x\sqrt{x}}}$.

2. 求下列函数的高阶导数.

(1) $y=2x^2+\ln x$,求 y''.

(2) $y=\tan x$,求$\dfrac{d^2 y}{dx^2}$.

(3) $y=\ln x$,求 $y^{(n)}$.

(4) $y=e^{-x}$,求$\dfrac{d^n y}{dx^n}$.

2.3　复合函数、隐函数、参数函数的求导法则

2.3.1　复合函数的求导法则

复合函数是由基本初等函数复合而成的函数，它的求导法则是求导运算中经常用到的一个非常重要的法则，因此必须熟练地掌握.

定理1　如果函数 $u=\varphi(x)$ 在点 x 处可导，函数 $y=f(u)$ 在对应点 $u=\varphi(x)$ 处也可导，则复合函数 $y=f[\varphi(x)]$ 在点 x 处也可导，且

$$f'[\varphi(x)]=f'(u)\cdot\varphi'(x)\quad 或\quad \frac{dy}{dx}=\frac{dy}{du}\cdot\frac{du}{dx}.$$

上述法则可以作任意有限次的推广，我们以三次复合函数为例：设函数 $y=f(u)$、$u=\varphi(v)$、$v=\psi(x)$ 都可导，则复合函数 $y=f\{\varphi[\psi(x)]\}$ 的导数为

$$\{f[\varphi(\psi(x))]\}'=f'(u)\varphi'(v)\psi'(x)\ 或\ \frac{dy}{dx}=\frac{dy}{du}\times\frac{du}{dv}\times\frac{dv}{dx}.$$

例1　已知 $y=u^3$，$u=x-\sin x$，求$\frac{dy}{dx}$.

解　$$\begin{aligned}\frac{dy}{dx}&=\frac{dy}{du}\cdot\frac{du}{dx}\\&=(u^3)'\cdot(x-\sin x)'\\&=3u^2\cdot(1-\cos x)\\&=3(x-\sin x)^2(1-\cos x).\end{aligned}$$

例2　已知 $y=e^{x^2}$，求$\frac{dy}{dx}$.

解　函数 $y=e^{x^2}$ 可看作是由 $y=e^u$，$u=x^2$ 复合而成的，

$$\frac{dy}{dx}=\frac{dy}{du}\cdot\frac{du}{dx}=e^u\cdot 2x=2xe^{x^2}.$$

例3　已知 $y=\ln\sin x$，求$\frac{dy}{dx}$.

解　函数 $y=\ln\sin x$ 可看作是由 $y=\ln u$，$u=\sin x$ 复合而成的，

$$\frac{dy}{dx}=\frac{dy}{du}\cdot\frac{du}{dx}=\frac{1}{u}\cdot\cos x=\frac{\cos x}{\sin x}=\cot x.$$

2.3.2　隐函数的求导法则

两个变量之间的函数关系可以用各种不同的方式来表达. 前面我们讨论的函数都能明

确写成关于自变量的解析式 $y=f(x)$，如 $y=x+1$ 与 $y=\sin x+\ln x$ 等，这样的函数称为显函数.

有时我们也会遇到自变量 x 与因变量 y 之间的函数 f 是由方程 $F(x,y)=0$ 所确定的，这样的函数称为隐函数. 例如，$2x^2+3y^2=1$ 和 $e^{xy}-xy=0$ 等都是隐函数. 有些隐函数可以化成显函数，而有些隐函数的显化却很困难，甚至不能化为显函数.

隐函数求导，并不需要将其显化，也不需要引进新的变量或方法，只要对方程 $F(x,y)=0$ 的两端分别对 x 进行求导，在求导过程中注意 y 是 x 的函数，利用复合函数的求导法则，便可得到所求函数的导数(在导数的结果中允许含有 y).

例 4 求由方程 $y=1+xe^y$ 所确定的隐函数 $y=f(x)$ 的导数 y'.

解 对方程两边同时求 x 的导数，得

$$y'=0+1\cdot e^y+xe^y\cdot y',$$

$$y'(1-xe^y)=e^y,$$

$$y'=\frac{e^y}{1-xe^y}.$$

反三角函数不便直接求导，我们可以利用隐函数的思想结合其反函数的求导结果来进行求导.

例 5 求函数 $y=\arcsin x$ 的导数.

解 $y=\arcsin x$，因此 $x=\sin y, y\in\left[-\frac{\pi}{2},\frac{\pi}{2}\right]$，下面用隐函数的求导方法求解.

两边同时对 x 求导，有

$$1=(\cos y)\times y',$$

$$y'=\frac{1}{\cos y}=\frac{1}{\sqrt{1-\sin^2 y}}=\frac{1}{\sqrt{1-x^2}},$$

即

$$(\arcsin x)'=\frac{1}{\sqrt{1-x^2}}.$$

利用类似的方法我们可以得到

$$(\arccos x)'=-\frac{1}{\sqrt{1-x^2}},(\arctan x)'=\frac{1}{1+x^2},(\operatorname{arccot} x)'=-\frac{1}{1+x^2}.$$

有些显函数，如果直接求导会很麻烦. 此时先对函数表达式的两边取自然对数，再按隐函数求导法则求导，往往会使运算简单得多，这种求导方法称为对数求导法. 这样的显函数常见的有 $y=\sqrt[n]{\frac{f_1(x)f_2(x)\cdots f_l(x)}{g_1(x)g_2(x)\cdots g_m(x)}}$ (l,m,n 为正整数，$n\geqslant 2$) 和幂指函数 $y=f(x)^{g(x)}$ ($g(x)\neq 0$).

例 6 已知函数 $y=\sqrt[3]{\frac{(x+1)(x-2)}{(x-3)(x+4)}}$，求 y'.

解　两边取对数，得

$$\ln y=\frac{1}{3}[\ln(x+1)+\ln(x-2)-\ln(x-3)-\ln(x+4)].$$

上式两边同时对 x 求导，得

$$\frac{1}{y}y'=\frac{1}{3}(\frac{1}{x+1}+\frac{1}{x-2}-\frac{1}{x-3}-\frac{1}{x+4}),$$

$$y'=\frac{y}{3}(\frac{1}{x+1}+\frac{1}{x-2}-\frac{1}{x-3}-\frac{1}{x+4}),$$

$$y'=\frac{1}{3}\sqrt[3]{\frac{(x+1)(x-2)}{(x-3)(x+4)}}(\frac{1}{x+1}+\frac{1}{x-2}-\frac{1}{x-3}-\frac{1}{x+4}).$$

例 7　求幂指函数 $y=x^x$ 的导数.

解　两边取对数，得

$$\ln y=x\ln x.$$

对上式两边同时对 x 求导，得

$$\frac{1}{y}y'=\ln x+1,$$

$$y'=y(\ln x+1)=x^x\cdot(\ln x+1).$$

2.3.3　参数函数的求导法则

一般地，参数方程的形式为：

$$\begin{cases}x=\varphi(t)\\ y=\psi(t)\end{cases}\quad(t\text{ 为参数}).$$

该方程所确定的 y 与 x 之间的函数关系称为由参数方程所确定的函数. 它的求导公式为：

$$\frac{\mathrm{d}y}{\mathrm{d}x}=\frac{\frac{\mathrm{d}y}{\mathrm{d}t}}{\frac{\mathrm{d}x}{\mathrm{d}t}}=\frac{\psi'(t)}{\varphi'(t)}.$$

例 8　已知摆线的参数方程为 $\begin{cases}x=a(t-\sin t)\\ y=a(1-\cos t)\end{cases}$ $(t\neq 2n\pi,n\in z)$，求由该方程所确定的函数 $y=f(x)$ 的导数 y'.

解　因为

$$\frac{\mathrm{d}y}{\mathrm{d}t}=a\sin t,\frac{\mathrm{d}x}{\mathrm{d}t}=a(1-\cos t),$$

故

$$\frac{\mathrm{d}y}{\mathrm{d}x}=\frac{\frac{\mathrm{d}y}{\mathrm{d}t}}{\frac{\mathrm{d}x}{\mathrm{d}t}}=\frac{a\sin t}{a(1-\cos t)}=\frac{\sin t}{1-\cos t}=\cot\frac{t}{2}(t\neq 2n\pi,n\in z).$$

例 9 已知椭圆的方程为$\begin{cases}x=3\sin t\\ y=5\cos t\end{cases}$,求椭圆在 $t=\frac{\pi}{4}$ 相应的点处的切线方程和法线方程.

解 我们先求函数 y 对 x 的导数

$$\frac{\mathrm{d}y}{\mathrm{d}x}=\frac{\frac{\mathrm{d}y}{\mathrm{d}t}}{\frac{\mathrm{d}x}{\mathrm{d}t}}=\frac{(5\cos t)'}{(3\sin t)'}=-\frac{5\sin t}{3\cos t}.$$

当 $t=\frac{\pi}{4}$ 时,椭圆上的相应点 M_0 的坐标为

$$x_0=3\sin\frac{\pi}{4}=\frac{3\sqrt{2}}{2},$$

$$y_0=5\cos\frac{\pi}{4}=\frac{5\sqrt{2}}{2}.$$

曲线在点 M_0 的切线的斜率为

$$k=\left.\frac{\mathrm{d}y}{\mathrm{d}x}\right|_{t=\frac{\pi}{4}}=-\left.\frac{5\sin t}{3\cos t}\right|_{t=\frac{\pi}{4}}=-\frac{5}{3}.$$

于是椭圆在点 M_0 处的切线方程为

$$y-\frac{5\sqrt{2}}{2}=-\frac{5}{3}(x-\frac{3\sqrt{2}}{2}).$$

椭圆在点 M_0 处的法线方程为

$$y-\frac{5\sqrt{2}}{2}=\frac{3}{5}(x-\frac{3\sqrt{2}}{2}).$$

习题 2－3

1. 求下列函数的导数.

(1) $y=\cos(4-5x)$；　　　　(2) $y=(4-5x+x^2)^3$；

(3) $y=e^{2x+3}$；

(4) $y=f(ax+b)$；

(5) $y=\ln(\sin x)$；

(6) $y=\sin^3 x\sin 3x$；

(7) $x^2+y^2+2axy=0$；

(8) $\frac{x^2}{a^2}+\frac{y^2}{b^2}=1$；

(9) $xy=e^{x-y}$；

(10) $\ln y=xy$；

(11) $\begin{cases}x=2e^{-t}\\ y=3e^{t}\end{cases}$；

(12) $\begin{cases}x=a(\cos t+t\sin t)\\ y=a(\sin t-t\cos t)\end{cases}$.

2.4 函数的微分及其应用

在前面的学习中我们讨论了函数的变化率，即导数. 它反映了函数相对于自变量的变化的快慢程度. 在很多实际问题中，我们还需要研究另一个问题：自变量有微小变化时，函数值大约改变了多少？这就是本节讨论的微分的问题.

2.4.1 引例

如图 2-3，一块正方形的金属薄片，它的边长是 x，受热后它的边长由 x 变到 $x+\Delta x$，问此金属薄片的面积改变了多少？

设薄片的边长为 x，则面积 $S=x^2$. 薄片受温度变化的影响时面积的改变量，可以看成是当自变量 x 取得增量 Δx 时，函数 S 相应的增量 ΔS，即

$$\Delta S=(x+\Delta x)^2-x^2=2x\Delta x+(\Delta x)^2.$$

显然，ΔS 分成两部分，第一部分 $2x\Delta x$ 是 Δx 的线性函数(图 2-3 中两个小矩形的面积之和)；第二部分 $(\Delta x)^2$ 是图 2-3 中小正方形的面积. 当 $\Delta x\to 0$ 时，第二部分 $(\Delta x)^2$ 是比 Δx 高阶的无穷小，即 $(\Delta x)^2=o(\Delta x)$. 如果边长的改变量很小，即 $|\Delta x|$ 很小时，面积的改变量 ΔS 可以近似地用第一部分来代替，即 $\Delta S\approx 2x\Delta x$.

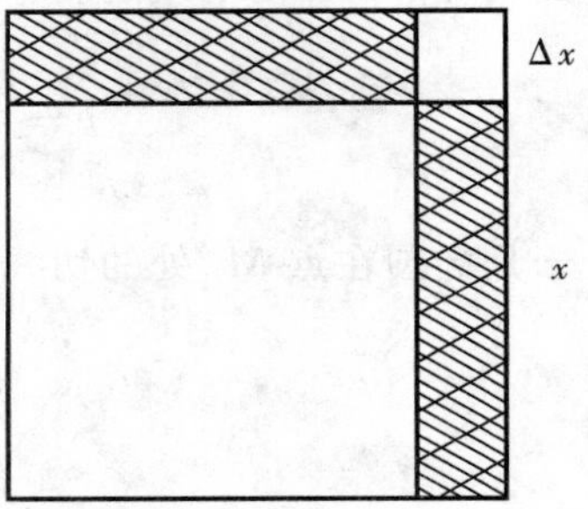

图 2-3

一般地，如果函数 $y=f(x)$ 的增量 Δy 可表示为

$$\Delta y=A\cdot\Delta x+o(\Delta x),$$

其中 A 是不依赖于 Δx 的常数，因此 $A\Delta x$ 是 Δx 的线性函数，用它近似地表示 Δy 时所产生的误差为 Δx 的高阶无穷小 $o(\Delta x)(\Delta x\to 0)$. 此时，$A\Delta x$ 就有了特殊的意义.

2.4.2 微分的概念

定义 设函数 $y=f(x)$ 在 x 点的某邻域内有定义，如果函数的增量 Δy 可表示为

$$\Delta y=A\cdot\Delta x+o(\Delta x),$$

其中，A 是不依赖于 Δx 的常数，而 $o(\Delta x)$ 是当 $\Delta x \to 0$ 时比 Δx 高阶的无穷小量，则称函数 $y = f(x)$ 在点 x 处是可微的，称函数增量 Δy 的线性主部 $A\Delta x$ 称为函数 $y=f(x)$ 在点 x 处的微分，记作

$$dy = df(x) = A \cdot \Delta x.$$

当 $\Delta x \to 0$ 时，有

$$\Delta y \approx dy.$$

函数 $y=f(x)$ 在点 x 处可微的条件是函数 $y=f(x)$ 在 x 点可导，且 $f'(x)=A$. 反之，如果函数 $y=f(x)$ 在点 x 处可导，即 $\lim\limits_{\Delta x \to 0} \dfrac{\Delta y}{\Delta x} = f'(x)$ 存在. 也就是说函数 $y=f(x)$ 在点 x 处可微与可导是等价的.

自变量 x 本身的微分是

$$dx = A\Delta x = (x)'\Delta x = \Delta x,$$

即自变量 x 的微分等于自变量 x 的增量 Δx. 于是，x 为自变量时，可用 dx 代替 Δx，这样函数 $y=f(x)$ 的微分 dy 又可写成

$$dy = f'(x)dx,$$

上式又可变形为

$$f'(x) = \frac{dy}{dx}.$$

此式表明，函数的导数等于函数的微分与自变量的微分的商，故导数又称为微商.

例 1 求函数 $y=x^2$，当 $x=2$，$\Delta x=0.1$，0.01 时函数的增量 Δy 和相应的微分 dy.

解 (1) 当 $x=2$，$\Delta x=0.1$ 时，

$$\Delta y = (2+0.1)^2 - 2^2 = 4.41 - 4 = 0.41,$$

$$dy = (x^2)'dx = 2xdx = 2 \times 2 \times 0.1 = 0.4.$$

(2) 当 $x=2$，$\Delta x=0.01$ 时

$$\Delta y = (2+0.01)^2 - 2^2 = 4.0401 - 4 = 0.0401,$$

$$dy = 2xdx = 2 \times 2 \times 0.01 = 0.04.$$

由微分的定义可知：要求已知函数的微分，只需要求出已知函数的导数即可. 反过来，已知微分也可以求导数. 因此，求微分和求导数有类似的公式和运算法则.

2.4.3 微分基本公式

(1) $d(C)=0$；　　(2) $d(x^\alpha) = \alpha x^{\alpha-1}dx$；

(3) $d(\sin x) = \cos x dx$；　　(4) $d(\cos x) = -\sin x dx$；

(5) $d(\tan x)=\sec^2 x dx$；　(6) $d(\cot x)=-\csc^2 x dx$；

(7) $d(\sec x)=\sec x\tan x dx$；　(8) $d(\csc x)=-\csc x\cot x dx$；

(9) $d(a^x)=a^x \ln a dx$；　(10) $d(e^x)=e^x dx$；

(11) $d(\log_a x)=\frac{1}{x\ln a}dx$；　(12) $d(\ln x)=\frac{1}{x}dx$；

(13) $d(\arcsin x)=\frac{1}{\sqrt{1-x^2}}dx$；　(14) $d(\arccos x)=-\frac{1}{\sqrt{1-x^2}}dx$；

(15) $d(\arctan x)=\frac{1}{1+x^2}dx$；　(16) $d(\text{arccot} x)=-\frac{1}{1+x^2}dx$.

2.4.4 微分运算性质

1. 微分四则运算

由函数和、差、积、商的求导法则，可以写出相应的微分法则.

设 u 和 v 都是可导函数，C 为常数，则有

(1) $d(u\pm v)=du\pm dv$；

(2) $d(Cu)=Cdu$（C 是常数）；

(3) $d(uv)=vdu+udv$；

(4) $d\left(\frac{u}{v}\right)=\frac{vdu-udv}{v^2}\quad(v\neq 0)$.

2. 复合函数的微分法则

设 $y=f(u)$ 及 $u=\varphi(x)$ 都可导，则复合函数 $y=f[\varphi(x)]$ 的微分为

$$dy=f'(u)\varphi'(x)dx.$$

由于 $\varphi'(x)dx=du$，因此复合函数 $y=f[\varphi(x)]$ 的微分公式也可写成

$$dy=f'(u)du.$$

由此可见，无论 u 是自变量还是中间变量，微分形式 $dy=f'(u)du$ 保持不变，这一性质称为一阶微分形式不变性. 一般地，利用此性质求复合函数的微分会更方便.

例 2　求 $y=2x^3+5\sin x+3$ 的微分.

解　$dy=y'dx=(6x^2+5\cos x)dx$.

例 3　已知 $y=e^x\sin x$，求 dy.

解　根据乘积的微分法则有：

$$\begin{aligned}dy&=\sin x d(e^x)+e^x d(\sin x)\\&=e^x\sin x dx+e^x\cos x dx\\&=e^x(\sin x+\cos x)dx.\end{aligned}$$

例 4　求 $y=a^{2x^2+1}$ 的微分.

解　函数由 $y=a^u$ 和 $u=2x^2+1$ 复合而成，则

$$dy = y'_u du = a^{2x^2+1} \cdot \ln a \cdot d(2x^2+1)$$

$$= a^{2x^2+1} \cdot \ln a \cdot 4x dx = 4xa^{2x^2+1} \ln a dx.$$

2.4.4 微分的应用

由前面的讨论我们知道,如果 $y=f(x)$ 在点 x_0 处的导数 $f'(x_0) \neq 0$,且 $|\Delta x|$ 很小时,有

$$\Delta y \approx dy = f'(x_0)\Delta x.$$

这个式子也可写成

$$\Delta y = f(x_0+\Delta x) - f(x_0) \approx f'(x_0)\Delta x \tag{2-1}$$

或

$$f(x_0+\Delta x) \approx f(x_0) + f'(x_0)\Delta x.$$

若令 $x = x_0 + \Delta x$,那么上式又可改写为

$$f(x) \approx f(x_0) + f'(x_0)\Delta x. \tag{2-2}$$

如果 $f(x_0)$ 与 $f'(x_0)$ 都容易计算,那么我们就可以用(2-1)式来计算函数改变量的近似值和用(2-2)式来计算函数值的近似值.

下面给出几个常用的近似公式($|x|$很小时):

(1)$\sin x \approx x$(x 为弧度);

(2)$\tan x \approx x$(x 为弧度);

(3)$(1+x)^\alpha \approx 1+\alpha x$;

(4)$e^x \approx 1+x$;

(5)$\ln(1+x) \approx x$;

(6)$\arcsin x \approx x$.

例 5 计算 $\sin 30°30'$ 的近似值.

解 把 $\sin 30°30'$ 化成弧度制

$$\sin 30°30' = \sin\left(\frac{\pi}{6} + \frac{\pi}{360}\right).$$

设函数 $f(x)=\sin x$,取 $x_0 = \frac{\pi}{6}$、$\Delta x = \frac{\pi}{360}$,由于$|\Delta x|$很小,于是

$$\sin 30°30' = f(x_0+\Delta x) \approx f(x_0) + f'(x_0)\Delta x$$

$$= \sin\frac{\pi}{6} + \cos\frac{\pi}{6} \times \frac{\pi}{360}$$

$$= \frac{1}{2} + \frac{\sqrt{3}}{2} \times \frac{\pi}{360}$$

$\approx 0.5076.$

例 6　半径为 10cm 的金属圆片加热后，半径增加了 0.05cm，问面积增大了多少？

解　设圆的面积为 S，半径为 r，则 $S=\pi r^2$.

已知 $r_0=10\text{cm}$，$\Delta r=0.05\text{cm}$，$|\Delta r|$ 相对较小，所以可用微分 dS 近似代替改变量 ΔS，即

$$\Delta S \approx dS = 2\pi r_0 \Delta r = 2\pi \times 10 \times 0.05 \approx 3.14(\text{cm}^2).$$

因此，面积约增大了 3.14cm^2.

习题 2-4

1. 求函数 $y=x^2+2x$ 在 $\Delta x=0.1$ 时函数的增量 Δy 和在点 $x=2$ 处的微分.

2. 将适当的函数填入括号内，使等式成立.

(1) $d(\quad)=x\,dx$；　(2) $d(\quad)=\sin t\,dt$；

(3) $d(\quad)=\cos x\,dx$；　(4) $d(\quad)=\dfrac{1}{1+t}dt$；

(5) $d(\quad)=\dfrac{1}{\sqrt{x}}dx$；　(6) $d(\quad)=e^{-t}dt$.

3. 求下列函数的微分.

(1) $y=1+\sqrt{x}+\dfrac{1}{x}$；　(2) $y=\sin 5x-x^2$；

(3) $y=x\sin x$；　(4) $y=x^{\sin x}$；

(5) $y=(x^2+2x+3)^3$；　(6) $y=\ln\sqrt{1-x^2}$；

(7) $\begin{cases} x=a\cos^3\theta \\ y=a\sin^3\theta \end{cases}$；　(8) $e^y+xy=e$.

4. 求近似值.

(1) $\cos 29°$；　(2) $\sqrt[3]{1.02}$.

5. 有一批半径为 1cm 的球，为了提高球面的光洁度，在其表面镀上一层铜，厚度定为 0.01cm. 已知铜的密度是 8.9g/cm^3，估计每只球需用铜多少克？

2.5 Mathematica 求解导数与微分

2.5.1 基本命令

1. 求导数的命令 D 与求微分的命令 Dt

D[f[x],{x,n}] 给出 $f(x)$ 关于 x 的 n 阶导数.

$Dt[f]$ 表示求 $f(x)$ 的微分.

上述命令对表达式为抽象函数的情形也适用,其结果也是一些抽象符号.

2.循环语句 Do

基本格式为

Do[表达式,循环变量的范围]

表达式中一般有循环变量.有多种方法说明循环变量的取值范围,最完整的格式是

Do[表达式,{循环变量名,最大值,最小值,增量}]

当省略增量时,默认增量是 1;省略最小值时,默认最小值是 1.

例如,输入

```
Do[Print[Sin[n * x]],{n,1,10}]
```

则在屏幕上显示 Sin[x],Sin[2x],…,Sin[10x] 共 10 个函数.

2.5.2 实验举例

例 1 若函数 $f(x)=\sin ax\cos bx$,求 $f'(\frac{1}{a+b})$.

输入

```
D[Sin[a * x] * Cos[b * x],x]/. x— > 1/(a + b)
```

则输出函数在该点的导数为

$$\mathrm{aCos}[\frac{\mathrm{a}}{\mathrm{a}+\mathrm{b}}]\mathrm{Cos}[\frac{\mathrm{b}}{\mathrm{a}+\mathrm{b}}]-\mathrm{b}\,\mathrm{Sin}[\frac{\mathrm{a}}{\mathrm{a}+\mathrm{b}}]\mathrm{Sin}[\frac{\mathrm{b}}{\mathrm{a}+\mathrm{b}}]$$

例 2 求函数 $y=x^{10}+2(x-10)^{9}$ 的 1 阶到 11 阶导数.

输入

```
Clear[f];
f[x_] = x^10 + 2 * (x - 10)^9;
D[f[x],{x,2}]
```

则输出函数的二阶导数

$$144(-10+\mathrm{x})^{7}+90\mathrm{x}^{8}$$

类似地可以得到 3 阶、4 阶导数等.为了将 1 阶到 11 阶导数一次都求出来,输入

```
Do[Print[D[f[x],{x,n}]],{n,1,11}]
```

则输出

$18(-10+\mathrm{x})^{8}+10\mathrm{x}^{9}$

$144(-10+\mathrm{x})^{7}+90\mathrm{x}^{8}$

$1008(-10+\mathrm{x})^{6}+720\mathrm{x}^{7}$

……

```
725760 + 3628800x
3628800
0
```

或输入

```
Table[D[f[x],{x,n}],{n,11}]
```

则输出集合形式的 1 至 11 阶导数(输出结果略).

例 3 求函数 $y=\sin 2x$ 与 $y=\sin ax\cos bx$ 的微分.

输入

```
Dt[Sin[2 * x]
```

则输出函数 y = Sin2x 的微分

```
2Cos[2x]Dt[x]
```

再输入

```
Dt[Sin[a * x] * Cos[b * x],Constants—>{a,b}]//Simplify
```

其中,选项 Constants→{a,b} 指出 a,b 是常数.

输出函数 $y=\sin ax\cos bx$ 的微分

```
Dt[x,Constants→{a,b}](a Cos[ax]Cos[bx] − bSin[ax]Sin[bx])
```

输出中的 Dt[x,Constants→{a,b}] 就是自变量的微分 dx.

例 4 求由方程 $2x^2-2xy+y^2+x+2y+1=0$ 确定的隐函数的导数.

解 方法 1

输入

```
dep1 = D[2X^2—2x * y[x] + y[x]^2 + 2y[x] + 1 == 0,x]
```

这里输入 $y[x]$ 以表示 y 是 x 的隐函数.

输出对原方程两边求导数后的方程 dep1:

```
1 + 4x—2y[x] + 2y'[x]—2xy'[x] + 2y[x]y'[x] == 0
```

再解方程,输入

```
Solve[deq1,y'[x]]
```

输出

$$\left\{\left\{y'[x] \to -\frac{-1-4x+2y[x]}{2(-1+x-y[x])}\right\}\right\}$$

方法 2

使用微分命令. 输入

```
deq2 = Dt[2x^2—2x * y + y^2 + x + 2y + 1 == 0,x]
```

得到导数满足的方程 deq2：

$$1+4x-2y+2Dt[y,x]-2xDt[y,x]+2yDt[y,x]==0$$

再解方程，输入

```
Solve[deq2,Dt[y,x]]
```

输出

$$\left\{\left\{Dt[y,x]\to -\frac{-1-4x+2y[x]}{2(-1+x-y[x])}\right\}\right\}$$

注意前者用 y'[x]，而后者用 Dt[y,x] 表示导数.

如果求二阶导数，再输入

```
deq3 = D[deq1,x];
Solve[{deq1,deq3},{y'[x],y''[x]}]//Simplify
```

输出

$$\left\{\left\{y''[x]\to \frac{13+4x+8x^2-8(-1+x)y[x]+4y[x]^2}{4(-1+x-y[x])^3},y'[x]\to -\frac{-1-4x+2y[x]}{2(-1+x-y[x])}\right\}\right\}$$

例 5 求由参数方程 $x=e^t\cos t, y=e^t\sin t$ 确定的函数的导数.

输入

```
D[E^t * Sin[t],t]/D[E^t * Cos[t],t]
```

则得到导数

$$\frac{e^t Cos[t]+e^t Sin[t]}{e^t Cos[t]-e^t Sin[t]}$$

输入

```
D[%,t]/D[E^t * Cos[t],t]//Simplify
```

则得到二阶导数

$$\frac{2e^{-t}}{(Cos[t]-Sin[t])^3}$$

习题 2-5

1. 求下列函数的导数.

(1) $y=e^{\sqrt{x+1}}$；　　　　(2) $y=\ln[\tan(\frac{x}{2}+\frac{\pi}{4})]$；

(3) $y=\frac{1}{2}\cot^2 x+\ln\sin x$;　　(4) $y=\frac{1}{\sqrt{2}}\arctan\frac{\sqrt{2}}{x}$.

2. 求下列函数的微分.

(1) $y=2^{-\frac{1}{\cos x}}$;　　(2) $y=\ln(x+\sqrt{x^2+a^2})$.

3. 求下列函数的高阶导数.

(1) $y=x\sin ax$, 求 $y^{(100)}$;　　(2) $y=x^2\cos x$, 求 $y^{(10)}$.

4. 求由下列方程所确定的隐函数 $y=y(x)$ 的导数.

(1) $\ln x+e^{-\frac{y}{x}}=e$;　　(2) $\arctan\frac{y}{x}=\ln\sqrt{x^2+y^2}$.

5. 求由下列参数方程确定的函数的导数.

(1) $\begin{cases}x=\cos^3 t\\ y=\sin^3 t\end{cases}$;　　(2) $\begin{cases}x=\frac{6t}{1+t^3}\\ y=\frac{6t^2}{1+t^3}\end{cases}$.

本章小结

本章主要介绍了导数和微分的一些基本概念和基本的运算,以及它们之间的关系.

1. 导数定义:增量比值的极限.

$$f'(x_0)=\lim_{\Delta x\to 0}\frac{\Delta y}{\Delta x}=\lim_{\Delta x\to 0}\frac{f(x_0+\Delta x)-f(x_0)}{\Delta x};$$

$$f'(x)=\lim_{\Delta x\to 0}\frac{\Delta y}{\Delta x}=\lim_{\Delta x\to 0}\frac{f(x+\Delta x)-f(x)}{\Delta x}.$$

2. 导数几何意义:切线的斜率.

切线方程为: $y-f(x_0)=f'(x_0)(x-x_0)$;

法线方程为: $y-f(x_0)=-\frac{1}{f'(x_0)}(x-x_0)\ (f'(x_0)\neq 0)$.

3. 可导与连续之间的关系:可导一定连续,连续不一定可导.

4. 导数的四则运算法则

$$(u\pm v)'=u'\pm v';$$

$$(uv)'=u'v+uv';$$

$$\left(\frac{u}{v}\right)'=\frac{u'v-uv'}{v^2}, v\neq 0.$$

5. 复合函数求导法则

$$f'[\varphi(x)]=f'(u)\cdot\varphi'(x) \quad 或 \quad \frac{dy}{dx}=\frac{dy}{du}\cdot\frac{du}{dx}.$$

6. 微分：函数的微分等于函数的导数乘以自变量的微分

$$dy=f'(x)dx.$$

复习题 2

一、单项选择

1. 设函数 $f(x)$ 是可导函数，则 $\lim\limits_{x\to 0}\dfrac{f(1)-f(1-x)}{2x}=$（　　）.

A. $f'(x)$　　B. $\frac{1}{2}f'(1)$　　C. $f(1)$　　D. $f'(1)$

2. 设函数 $f(x)=x\ln x$，则 $f'''(x)=$（　　）.

A. $\ln x$　　B. x　　C. $\frac{1}{x^2}$　　D. $-\frac{1}{x^2}$

3. 设 $y=f(-x)$，则 $y'=$（　　）.

A. $f'(x)$　　B. $-f'(x)$　　C. $f'(-x)$　　D. $-f'(-x)$

4. 若在区间 (a,b) 内恒有 $f'(x)\equiv g'(x)$，则 $f(x)$ 与 $g(x)$ 在 (a,b) 内（　　）.

A. $f(x)-g(x)=x$　　B. 相等

C. 仅相差一个常数　　D. 均为常数

5. 已知一个质点做变速直线运动的位移函数 $S=3t^2+e^{2t}$，则在时刻 $t=2$ 处的速度和加速度分别是（　　）.

A. $12+2e^4,6+4e^4$　　B. $12+2e^4,12+2e^4$

C. $6+4e^4,6+4e^4$　　D. $12+e^4,6+e^4$

二、填空题

1. 设函数 $y=x^3+\ln(1+x)$，则 $dy=$________.

2. 设方程 $x^2+y^2-xy=1$ 确定隐函数 $y=y(x)$，则 $y'=$________.

3. 已知 $y=ax^3$ 在 $x=1$ 处的切线与直线 $y=2x-1$ 平行，则 $a=$________.

4. 设函数 $f(x)=\begin{cases}\dfrac{\sin^2 x}{2x}, & x\neq 0\\ 0, & x=0\end{cases}$，则 $f'(0)=$________.

5. 设函数 $y=x\sin x$，则 $y''=$________.

三、计算下列各题

1. $y=(x^2-2x+5)^{10}$，求 y''；

2. $y=\dfrac{\ln\sin x}{x-1}$，求 y'；

3. $y=10^{6x}+x^{\frac{1}{x}}$，求 y'；

4. 已知$\begin{cases}x=2e^{t}\\ y=e^{-t}\end{cases}$，求$\left.\dfrac{dy}{dx}\right|_{t=0}$.

四、设函数 $y=x^4\sin x$，求 dy.

五、若 $x+2y-\cos y=0$，求$\dfrac{dy}{dx}$，$\dfrac{d^2y}{dx^2}$.

六、设$\begin{cases}x=2t^2+1\\ y=\sin t\end{cases}$，求$\dfrac{dy}{dx}$.

第3章 导数的应用

上一章我们学习了导数的概念，着重讲解了导数的计算方法，本章将利用上一章的知识来研究函数以及某些函数的形态，首先我们来学习微分学中的几个中值定理.

3.1 微分中值定理

我们先讲罗尔(Rolle)定理，然后根据它推出拉格朗日(Lagrange)中值定理.

3.1.1 罗尔定理

定理1 (罗尔定理) 如果函数 $f(x)$ 满足

(1) 在闭区间 $[a,b]$ 上连续；

(2) 在开区间 (a,b) 内可导；

(3) 在区间端点处的函数值相等，即 $f(a)=f(b)$，

那么在 (a,b) 内至少有一点 $\xi(a<\xi<b)$，使得 $f'(\xi)=0$.

证明 略.

本定理的几何意义是：在 (a,b) 上曲线 $y=f(x)$ 至少存在一点 $C(\xi,f(\xi))$，曲线在该点 C 上的切线斜率为0(见图3-1).

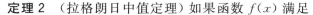

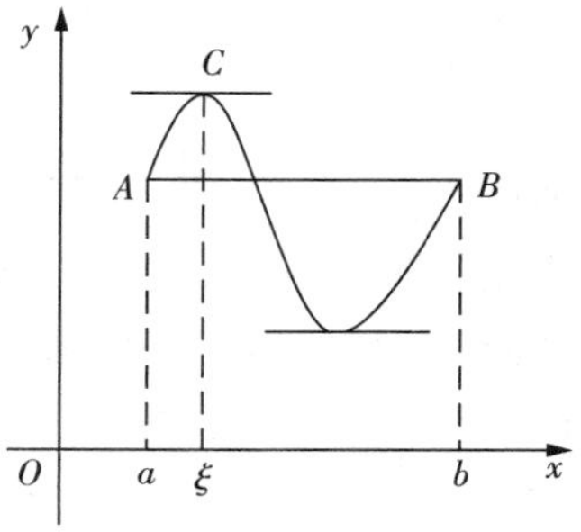

图3-1

3.1.2 拉格朗日中值定理

罗尔定理中 $f(a)=f(b)$ 这个条件是相当特殊的，它使罗尔定理的应用受到限制，如果把 $f(a)=f(b)$ 这个条件取消，但是保留其余两个条件，并相应地改变结论，那么就得到微分学中十分重要的拉格朗日中值定理.

定理2 (拉格朗日中值定理) 如果函数 $f(x)$ 满足

(1) 在闭区间 $[a,b]$ 上连续；

(2) 在开区间 (a,b) 内可导；

那么在 (a,b) 内至少有一点 $\xi(a<\xi<b)$，使得

$$f'(\xi)=\frac{f(b)-f(a)}{b-a}. \tag{3-1}$$

式(3-1)称为拉格朗日中值公式,也可变形为

$$f(b)-f(a)=f'(\xi)(b-a) \tag{3-2}$$

证明 略.

由图 3-2 可以看出$\dfrac{f(b)-f(a)}{b-a}$即为弦 AB 的斜率,而 $f'(\xi)$ 为曲线在点 C 处的切线的斜率. 因此拉格朗日中值定理的几何意义是:

在(a,b)上曲线 $y=f(x)$ 至少存在一点 $C(\xi,f(\xi))$,曲线在该点上的切线平行于曲线两端点的连线 AB(见图 3-2).

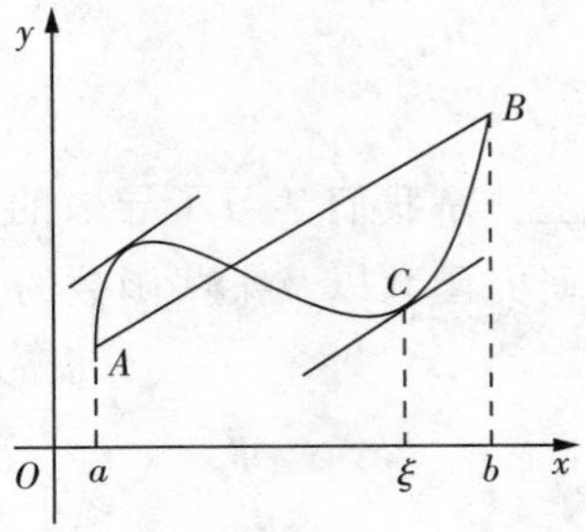

图 3-2

从图3-1看出,在罗尔定理中,由于 $f(a)=f(b)$,弦 AB 是平行于 x 轴的,因此点 C 处的切线实际上也是平行于弦 AB 的. 由此可见,罗尔定理是拉格朗日中值定理的特殊情形.

拉格朗日中值定理是微分学中的重要定理,它给出了函数在一个区间上的增量与函数在该区间内某点导数之间的关系,从而使我们可以用导数来研究函数在区间上的形态. 由拉格朗日中值定理,可以得到下面两个推论.

推论 1 如果函数 $f(x)$ 在区间 I 上的导数恒为零,那么 $f(x)$ 在区间 I 上是一个常数.

证明 在区间 I 上任取两点 x_1、x_2,并设 $x_1<x_2$,在区间$[a,b]$上由式(3-2)得

$$f(x_2)-f(x_1)=f'(\xi)(x_2-x_1),x_1<\xi<x_2$$

因为 $f'(\xi)=0$,所以 $f(x_2)-f(x_1)=0$,

故 $f(x_2)=f(x_1)$.

推论 2 设函数 $f(x)$ 与 $g(x)$ 在区间 I 上可导,且 $f'(x)=g'(x)$,则 $f(x)=g(x)+C$(C 为常数).

证明 由 $f'(x)=g'(x),x\in I$,有

$$f'(x)-g'(x)=0,x\in I,$$

即
$$[f(x)-g(x)]'=0,x\in I.$$

由推论 1 知
$$f(x)-g(x)=C(C\text{ 为常数}),$$

故
$$f(x)=g(x)+C,x\in I.$$

例 证明当 $x>0$ 时,$\dfrac{x}{1+x}<\ln(1+x)<x$.

证明 构造函数 $f(x)=\ln(1+x)$,

显然 $f(x)$ 在区间$[0,x]$上满足拉格朗日中值定理条件,有

$$f(x)-f(0)=f'(\xi)(x-0),0<\xi<x.$$

由于 $f(0)=0, f'(x)=\dfrac{1}{1+x}$，因此上式即为

$$\ln(1+x)=\frac{x}{1+\xi}.$$

又由 $0<\xi<x$，有

$$\frac{x}{1+x}<\frac{x}{1+\xi}<x,$$

故有 $\dfrac{x}{1+x}<\ln(1+x)<x(x>0)$.

习题 3－1

1. 请阐述罗尔定理与拉格朗日中值定理的联系与区别.

2. 不求 $f(x)=(x-1)(x-2)(x-3)$ 的导数，判断方程 $f'(x)=0$ 有几个实根，并确定其存在范围.

3. 下列函数在给定区间上满足拉格朗日中值定理的条件吗？如果满足，求出使定理成立的 ξ 值.

(1) $f(x)=\dfrac{1}{1+x^2}, x\in[-2,2]$；

(2) $f(x)=\ln x, x\in[1,2]$.

4. 设 $a>b>0$，证明：$\dfrac{a-b}{a}<\ln\dfrac{a}{b}<\dfrac{a-b}{b}$.

3.2 洛必达法则

在第一章我们介绍了极限的概念，遇见了如下情形：当 $x\to a$（或 $x\to\infty$）时，两个函数 $f(x)$ 与 $g(x)$ 都趋向于零或无穷大，那么 $\lim\limits_{x\to x_0}\dfrac{f(x)}{g(x)}$（或 $\lim\limits_{x\to\infty}\dfrac{f(x)}{g(x)}$）可能存在，也可能不存在. 通常我们把这种极限叫作不定式，分别简记为 $\dfrac{0}{0}$ 或 $\dfrac{\infty}{\infty}$. 除此之外还有 $0\cdot\infty$、$\infty-\infty$、0^0、∞^0、1^∞ 等形式. 下面介绍一种简便而有效的求不定式极限的方法 —— 洛必达法则.

3.2.1 洛必达法则 Ⅰ

定理 3 （洛必达法则 Ⅰ）若函数 $f(x)$ 与 $g(x)$ 满足条件

(1) $\lim\limits_{x\to x_0}f(x)=0, \lim\limits_{x\to x_0}g(x)=0$；

(2) $f(x)$ 与 $g(x)$ 在点 x_0 的附近可导，且 $g'(x)\neq 0$；

(3) $\lim\limits_{x\to x_0}\dfrac{f'(x)}{g'(x)}=A$（$A$ 可为实数，也可为无穷大量）；

那么 $$\lim_{x\to x_0}\frac{f(x)}{g(x)}=\lim_{x\to x_0}\frac{f'(x)}{g'(x)}=A.$$

当把 $x\to x_0$ 改成 $x\to x_0^+,x\to x_0^-,x\to\infty,x\to+\infty,x\to-\infty$ 时，法则依然成立.

这就是说，对于不定式，当 $\lim\limits_{x\to x_0}\frac{f'(x)}{g'(x)}$ 存在时，$\lim\limits_{x\to x_0}\frac{f(x)}{g(x)}$ 也存在且等于 $\lim\limits_{x\to x_0}\frac{f'(x)}{g'(x)}$；当 $\lim\limits_{x\to x_0}\frac{f'(x)}{g'(x)}$ 为无穷大时，$\lim\limits_{x\to x_0}\frac{f(x)}{g(x)}$ 也是无穷大. 这种在一定条件下通过分子分母分别求导再求极限来确定不定式的值的方法称为洛必达(L'Hospital)法则.

如果 $\frac{f'(x)}{g'(x)}$ 当 $x\to x_0$ 时仍是 $\frac{0}{0}$ 型，且这时 $f'(x)$ 与 $g'(x)$ 能满足定理中 $f(x)$ 与 $g(x)$ 所满足的条件，那么可以继续使用洛必达法则，先确定 $\lim\limits_{x\to x_0}\frac{f'(x)}{g'(x)}$，从而确定 $\lim\limits_{x\to x_0}\frac{f(x)}{g(x)}$，即

$$\lim_{x\to x_0}\frac{f(x)}{g(x)}=\lim_{x\to x_0}\frac{f'(x)}{g'(x)}=\lim_{x\to x_0}\frac{f''(x)}{g''(x)}$$

且可以依次类推.

洛必达法则的条件是充分的，并非必要的，法则失效时应考虑用其他方法求解.

例 1 求 $\lim\limits_{x\to 1}\frac{x^3-3x+2}{x^3-x^2-x+1}$.

解 这是 $\frac{0}{0}$ 型不定式，应用洛必达法则 Ⅰ，有

$$\lim_{x\to 1}\frac{x^3-3x+2}{x^3-x^2-x+1}=\lim_{x\to 1}\frac{3x^2-3}{3x^2-2x-1}.$$

上式仍为 $\frac{0}{0}$ 型不定式，继续应用洛必达法则 Ⅰ，有

$$\lim_{x\to 1}\frac{3x^2-3}{3x^2-2x-1}=\lim_{x\to 1}\frac{6x}{6x-2}=\frac{3}{2}.$$

注意：上式中的 $\lim\limits_{x\to 1}\frac{6x}{6x-2}$ 已不是不定式，不能对它应用洛必达法则，否则要导致错误结果. 以后使用洛必达法则时应当经常注意这一点，如果不是不定式，就不能应用洛必达法则.

例 2 求 $\lim\limits_{x\to 0}\frac{x-\sin x}{x^3}$.

解 这是 $\frac{0}{0}$ 型不定式，应用洛必达法则 Ⅰ，有

原式 $=\lim\limits_{x\to 0}\frac{1-\cos x}{3x^2}$（$\frac{0}{0}$ 型）$=\lim\limits_{x\to 0}\frac{\sin x}{6x}=\frac{1}{6}\lim\limits_{x\to 0}\frac{\sin x}{x}=\frac{1}{6}$.

例 3 求 $\lim\limits_{x\to a}\frac{\sin x-\sin a}{x-a}$.

解 这是 $\frac{0}{0}$ 型不定式，应用洛必达法则 Ⅰ，有

原式 $=\lim\limits_{x\to a}\dfrac{\cos x}{1}=\cos a.$

3.2.2 洛必达法则 Ⅱ

定理 4 （洛必达法则 Ⅱ）若函数 $f(x)$ 与 $g(x)$ 满足条件

(1) $\lim\limits_{x\to x_0}f(x)=\infty,\lim\limits_{x\to x_0}g(x)=\infty$；

(2) $f(x)$ 与 $g(x)$ 在点 x_0 的附近可导，且 $g'(x)\neq 0$；

(3) $\lim\limits_{x\to x_0}\dfrac{f'(x)}{g'(x)}=A$（$A$ 可为实数，也可为无穷大量）；

那么
$$\lim_{x\to x_0}\frac{f(x)}{g(x)}=\lim_{x\to x_0}\frac{f'(x)}{g'(x)}=A.$$

当把 $x\to x_0$ 改成 $x\to x_0^+,x\to x_0^-,x\to\infty,x\to+\infty,x\to-\infty$ 时，法则依然成立.

如果 $\dfrac{f'(x)}{g'(x)}$ 当 $x\to x_0$ 时是 $\dfrac{\infty}{\infty}$ 型（或 $\dfrac{0}{0}$ 型），且这时 $f'(x)$ 与 $g'(x)$ 能满足定理中 $f(x)$ 与 $g(x)$ 所满足的条件，那么可以继续使用洛必达法则，先确定 $\lim\limits_{x\to x_0}\dfrac{f'(x)}{g'(x)}$，从而确定 $\lim\limits_{x\to x_0}\dfrac{f(x)}{g(x)}$，即
$$\lim_{x\to x_0}\frac{f(x)}{g(x)}=\lim_{x\to x_0}\frac{f'(x)}{g'(x)}=\lim_{x\to x_0}\frac{f''(x)}{g''(x)}$$
且可以依次类推.

例 4 求 $\lim\limits_{x\to+\infty}\dfrac{\ln x}{x^n}(n>1)$.

解 这是 $\dfrac{\infty}{\infty}$ 型不定式，应用洛必达法则 Ⅱ，有

$$原式=\lim_{x\to+\infty}\frac{\frac{1}{x}}{nx^{n-1}}=\frac{1}{n}\lim_{x\to+\infty}\frac{1}{x^n}=0.$$

例 5 求 $\lim\limits_{x\to 0}\left(\dfrac{1}{\sin x}-\dfrac{1}{x}\right)$.

解 这是 $\infty-\infty$ 型不定式，可以通分化为 $\dfrac{0}{0}$ 型，再应用洛必达法则求解.

$$原式=\lim_{x\to 0}\frac{x-\sin x}{x\sin x}\left(\frac{0}{0}型\right)=\lim_{x\to 0}\frac{1-\cos x}{\sin x+x\cos x}\left(\frac{0}{0}型\right)$$
$$=\lim_{x\to 0}\frac{\sin x}{\cos x+\cos x-x\sin x}=\frac{0}{1+1-0}=0.$$

例 6 求 $\lim\limits_{x\to 0}x\cdot\cot 2x$.

解 这是 $0\cdot\infty$ 型不定式，可以转化为 $\frac{0}{0}$ 型，再应用洛必达法则求解.

原式 $=\lim\limits_{x\to0}\frac{x\cos2x}{\sin2x}=\lim\limits_{x\to0}\frac{\cos2x-2x\cdot\sin2x}{2\cos2x}=\frac{1}{2}$.

习题 3-2

1. 求下列极限.

(1) $\lim\limits_{x\to0}\frac{e^x-1}{x}$；

(2) $\lim\limits_{x\to0}\frac{\ln(1+x)}{x^2}$；

(3) $\lim\limits_{x\to\frac{\pi}{2}}\frac{\tan x}{\tan3x}$；

(4) $\lim\limits_{x\to+\infty}\frac{x^n}{e^x}$；

(5) $\lim\limits_{x\to0^+}x^n\ln x, n>0$；

(6) $\lim\limits_{x\to\frac{\pi}{2}}(\sec x-\tan x)$.

2. 试说明极限 $\lim\limits_{x\to\infty}\frac{x+\sin x}{x}$ 存在，但不能够用洛必达法则求解.

3.3 函数的单调性与极值

以前的学习中我们介绍了函数在区间上单调的概念，能够根据定义判断函数是否单调，但往往比较困难，本节我们将利用导数来对函数的单调性进行研究，并介绍函数的极值. 函数的极值不仅在实际中有重要的应用，而且也是函数形态的重要特征.

3.3.1 函数的单调性

如果函数 $y=f(x)$ 在 $[a,b]$ 上单调增加，那么它的图形是一条沿 x 轴正向上升的曲线，如图 3-3(a)，这时曲线上各点处的切线斜率是非负的，即 $y'=f'(x)\geqslant0$；如果函数 $y=f(x)$ 在 $[a,b]$ 上单调减少，那么它的图形是一条沿 x 轴正向下降的曲线，如图 3-3(b)，这时曲线上各点处的切线斜率是非正的，即 $y'=f'(x)\leqslant0$. 由此可见，函数的单调性与导数的符号有着密切的联系.

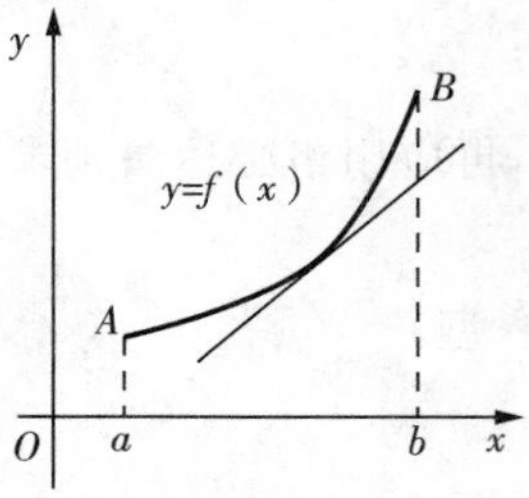

(a) 函数图形上升时切线斜率非负

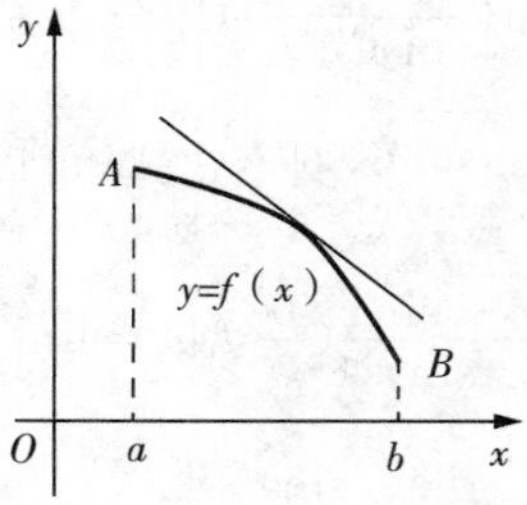

(b) 函数图形下降时切线斜率非正

图 3-3

反过来,能否用导数的符号来判断函数的单调性呢?

定理5 设函数 $y=f(x)$ 在 $[a,b]$ 上连续,在 (a,b) 上可导,则

(1) 如果在 (a,b) 内 $f'(x)>0$,那么函数 $y=f(x)$ 在 $[a,b]$ 上单调增加;

(2) 如果在 (a,b) 内 $f'(x)<0$,那么函数 $y=f(x)$ 在 $[a,b]$ 上单调减少.

如果把这个判别法中的闭区间换成其他各种区间(包括无穷区间),那么结论也成立.

证明 在区间 $[a,b]$ 上任取两点 x_1、$x_2(x_2>x_1)$,由拉格朗日中值定理有

$$f(x_2)-f(x_1)=f'(\xi)(x_2-x_1),x_1<\xi<x_2.$$

如果在 (a,b) 内 $f'(x)>0$,那么 $f'(\xi)>0$,又因为 $x_2-x_1>0$,所以

$$f(x_2)-f(x_1)=f'(\xi)(x_2-x_1)>0,$$

即
$$f(x_2)>f(x_1).$$

上式表明函数 $y=f(x)$ 在 $[a,b]$ 上单调增加,结论(1)得证;

同理可证结论(2).

例1 求函数 $f(x)=2x^3-9x^2+12x-3$ 的单调区间.

解 函数的定义域为 $(-\infty,+\infty)$,$f'(x)=6x^2-18x+12$.

令 $f'(x)=0$,

即 $6x^2-18x+12=6(x-1)(x-2)=0$,

得 $x_1=1,x_2=2$,这两个根把 $(-\infty,+\infty)$ 分成三个部分区间 $(-\infty,1)$,$(1,2)$,$(2,+\infty)$.

列表3-1讨论如下:

表3-1

x	$(-\infty,1)$	1	$(1,2)$	2	$(2,+\infty)$
$f'(x)$	+	0	−	0	+
$f(x)$	↗		↘		↗

由表3-1知,函数 $f(x)=2x^3-9x^2+12x-3$ 的单调增区间是 $(-\infty,1)$ 与 $(2,+\infty)$,单调减区间是 $(1,2)$.其函数图像如图3-4所示.

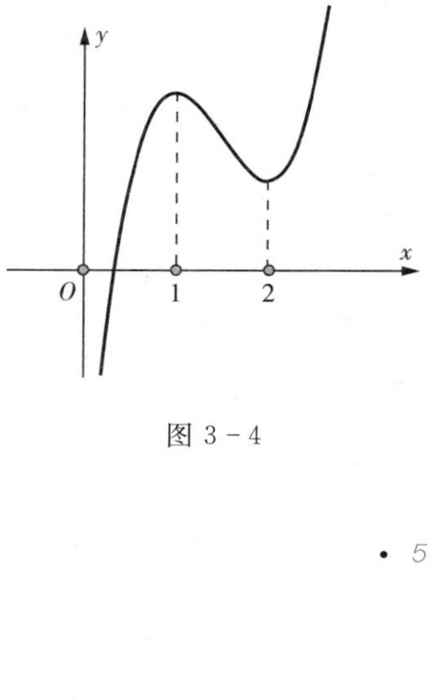

图3-4

例2 讨论函数 $y=e^x-x-1$ 的单调性.

解 函数的定义域为 $(-\infty,+\infty)$,$y'=e^x-1$,

令 $y'=0$,得 $x=0$.这个根把 $(-\infty,+\infty)$ 分成两个部分区间 $(-\infty,0)$,$(0,+\infty)$

列表3-2讨论如下:

表 3-2

x	$(-\infty,0)$	0	$(0,+\infty)$
$f'(x)$	$-$	0	$+$
$f(x)$	↘		↗

由表 3-2 可知，函数 $y=\mathrm{e}^x-x-1$ 在 $(-\infty,0]$ 上单调减少；在 $[0,+\infty)$ 上单调增加.

例 3 讨论函数 $y=\sqrt[3]{x^2}$ 的单调性.

解 函数的定义域为 $(-\infty,+\infty)$，

当 $x\neq 0$ 时，$y'=\dfrac{2}{3\sqrt[3]{x}}$；当 $x=0$ 时，函数的导数不存在.

$x=0$ 把 $(-\infty,+\infty)$ 分成两个部分区间 $(-\infty,0)$，$(0,+\infty)$，

列表 3-3 讨论如下：

表 3-3

x	$(-\infty,0)$	0	$(0,+\infty)$
$f'(x)$	$-$	不存在	$+$
$f(x)$	↘		↗

由表 3-3 可知，函数 $y=\sqrt[3]{x^2}$ 在 $(-\infty,0]$ 上单调减少；在 $[0,+\infty)$ 上单调增加.

我们注意到，在例 2 中，$x=0$ 是函数 $y=\mathrm{e}^x-x-1$ 的单调减区间 $(-\infty,0]$ 和单调增区间 $[0,+\infty)$ 的分界点，在该点处 $y'=0$. 在例 3 中，$x=0$ 是函数 $y=\sqrt[3]{x^2}$ 的单调减区间 $(-\infty,0]$ 和单调增区间 $[0,+\infty)$ 的分界点，在该点处导数不存在.

因此，讨论函数单调性的一般步骤为：

(1) 确定函数的定义域；

(2) 求出使函数导数等于零或者导数不存在的点，这些点将定义域分成若干个区间；

(3) 列表讨论，判断导数在每个区间内的符号，由此确定函数的单调性.

3.3.2 函数的极值与最值

在上面例 1 中我们看到，点 $x=1$，$x=2$ 是函数 $f(x)=2x^3-9x^2+12x-3$ 的单调区间的分界点. 在点 $x=1$ 的左侧邻近，函数 $f(x)$ 是单调增加的，在点 $x=1$ 的右侧邻近，函数 $f(x)$ 是单调减少的. 因此存在点 $x=1$ 的某个空心邻域内，对于这个空心邻域内的任意点 $x(x\neq 1)$，都有 $f(x)<f(1)$. 类似地，关于点 $x=2$，也存在某个空心邻域，对于这个空心邻域的任意点 $x(x\neq 2)$，都有 $f(x)>f(2)$(参看图 3-4). 这样的点如 $x=1$ 及 $x=2$，在应用上有着重要的意义，值得我们对此作一般性的讨论.

定义 设函数 $f(x)$ 在点 x_0 的某邻域内有定义，对该邻域内任意一点 $x(x\neq x_0)$，均有 $f(x)<f(x_0)$(或 $f(x)>f(x_0)$)，则称 $f(x_0)$ 为函数 $f(x)$ 的一个极大值(或极小值).

函数的极大值与极小值统称为函数的极值，使函数取得极值的点称为极值点.

根据极值的定义，图 3-5 中，点 x_2，x_4 为极大值点，点 x_1，x_3，x_5 为极小值点.

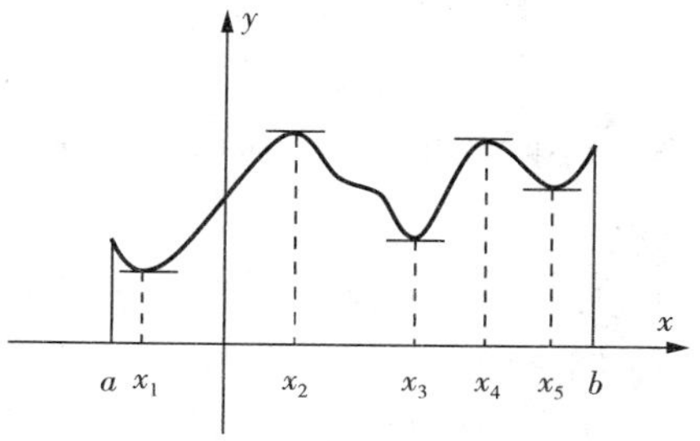

图 3-5

极值是一个局部的概念，它是相对于极值点的某个邻域内所有点的函数值而言的，因此函数的极大值未必比极小值大，极小值也不一定比极大值小.

定理 6 （极值的必要条件） 设函数 $f(x)$ 在点 x_0 处可导，且在 x_0 处取得极值，则 $f'(x_0)=0$.

使 $f'(x_0)=0$ 的点我们通常称为函数的驻点.

定理表明可导函数的极值点必定是它的驻点. 但反过来，函数的驻点却不一定是函数的极值点，如 $f(x)=x^3$，$x=0$ 是函数的驻点，但不是它的极值点. 此外，函数在它的导数不存在的点处也可能取得极值，如函数 $y=\sqrt[3]{x^2}$ 在 $x=0$ 处导数不存在，但函数在该点取得极小值.

这么说来，驻点和导数不存在的点都有可能是极值点，那么怎样确定函数在这些点是否取得极值呢？我们给出判断函数极值点充分条件.

定理 7 （极值的第一充分条件） 设函数 $y=f(x)$ 在点 x_0 的某邻域内可导，那么

(1) 当 $x<x_0$ 时，$f'(x)>0$，当 $x>x_0$ 时，$f'(x)<0$，则函数 $y=f(x)$ 在点 x_0 取得极大值 $f(x_0)$（如图 3-6(a) 所示）；

(2) 当 $x<x_0$ 时，$f'(x)<0$，当 $x>x_0$ 时，$f'(x)>0$，则函数 $y=f(x)$ 在点 x_0 取得极小值 $f(x_0)$（如图 3-6(b) 所示）；

(3) 当导函数 $f'(x)$ 在点 x_0 的两侧不变号，则 x_0 点不是极值点，如图 3-7(c)、(d) 所示.

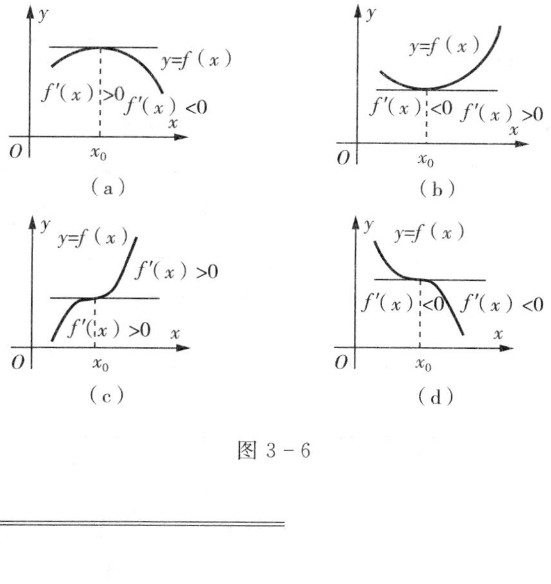

图 3-6

以上定理，通俗一点说就是，当自变量 x 在逐渐增大并经过 x_0 的过程中，若 $f'(x)$ 的符号由正变负，即函数 $y=f(x)$ 的值在 x_0 的左边不断增大，在 x_0 的右边不断减小，那么函数 $y=f(x)$ 在点 $x=x_0$ 处就有极大值 $f(x_0)$；若 $f'(x)$ 的符号由负变正，即函数 $y=f(x)$ 的值在 x_0 的左边不断减小，在 x_0 的右边不断增大，那么函数 $y=f(x)$ 在点 $x=x_0$ 处就有极小值 $f(x_0)$.

我们可以得到求函数极值的一般步骤：

(1) 确定函数的定义域；

(2) 求出使函数导数等于零或者导数不存在的点，这些点将定义域分成若干个区间；

(3) 列表讨论，判断导数在每个区间内的符号；

(4) 应用上面定理判断极值点，并求出极值.

例 4　求函数 $y=x^3-3x^2-9x+5$ 的极值.

解　函数的定义域是 $(-\infty,+\infty)$，

$y'=3x^2-6x-9=3(x+1)(x-3)$，

令 $y'=0$，得 $x_1=-1$，$x_2=3$.

定义域被分成三个小区间 $(-\infty,-1)$，$(-1,3)$ 和 $(3,+\infty)$，

列表 3-4，讨论如下：

表 3-4

x	$(-\infty,-1)$	-1	$(-1,3)$	3	$(3,+\infty)$
$f'(x)$	$+$	0	$-$	0	$+$
$f(x)$	$\nearrow$	极大值	$\searrow$	极小值	$\nearrow$

由表 3-4 可知，函数在 $x=-1$ 处有极大值 $f(-1)=10$，在 $x=3$ 处有极小值 $f(3)=-22$.

例 5　求函数 $f(x)=(x-4)\sqrt[3]{(x+1)^2}$ 的极值.

解　函数的定义域是 $(-\infty,+\infty)$，

$f'(x)=\dfrac{5(x-1)}{3\sqrt[3]{x+1}}$，显然 $x=-1$ 是函数的不可导点，

令 $f'(x)=0$，得 $x=1$.

定义域被分成三个小区间 $(-\infty,-1)$，$(-1,1)$ 和 $(1,+\infty)$，

列表 3-5，讨论如下：

表 3-5

x	$(-\infty,-1)$	-1	$(-1,1)$	1	$(1,+\infty)$
$f'(x)$	$+$	不可导	$-$	0	$+$
$f(x)$	$\nearrow$	极大值	$\searrow$	极小值	$\nearrow$

由表 3-5 可知，函数在 $x=-1$ 处有极大值 $f(-1)=0$，在 $x=1$ 处有极小值 $f(1)=-3\sqrt[3]{4}$.

例 6　求函数 $f(x)=(x^2-1)^3+2$ 的极值.

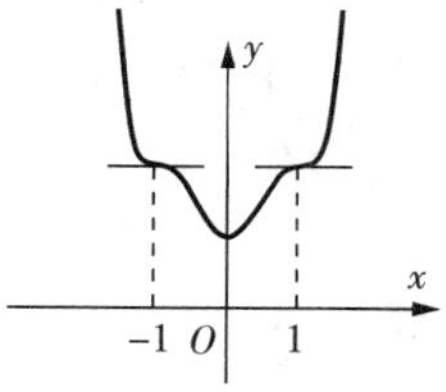

图 3-7

解　函数的定义域是 $(-\infty,+\infty)$，

$f'(x)=6x(x^2-1)^2$，

令 $f'(x)=0$，得 $x_1=-1, x_2=0, x_3=1$.

定义域被分成四个小区间 $(-\infty,-1)$，$(-1,0)$，$(0,1)$ 和 $(1,+\infty)$，

列表 3-6，讨论如下：

表 3-6

x	$(-\infty,-1)$	-1	$(-1,0)$	0	$(0,1)$	1	$(1,+\infty)$
$f'(x)$	$-$	0	$-$	0	$+$	0	$+$
$f(x)$	↘	无极值	↘	极小值	↗	无极值	↗

由表 3-6 可知，函数在 $x=0$ 处有极小值 $f(0)=1$.

其图像大致如图 3-7 所示.

定理 8　（极值的第二充分条件）设函数 $y=f(x)$ 在 x_0 处二阶可导，且 $f'(x_0)=0$，$f''(x_0)$ 存在，则

(1) 当 $f''(x_0)>0$ 时，函数在 x_0 处取极小值；

(2) 当 $f''(x_0)<0$ 时，函数在 x_0 处取极大值.

注意：当 $f''(x_0)=0$ 时，点 x_0 可能是极值点，也可能不是极值点，此判断法则失效，需用其他法则求值.

例 7　求函数 $f(x)=4x^2-2x^4$ 的极值.

解　$f'(x)=8x-8x^3$，$f''(x)=8-24x^2$.

令 $f'(x)=0$，

得 $x_1=-1, x_2=0, x_3=1$.

由于 $f''(-1)=-16<0$，故 $f(-1)=2$ 是极大值；

$f''(0)=8>0$，故 $f(0)=0$ 是极小值；

$f''(1)=-16<0$，故 $f(1)=2$ 是极大值.

在前面的学习中，我们已经知道，连续函数 $y=f(x)$ 在闭区间 $[a,b]$ 上一定存在最大值和最小值，下面我们来讨论如何求函数的最大值和最小值.

结合极值的定义，我们可以得出，函数在闭区间 $[a,b]$ 内的最大值和最小值可能取自函数的极值点或区间的端点，那么我们可以得到求函数 $y=f(x)$ 的最大值或最小值的一般方法为：

(1) 求出函数 $y=f(x)$ 在闭区间 $[a,b]$ 上的所有驻点和不可导点；

(2) 计算出函数 $y=f(x)$ 在所有驻点、不可导点以及端点处的函数值；

(3) 比较步骤(2)中各值的大小，其中最大的便是函数 $y=f(x)$ 在闭区间 $[a,b]$ 上的最大值，最小的便是函数 $y=f(x)$ 在闭区间 $[a,b]$ 上的最小值.

在实际问题中，如果我们确定所讨论的可导函数 $y=f(x)$ 存在最大值或最小值，并且函数 $y=f(x)$ 在 x 的取值范围内只有一个驻点 x_0，那么 $f(x_0)$ 就是所要求的最大值或最小值.

例 8 求函数 $y=2x^3+3x^2-12x+14$ 在区间 $[-3,4]$ 上的最大值和最小值.

解 $y'=6x^2+6x-12=6(x-1)(x+2)$，

由 $y'=0$ 得驻点 $x_1=-2, x_2=1$，

由于 $f(-3)=23, f(-2)=34, f(1)=7, f(4)=142$，

因此函数在区间 $[-3,4]$ 上的最大值为 $f(4)=142$，最小值为 $f(1)=7$.

例 9 现要做一个容积为 V 的圆柱形容器，问如何设计才能使所用材料最省？

解 所用材料最省就是容器的表面积最小，设容器的底半径为 r，高为 h，则表面积 S 为

$$S=2\pi r^2+2\pi rh, r,h>0$$

因为容积 $V=\pi r^2 h$，因此高 $h=\dfrac{V}{\pi r^2}$，

代入上式得

$$S=2\pi r^2+\frac{2V}{r},$$

$$S'=4\pi r-\frac{2V}{r^2},$$

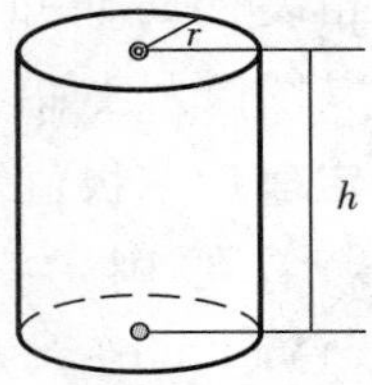

图 3-8

令 $S'=0$，得唯一驻点 $r=\sqrt[3]{\dfrac{V}{2\pi}}$.

从实际问题来看，面积 S 在 $r=\sqrt[3]{\dfrac{V}{2\pi}}$ 时一定有最小值，因此我们设计半径 $r=\sqrt[3]{\dfrac{V}{2\pi}}$，高 $h=\sqrt[3]{\dfrac{4V}{\pi}}$ 时，圆柱形容器所用材料最省.

3.3.3 函数性质经济应用

由函数导数的概念我们知道，函数的导函数 $y'=f'(x)$ 称为函数 $y=f(x)$ 的变化率. 那么边际成本就是总成本函数对产量的导数，即

$$\lim_{\Delta Q\to 0}\frac{\Delta C(Q)}{\Delta Q}=\lim_{\Delta Q\to 0}\frac{C(Q_0+\Delta Q)-C(Q_0)}{\Delta Q}=C'(Q_0).$$

类似地，边际收益、边际利润、边际需求就是收益函数、利润函数、需求函数对其相对应变量的导数，在经济学中统称为边际函数，并有其具体意义.

定义 设函数 $y=f(x)$ 在 x 处可导，其导数 $f'(x)$ 称为函数 $f(x)$ 的边际函数. $f'(x)$

在点 x_0 处的函数值 $f'(x_0)$ 称为边际函数值，简称边际.

边际函数值 $f'(x_0)$ 的意义：当 $x=x_0$ 时，x 改变一个单位，$y=f(x)$ 近似地改变边际 $f'(x_0)$ 个单位. 在具体问题解释中，常常略去“近似”二字.

例如，函数 $y=x^3$ 在点 $x=2$ 处的边际函数 $y'|_{x=2}=3x^2|_{x=2}=12$，它表示当 $x=2$ 时，x 改变一个单位，y 就“近似”地改变 12 个单位.

定义 总成本函数 $C=C(Q)$ 对产量 Q 的导数，称为边际成本，即

$$C'(Q_0)=\lim_{\Delta Q\to 0}\frac{\Delta C(Q)}{\Delta Q}=\lim_{\Delta Q\to 0}\frac{C(Q_0+\Delta Q)-C(Q_0)}{\Delta Q}.$$

其经济意义为：当产量为 Q_0 个单位时，再增加（减少）一个单位的产品，总成本增加（减少）$C'(Q_0)$ 个单位.

定义 总收益函数 $R=R(Q)$ 对销售量 Q 的导数，称为边际收益，即

$$R'(Q_0)=\lim_{\Delta Q\to 0}\frac{\Delta R(Q)}{\Delta Q}=\lim_{\Delta Q\to 0}\frac{R(Q_0+\Delta Q)-R(Q_0)}{\Delta Q}.$$

其经济意义为：当销售量为 Q_0 单位时，再多（少）销售一个单位的产品，总收益增加（减少）$R'(Q_0)$ 个单位.

定义 利润函数 $L=L(Q)$ 对销售量 Q 的导数，称为边际利润，即

$$L'(Q_0)=\lim_{\Delta Q\to 0}\frac{\Delta L(Q)}{\Delta Q}=\lim_{\Delta Q\to 0}\frac{L(Q_0+\Delta Q)-L(Q_0)}{\Delta Q}.$$

其经济意义为：当销售量为 Q_0 单位时，再多（少）销售一个单位的产品，利润增加（减少）$L'(Q_0)$ 个单位.

例 10 某智能产品的总成本 C 对产量 Q 的函数为 $C(Q)=500+0.25Q^2$（单位：元），求生产 1000 台该产品的总成本、平均成本和边际成本，并解释边际成本的经济意义.

解 (1) 总成本 $C(1000)=500+0.25\times 1000^2=250500$（元）；

(2) 平均成本 $\bar{C}(1000)=\dfrac{C(1000)}{1000}=250.5$（元）；

(3) 边际成本 $C'(1000)=0.5Q|_{Q=1000}=500$（元）.

边际成本的经济意义：当该产品的产量为 1000 台时，在增加（或减少）一台时，成本增加（或减少）500 元.

例 11 某款太阳镜的价格函数为 $p(Q)=325-\dfrac{Q}{3}$（单位：元），其中 p 为销售价格，Q 为销售量，求：

(1) 销售 15 架太阳镜的总收益、平均收益、边际收益，并解释边际收益的经济意义；

(2) 当太阳镜的销售量从 150 架增加到 210 架时，收益的平均变化率.

解 (1) 总收益函数 $R(Q)=Qp(Q)=325Q-\dfrac{Q^2}{3}$，

总收益：$R(150)=325\times 150-\dfrac{150^2}{3}=41250$（元）；

平均收益：$\bar{R}(150)=\dfrac{R(150)}{150}=\dfrac{41250}{150}=275$(元)；

边际收益函数 $R'(Q)=325-\dfrac{2Q}{3}$，

边际收益：$R'(150)=325-\dfrac{2}{3}\times 150=225$(元)；

其经济意义为：当太阳能的销售量为150架时，多(少)销售一架太阳镜，收益增加(减少)225元.

(2) 收益平均变化率：$\dfrac{\Delta R}{\Delta Q}=\dfrac{R(210)-R(150)}{210-150}=\dfrac{53550-41250}{60}=205$(元).

例12 通过对某煤矿每天产煤量有关数据的分析，得出总利润 $L(Q)$ 与每天采出煤量 Q 的关系为 $L(Q)=250Q-5Q^2$(元)，试确定每天采出煤分别为20t、25t、35t时的边际利润，并做出经济解释.

解 边际利润函数：$L(Q)=250-10Q$，

$$L'(20)=250-10\times 20=50;$$

$$L'(25)=250-10\times 25=0;$$

$$L'(35)=250-10\times 35=-100.$$

结果表明，当每天采煤20t时，再增加1t，利润将增加50元；当每天采煤25t时，再增加1t，利润没有增加；当每天采煤35t时，再增加1t，利润将减少100元. 所以，并非产量越大，利润越高，要有科学决策.

对于函数 $y=f(x)$，自变量的改变量 $\Delta x=(x+\Delta x)-x$ 称为自变量的绝对改变量，函数的改变量 $\Delta y=f(x+\Delta x)-f(x)$ 称为函数的绝对改变量. 函数的导数就是函数的绝对变化率.

前面讨论的边际问题，是经济函数的绝对变化量与自变量的绝对改变量的比率问题. 在实践中，仅仅研究函数的绝对变化率是不够的，还需要研究函数的相对变化率.

例如，商品甲的单价10元，涨价1元，商品乙的单价为1000元，也涨价1元. 两种商品价格的绝对改变量都是1元，但与其原价相比，两者的涨价幅度却大不相同，商品甲涨价了10%，而商品乙涨价了0.1%. 因此，有时要用相对改变量来刻画变量的变化，并研究函数相对改变量的比率.

定义 设函数 $y=f(x)$ 在点 x_0 处可导，函数的相对改变量 $\dfrac{\Delta y}{y_0}=\dfrac{f(x_0+\Delta x)-f(x_0)}{f(x_0)}$ 与自变量的相对改变量 $\dfrac{\Delta x}{x_0}$ 之比 $\dfrac{\Delta y/y_0}{\Delta x/x_0}$，称为函数 $f(x)$ 从 x_0 到 $x_0+\Delta x$ 两点间的平均相对变化率，或称为两点间的弹性. 若极限 $\lim\limits_{\Delta x\to 0}\dfrac{\Delta y/y_0}{\Delta x/x_0}$ 存在，则称此极限值为函数 $f(x)$ 在点 x_0 处的相对变化率，又称为函数 $f(x)$ 在点 x_0 处的弹性，记为 $\left.\dfrac{Ey}{Ex}\right|_{x=x_0}$ 或 $\dfrac{E}{Ex}f(x_0)$，即

$$\left.\frac{Ey}{Ex}\right|_{x=x_0}=\lim_{\Delta x\to 0}\frac{\Delta y/y_0}{\Delta x/x_0}=\lim_{\Delta x\to 0}\frac{\Delta y}{\Delta x}\cdot\frac{x_0}{y_0}=f'(x_0)\frac{x_0}{f(x_0)}.$$

一般地，如果函数 $f(x)$ 可导，则

$$\frac{Ey}{Ex}=\lim_{\Delta x\to 0}\frac{\Delta y/y}{\Delta x/x}=\lim_{\Delta x\to 0}\frac{\Delta y}{\Delta x}\cdot\frac{x}{y}=y'\frac{x}{y}$$

是 x 的函数，称$\frac{Ey}{Ex}$为函数 $y=f(x)$ 的弹性函数.

函数 $y=f(x)$ 在点 x 处的弹性$\frac{E}{Ex}f(x)$，反映了函数 $f(x)$ 随自变量 x 的变化而变化的幅度大小，也可以说是 $f(x)$ 对 x 变化反映的强烈程度或灵敏度.

$\frac{E}{Ex}f(x_0)$ 表示在点 x_0 处，当 x 产生 1% 的改变时，函数 $y=f(x)$ 近似地改变$\frac{E}{Ex}f(x_0)\%$.

在应用问题中，解释弹性的具体意义时，常常略去"近似"二字. 例如，当$\frac{Ey}{Ex}=2$时，表明当 x 变化 1% 时，y 会变化 2%.

在经济函数模型中，"需求量"指在一定的条件下，消费者有支付能力并愿意购买的商品量.

定义 商品的需求函数为 $Q=Q(p)$，且 $Q=Q(p)$ 在 p 处可导，则称$\frac{EQ}{Ep}=Q'(p)\frac{p}{Q(p)}$为商品在价格 p 时的需求价格弹性，简称弹性，记为 $\eta(p)$，即

$$\eta(p)=\frac{EQ}{Ep}=Q'(p)\frac{p}{Q(p)}.$$

需求弹性 $\eta(p)$ 表示某种商品需求量 Q 对价格 p 的变化的敏感程度.

由于需求函数 $Q=Q(p)$ 是价格 p 的减函数，需求弹性一般为负值，所以其经济意义为：当商品的价格为 p 时，价格减少（增加）1% 时，需求量将增加（减少）$\left|\frac{EQ}{Ep}\right|\%$.

一般地，当 $|\eta(p)|<1$ 时，说明需求量的变化幅度小于价格的变化幅度，称为缺乏弹性，适当提高价格可增加销售量，从而增加收入；

当 $|\eta(p)|=1$ 时，说明需求量的变化幅度等于价格的变化幅度，称为单位弹性，此时的价格为最优价格；

当 $|\eta(p)|>1$ 时，说明需求量的变化幅度大于价格的变化幅度，称为富有弹性，适当降低价格可增加销售量，从而增加收入.

例 13 求函数 $y=50e^{4x}$ 的弹性函数$\frac{Ey}{Ex}$及$\left.\frac{Ey}{Ex}\right|_{x=3}$的意义.

解 (1) $y'=200e^{4x}$，$\frac{Ey}{Ex}=y'\frac{x}{y}=200e^{4x}\cdot\frac{x}{50e^{4x}}=4x$；

(2) $\left.\dfrac{Ey}{Ex}\right|_{x=3}=4\times3=12.$

这表明，在 $x=3$ 处，当 x 变化 1% 时，函数 $y=50\mathrm{e}^{4x}$ 会变化 12%.

例 14 设现有某种商品的需求函数为 $Q(p)=\mathrm{e}^{-\frac{p}{5}}$，求：

(1) 需求弹性函数；

(2) $p=3$，$p=5$，$p=6$ 时的需求弹性，并说明经济意义.

解 (1) 因为 $Q'(p)=-\dfrac{1}{5}\mathrm{e}^{-\frac{p}{5}}$，故需求弹性函数为

$$\eta(p)=\frac{EQ}{Ep}=Q'(p)\frac{p}{Q(p)}=-\frac{1}{5}\mathrm{e}^{-\frac{p}{5}}\cdot\frac{p}{\mathrm{e}^{-\frac{p}{5}}}=-\frac{1}{5}p.$$

(2) $\eta(3)=\left.\dfrac{EQ}{Ep}\right|_{p=3}=-\dfrac{1}{5}\times3=-0.6$；

经济意义：说明当 $p=3$ 时，价格上涨 1%，需求减少 0.6%，适当提高价格可增加收入；

$$\eta(5)=\left.\frac{EQ}{Ep}\right|_{p=5}=-\frac{1}{5}\times5=-1;$$

经济意义：说明当 $p=5$ 时，价格上涨 1%，需求减少 1%，此时价格时最优价格；

$$\eta(6)=\left.\frac{EQ}{Ep}\right|_{p=6}=-\frac{1}{5}\times6=-1.2.$$

经济意义：说明当 $p=6$ 时，价格上涨 1%，需求减少 1.2%，适当降低价格可增加收入.

函数的最值问题在经济模型中也有较多的应用，最典型的应用就是使成本最小、利润最大的问题.

成本 C 为产量 Q 的函数：$C=C(Q)$. 可以证明，当边际成本等于平均成本时，平均成本最小，即当 $C'(Q)=\dfrac{C(Q)}{Q}$ 时，平均成本最小.

事实上，$\overline{C}(Q)=\dfrac{C(Q)}{Q}$，$\overline{C}'(Q)=\dfrac{C'(Q)Q-C(Q)}{Q^2}$，令其导数为零，

$$\overline{C}'(Q)=\frac{C'(Q)Q-C(Q)}{Q^2}=0.$$

得

$$C'(Q)=\frac{C(Q)}{Q}.$$

因为是实际问题，所以唯一的极值点就是最值点.

例 15 设生产 x 个单位的微电解制水器的成本函数为 $C(x)=\dfrac{1}{4}x^2+8x+4900$，求当产量 x 为何值时，平均单位成本最低？最低成本是多少？

解 $\overline{C}(x)=\dfrac{C(x)}{x}=\dfrac{1}{4}x+8+\dfrac{4900}{x}\ (x>0)$，

$\overline{C}'(x)=\frac{1}{4}-\frac{4900}{x^2}$，令 $\overline{C}'(x)=0$，得 $x=140$，

$\overline{C}''(x)=\frac{2\times 4900}{x^3}$，$\overline{C}''(140)=\frac{2\times 4900}{140^3}>0$，$\overline{C}(x)$ 有极小值.

由实际问题极值点的唯一性可知，极小值也是最小值. 所以 $\overline{C}_{\min}(140)=\frac{1}{4}\times 140+8+\frac{4900}{140}=78$.

当产量 $x=140$ 时，平均成本最低，最低成本是 78.

由前面的讨论知道，总利润函数 $L=L(Q)=R(Q)-C(Q)$，边际利润 $L=L'(Q)=R'(Q)-C'(Q)$（这里假设生产多少销售多少，即销售量等于生产量）.

总利润 $L(Q)$ 取得最大值的必要条件是 $L'(Q)=0$，即 $R'(Q)=C'(Q)$. 也就是说，总利润函数取得最大值的必要条件是边际成本等于边际收益.

总利润 $L(Q)$ 取得最大值的充分条件是 $L''(Q)<0$，即 $R''(Q)<C''(Q)$. 也就是说，总利润函数取得最大值的充分条件是边际成本的变化率大于边际收益的变化率.

例 16 某中性签字笔的成本函数和价格函数分别是 $C(Q)=50+2Q$（单位：万元），$p(Q)=10-\frac{Q}{5}$（单位：万元），这里的 Q 既是生产量又是销售量. 问生产量控制在多少时利润最大？最大利润是多少？

解 总利润函数

$L(Q)=R(Q)-C(Q)=Q\cdot p(Q)-C(Q)=Q\cdot(10-\frac{Q}{5})-50-2Q=-\frac{Q^2}{5}+8Q-50$，

$L'(Q)=8-\frac{2Q}{5}$，令 $L'(Q)=8-\frac{2Q}{5}=0$，得 $Q=20$（万只），

而 $L''(Q)=-\frac{2}{5}<0$，由极值的充分条件，函数有极大值，唯一极大值也是最大值，

所以，

$L_{\max}(20)=-\frac{20^2}{5}+8\times 20-50=30$（万元）.

当产量 $Q=20$ 万只时，利润最大，最大利润是 30 万元.

习题 3－3

1. 求下列函数的单调区间.

(1) $y=x^4-2x^2-3$；　　(2) $y=x-e^x$.

2. 求下列函数的极值点与极值.

(1) $y=2x^3-3x^2$；　　(2) $y=x+\sqrt{1-x}$；

(3) $y=x-\ln(1+x)$；　　(4) $y=\cos x+\sin x(0\leqslant x\leqslant 2\pi)$.

3. 求下列函数在给定区间上的最大值和最小值.

(1) $y=x+\sqrt{1-x}$, $[-5,1]$;　　(2) $y=x^4-2x^2+5$, $[-2,2]$;

(3) $y=\sin 2x-x$, $[-\frac{\pi}{2},\frac{\pi}{2}]$;　　(4) $y=x+\sqrt{x}$, $[0,4]$.

4. 用长 L 的绳子围成一个长方形，问长与宽各应取多少才能使面积为最大？

5. 某车间靠墙壁要盖一间长方形小屋，现有存砖只够砌 20 米长的墙壁，问应围成怎样的长方形才能使这间小屋的面积最大？

6. 当商品的价格 p 关于需求量 Q 的函数为 $p=10-\frac{Q}{5}$，试确定：

(1) 总收益函数、平均收益函数、边际收益函数；

(2) 当 $Q=20$ 个单位时的总收益、平均收益和边际收益.

7. 产品的成本函数和收益函数分别是 $C(x)=100+5x+2x^2$，$R(x)=200x+x^2$，其中 x 表示产品的产量. 试确定：

(1) 边际成本函数、边际收益函数、边际利润函数；

(2) 当已生产并销售 25 个单位产品时，第 26 个单位的产品会有多少利润？

8. 生产某品牌手机的总成本函数为 $C(x)=10000+50x+x^2$（x 为产量），问产量为多少时，每部手机的平均成本最低？

9. 奶糖每袋售价 5.4 元，如果每周销售量为 Q 时，每周的成本函数 $C(Q)=2400+4000Q+100Q^2$，设价格不变，试确定：

(1) 可获利的销售量范围；

(2) 每周销售多少袋时，可获得最大利润？

10. 某贸易公司向银行贷款 100 万元，年利息 10%，且按年复利计算. 若每年该商品的销售量 Q 与商品价格 p（万元/t）有关，$Q(p)=7-0.2p$，商品成本 $C(Q)=3Q-1$. 又每年政府从商家利润中每万元收取 0.1 万元的税. 如果每年按最大利润计算，问 3 年后能否还清贷款？

3.4　曲线的凹凸性与拐点

上一节中，我们研究了函数的单调性. 函数的单调性反映在图像上，就是曲线的上升和下降. 但是，曲线在上升或下降的过程中还有一个弯曲方向的问题. 为了进一步讨论函数的性态，这一节我们将研究曲线的凹凸性和拐点.

3.4.1　曲线凹凸性的定义

由图 3-9(a) 可以看出，曲线上各点的切线都位于曲线的下方，即弧在切线的上方，而图 3-9(b) 则相反，曲线上各点的切线都位于曲线的上方，即弧在切线的下方，曲线的这种性质就是曲线的凹凸性.

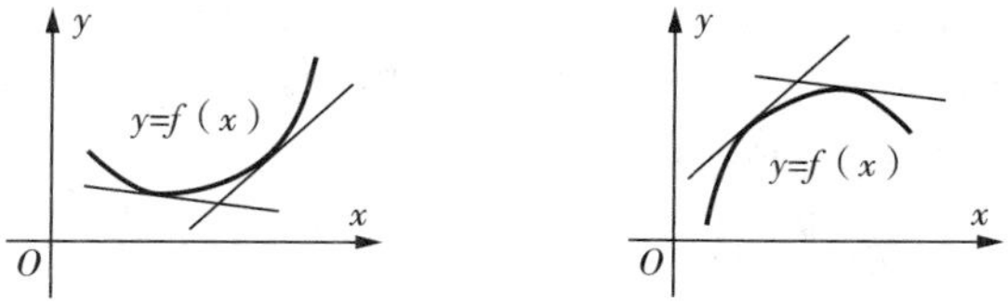

（a）　　　　（b）

图 3-9

定义　如果在某区间内，曲线弧位于其上任意点的切线的上方，则称曲线在这个区间内是凹的，该区间称为凹区间；反之，如果在某区间内，曲线弧位于其上任意点的切线的下方，则称曲线在这个区间内是凸的，该区间称为凸区间.

由图 3-9a 可以看出，对于凹的曲线，切线的斜率随着 x 的增大而增大，当函数 $y=f(x)$ 的二阶导存在时，可以说 $f'(x)$ 在 (a,b) 内单调增加，即 $f''(x)>0$；由图 3-9b 可以看出，对于凸的曲线，切线的斜率随着 x 的增大而减小，当函数 $y=f(x)$ 的二阶导存在时，可以说 $f'(x)$ 在 (a,b) 内单调减少，即 $f''(x)<0$.

3.4.2　曲线凹凸性的判断

定理 9　设 $f(x)$ 在 $[a,b]$ 上连续，在 (a,b) 内具有一阶和二阶导数，那么

(1) 若在 (a,b) 内 $f''(x)>0$，则 $f(x)$ 在 $[a,b]$ 上的图形是凹的；

(2) 若在 (a,b) 内 $f''(x)<0$，则 $f(x)$ 在 $[a,b]$ 上的图形是凸的.

例 1　分析曲线 $y=\ln x$ 的凹凸性.

解　函数的定义域是 $(0,+\infty)$，

因为 $y'=\dfrac{1}{x}$，$y''=-\dfrac{1}{x^2}<0$，故曲线 $y=\ln x$ 在其定义域 $(0,+\infty)$ 上是凸的.

例 2　分析曲线 $y=x^3$ 的凹凸性.

解　函数的定义域是 $(-\infty,+\infty)$，

$y'=3x^2$，$y''=6x$，

当 $x<0$ 时，$y''=6x<0$；当 $x>0$ 时，$y''=6x>0$，

故曲线 $y=x^3$ 在 $(-\infty,0)$ 上是凸的，在 $(0,+\infty)$ 上是凹的.

3.4.3　曲线的拐点及其求法

一般的，我们称连接曲线凹弧与凸弧的分界点为拐点.

若点 $(x_0,f(x_0))$ 为曲线 $y=f(x)$ 的一个拐点，则必有 $f''(x_0)=0$ 或 $f''(x_0)$ 不存在，如 $y=\sqrt[3]{x}$，$(0,0)$ 为曲线的拐点，而 $f''(0)$ 不存在，反之不一定成立.

判定连续曲线 $y=f(x)$ 拐点的一般步骤为：

(1) 确定函数的定义域；

(2) 求出使函数二阶导 $f''(x)=0$ 或 $f''(0)$ 不存在的点，这些点将函数定义域分成若干

个区间；

(3) 列表讨论，判断二阶导 $f''(x)$ 在每个区间内的符号；

(4) 确定曲线在每个区间的凹凸性及拐点坐标.

例 3 求曲线 $f(x)=\sqrt[3]{x}$ 的拐点.

解 函数在定义域 $(-\infty,+\infty)$ 上连续，

当 $x\neq 0$ 时，$f'(x)=\dfrac{1}{3\sqrt[3]{x^2}}$，$f''(x)=-\dfrac{2}{9x\sqrt[3]{x^2}}$，

二阶导 $f''(x)$ 在 $(-\infty,+\infty)$ 上没有零点，$x=0$ 是 $f''(x)$ 不存在的点，它把定义域分成两个区间 $(-\infty,0)$ 和 $(0,+\infty)$，列表 3-7，讨论如下：

表 3-7

x	$(-\infty,0)$	0	$(0,+\infty)$
$f''(x)$	+	不存在	−
$f(x)$	凹	拐点	凸

当 $x=0$ 时，$y=0$，由表可知，点 $(0,0)$ 为曲线 $f(x)=\sqrt[3]{x}$ 的拐点.

例 4 求曲线 $y=3x^4-4x^3+1$ 的拐点及凹、凸区间.

解 函数在定义域 $(-\infty,+\infty)$ 上连续，

$y'=12x^3-12x^2$，$y''=36x^2-24x=12x(3x-2)$，

令 $y''=0$ 得 $x_1=0$，$x_2=\dfrac{2}{3}$，

它们把定义域分成三个区间 $(-\infty,0)$，$(0,\dfrac{2}{3})$ 和 $(\dfrac{2}{3},+\infty)$，列表 3-8，讨论如下：

表 3-8

x	$(-\infty,0)$	0	$(0,\frac{2}{3})$	$\frac{2}{3}$	$(\frac{2}{3},+\infty)$
$f''(x)$	+	0	−	0	+
$f(x)$	凹	拐点	凸	拐点	凹

当 $x=0$ 时，$y=1$；当 $x=\dfrac{2}{3}$ 时，$y=\dfrac{11}{27}$，

由表可知，曲线 $y=3x^4-4x^3+1$ 有两个拐点，分别是 $(0,1)$ 和 $(\dfrac{2}{3},\dfrac{11}{27})$，凹区间是 $(-\infty,0)$ 和 $(\dfrac{2}{3},+\infty)$，凸区间是 $(0,\dfrac{2}{3})$.

习题 3-4

1. 如果曲线 $y = ax^3 + bx^2$ 的拐点是(2,3),试求 a,b 的值.

2. 求下列函数的图形的拐点以及凹凸区间.

(1) $y = 3x + x^2$;　　(2) $y = 5 + 3x - 5x^2 + x^3$;

(3) $y = 1 + 3x - \ln x$;　　(4) $y = \cos x + \sin x (0 \leqslant x \leqslant \pi)$.

3.5 mathematics 的导数应用

3.5.1 基本命令

1. 求多项式方程的近似根的命令 Nsolve 和 NRoots

命令 Nsolve 的基本格式为

Nsolve[f[x]==0,x]

执行后得到多项式方程 $f(x)=0$ 的所有根(包括复根)的近似值.

命令 NRoots 的基本格式为

NRoots[f[x]==0,x,n]

它同样给出方程所有根的近似值.但二者表示方法不同.命令 NRoots 的后面所添加的选项 n,要求在求根过程中保持 n 位有效数字;没有这个选项时,默认的有效数字是 16 位.

2. 求一般方程的近似根的命令 FindRoot

命令的基本格式为

FindRoot[f[x]==0,{x,a},选项]

或者

FindRoot[f[x]==0,{x,a,b},选项]

其中,大括号中 x 是方程中的未知数,而 a 和 b 是求近似根时所需要的初值.执行后得到方程在初值 a 附近,或者在初值 a 和 b 之间的一个根.

命令的主要选项有:

(1) 最大迭代次数:MaxIterations—>n,默认值是 15.

(2) 计算中保持的有效数字位数:WorkingPrecision—>n,默认值是 16 位.

3. 求函数极小值的近似值的命令 FindMinimum

命令的基本格式为

FindMinimum[f[x],{x,a},选项]

执行后得到函数在初值 a 附近的一个极小值的近似值.

这个命令的选项与 FindRoot 相同,只是迭代的默认值是 30.

如果求函数 $f(x)$ 的极大值的近似值,可以对函数 $-f(x)$ 用这个命令.不过,正确的极大值是所有得到的极小值的相反数.

使用此命令前,也要先作函数的图像,以确定极值的个数与初值.

3.5.2 实验举例

例 1 求函数 $y=x^3-2x+1$ 的单调区间.

输入

```
f1[x_]:=x^3-2x+1;
Plot[{f1[x],f1'[x]},{x,-4,4},PlotStyle->
{Graylevel[0.01],Dashing[{0.01}]}]
```

其输出如图 3-10 所示.

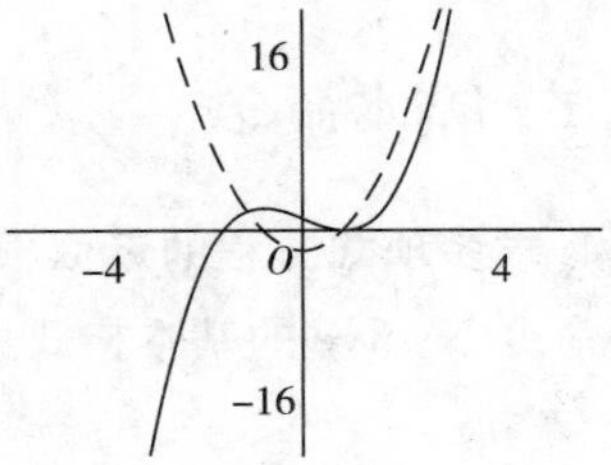

图 3-10

图中的虚线是导函数的图形.观察函数的增减与导函数的正负之间关系.

再输入

```
Solve[f1'[x]==0,x]
```

则输出

$$\left\{\left\{x\to-\sqrt{\frac{2}{3}}\right\},\left\{x\to\sqrt{\frac{2}{3}}\right\}\right\}$$

即得到导函数的零点 $\pm\sqrt{\frac{2}{3}}$.用这个零点,把导函数的定义域分为三个区间.因为导函数连续,在它的两个零点之间,导函数保持相同符号,因此,只需在每个小区间上取一点计算导数值,即可判定导数在该区间的正负,从而得到函数的增减.输入

```
f1'[-1]
f1'[0]
f1'[1]
```

输出为 1,-2,1.说明导函数在区间 $\left(-\infty,-\sqrt{\frac{2}{3}}\right)$,$\left(-\sqrt{\frac{2}{3}},\sqrt{\frac{2}{3}}\right)$,$\left(\sqrt{\frac{2}{3}},+\infty\right)$ 上分别取 +,—,+.因此函数在区间 $\left(-\infty,-\sqrt{\frac{2}{3}}\right]$ 和 $\left[\sqrt{\frac{2}{3}},+\infty\right)$ 上单调增加,在区间 $\left[-\sqrt{\frac{2}{3}},\sqrt{\frac{2}{3}}\right]$ 上单调减小.

例 2 求函数 $y=\frac{x}{1+x^2}$ 的极值.

输入

f2[x_]:=x/(1+x^2);

Plot[f2[x],{x,-10,10}]

其输出如图 3-11 所示.

观察它的两个极值.再输入

Solve[f2'[x]==0,x]

则输出

{{x→-1},{x→1}}

即驻点为 x=±1.用二阶导数判定极值,输入

f2''[-1]

f2''[1]

则输出 1/2 与 -1/2.因此 x=-1 是极小值点,x=1 是极大值点.为了求出极值,再输入

f2[-1]

f2[1]

输出 -1/2 与 1/2.即极小值为 -1/2,极大值为 1/2.

例 3 求函数 $y=\frac{1}{1+2x^2}$ 的凹凸区间和拐点.

输入

f3[x_]:=1/(1+2x^2)

Plot[{f3[x],f3''[x]},{x,-3,3},PlotRange->{-5,2},

PlotStyle->{GrayLevel[0.01],Dashing[{0.01}]}]

其输出如图 3-12 所示,其中虚线是函数的二阶导数.观察二阶导数的正负与函数的凹凸之间的关系.

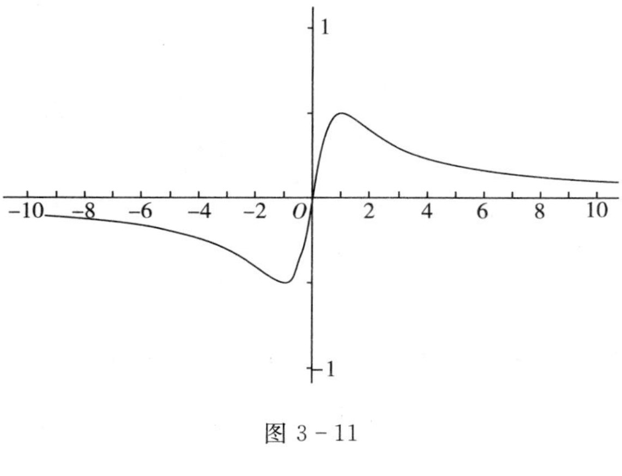

图 3-11

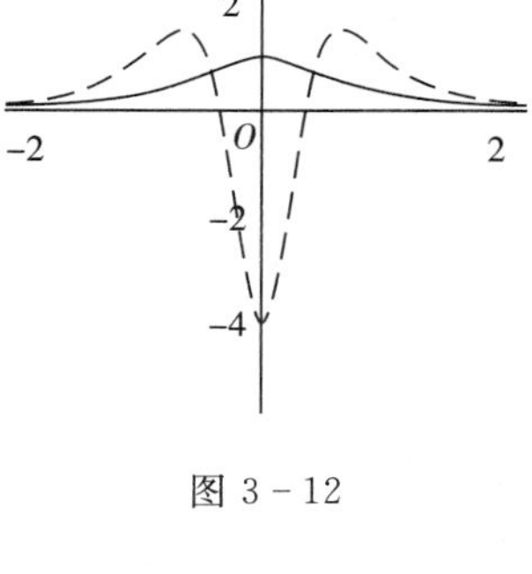

图 3-12

再输入

gen=Solve[f3''[x]==0,x]

则输出

$\left\{\left\{x\to -\frac{1}{\sqrt{6}}\right\},\left\{x\to \frac{1}{\sqrt{6}}\right\}\right\}$

即得到二阶导数等于 0 的点是 $\pm\frac{1}{\sqrt{6}}$. 那么可以得到 $(-\infty,-\frac{1}{\sqrt{6}})$ 和 $(\frac{1}{\sqrt{6}},+\infty)$ 上二阶导数大于零,曲线弧向上凹. 在 $(-\frac{1}{\sqrt{6}},\frac{1}{\sqrt{6}})$ 上二阶导数小于零,曲线弧向上凸.

再输入

f3[x]/. gen

则输出

{3/4,3/4}

这说明函数在 $-\frac{1}{\sqrt{6}}$ 和 $\frac{1}{\sqrt{6}}$ 的值都是 3/4. 因此两个拐点分别是 $(-\frac{1}{\sqrt{6}},\frac{3}{4})$ 和 $(\frac{1}{\sqrt{6}},\frac{3}{4})$.

例 4 求函数 $y=2\sin^2(2x)+\frac{5}{2}x\cos^2(\frac{x}{2})$ 在区间 $(0,\pi)$ 上的极值的近似值.

输入 f4[x_]:=2(Sin[2x])^2+5x*(Cos[x/2])^2/2;

Plot[f4[x],{x,0,Pi}]

其输出如图 3-13 所示.

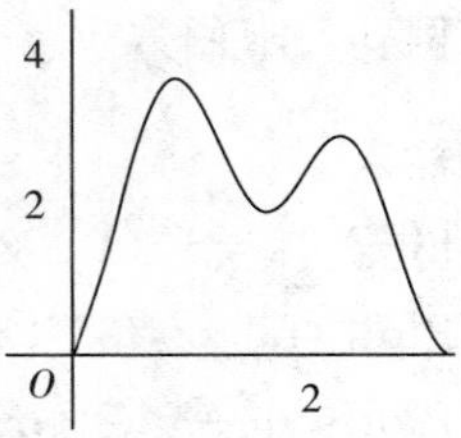

图 3-13

观察函数图形,可以发现大约在 $x=1.5$ 附近有极小值,在 $x=0.6$ 和 $x=2.5$ 附近有极大值. 用命令 FindMinimum 直接求极值的近似值. 输入

FindMinimum[f4[x],{x,1.5}]

则输出

{1.94461,{x→1.62391}}

即同时得到极小值 1.94461 和极小值点 1.62391. 再输入

FindMinimum[-f4[x],{x,0.6}]

FindMinimum[-f4[x],{x,2.5}]

即得到函数 $-y$ 的两个极小值和极小值点,再转化为函数 y 的极大值和极大值点.

习题 3-5

1. 作函数 $y=\frac{x^4-x+4}{x-1}$ 及其导数的图像,并求函数的单调区间和极值.

2. 作函数 $y=x^4-36x^2+70x+5$ 及其二阶导函数在区间 $[-8,7]$ 上的图形,并求函数的凹凸区间和拐点.

3. 作函数 $f(x)=x^5+5x^4-2x^3-7$ 的图形. 用命令 Nsolve,NRoots 和命令 FindRoot 求方程 $f(x)=0$ 的近似根.

本章小结

本章主要介绍了导数在实际问题中的一些应用，下面简要回顾一下本章主要的知识点.

1.两个基本定理：罗尔定理和拉格朗日中值定理.

2.一种新的求极限方法：洛必达法则.用于求$\frac{0}{0}$、$\frac{\infty}{\infty}$、$0\cdot\infty$、$\infty-\infty$、0^0、∞^0、1^∞ 等形式的极限，注意法则使用条件.

3.讨论函数单调性的一般步骤：

(1) 确定函数的定义域；

(2) 求出使函数导数等于零或者导数不存在的点，这些点将定义域分成若干个区间；

(3) 列表讨论，判断导数在每个区间内的符号，由此确定函数的单调性.

4.求函数极值的一般步骤：

(1) 确定函数的定义域；

(2) 求出使函数导数等于零或者导数不存在的点，这些点将定义域分成若干个区间；

(3) 列表讨论，判断导数在每个区间内的符号；

(4) 应用上面定理判断极值点，并求出极值.

5.求函数最值的一般方法：

(1) 求出函数在给定区间上的所有驻点和不可导点；

(2) 计算出函数在所有驻点、不可导点以及端点处的函数值；

(3) 比较步骤(2) 中各值的大小，其中最大的便是函数在给定区间上的最大值，最小的便是函数在给定区间上的最小值.

6.曲线凹凸性的判断

设 $f(x)$ 在$[a,b]$上连续，在(a,b) 内具有一阶和二阶导数，那么

(1) 若在(a,b) 内 $f''(x)>0$，则 $f(x)$ 在$[a,b]$上的图形是凹的；

(2) 若在(a,b) 内 $f''(x)<0$，则 $f(x)$ 在$[a,b]$上的图形是凸的

7.判定连续曲线 $y=f(x)$ 拐点的一般步骤：

(1) 确定函数的定义域；

(2) 求出使函数二阶导 $f''(x)=0$ 或 $f''(0)$ 不存在的点，这些点将函数定义域分成若干个区间；

(3) 列表讨论，判断二阶导 $f''(x)$ 在每个区间内的符号；

(4) 确定曲线在每个区间的凹凸性及拐点坐标.

8.在经济中的应用

(1) 边际成本：总成本函数 $C=C(Q)$ 对产量 Q 的导数；

(2) 边际收益：总收益函数 $R=R(Q)$ 对销售量 Q 的导数；

(3) 边际利润：利润函数 $L=L(Q)$ 对销售量 Q 的导数.

复习题3

一、单项选择

1. 设函数 $f(x)=x^4-2x^2+5$，则 $f(0)$ 为 $f(x)$ 在区间 $[-2,2]$ 上的(　　).

A. 极小值　　B. 最小值　　C. 极大值　　D. 最大值

2. 已知 $f(x)$ 在 $[0,+\infty)$ 上可导，且 $f(0)<0$，$f'(x)>0$，则方程 $f(x)=0$ 在 $[0,+\infty)$ 上(　　).

A. 有唯一根　　B. 至少存在一个根

C. 没有根　　D. 不能确定是否有根

3. 若函数 $f(x)$ 在 (a,b) 内二阶可导，且 $f'(x)>0$，$f''(x)<0$，则 $y=f(x)$ 在 (a,b) 内(　　).

A. 单调增加且凸　　B. 单调增加且凹

C. 单调减少且凸　　D. 单调减少且凹

4. 曲线 $y=\dfrac{4x-1}{(x-2)^2}$(　　).

A. 只有水平渐近线　　B. 只有铅直渐近线

C. 没有渐近线　　D. 既有水平渐近线也有铅直渐近线

5. 函数 $y=f(x)$ 在 $[0,2]$ 上连续，在 $(0,2)$ 内 $f'(x)>0$，则下列不等式成立的是(　　).

A. $f(0)>f(1)>f(2)$　　B. $f(0)<f(1)<f(2)$

C. $f(0)>f(2)>f(1)$　　D. $f(0)<f(2)<f(1)$

二、填空题

1. 在曲线 $y=2x^2-x+1$ 上求一点，使过此点的切线平行于连接曲线上的点 $A(-1,4)$、$B(3,16)$ 所成的弦，则该点的坐标是________.

2. $\lim\limits_{x\to 0}\dfrac{e^x+e^{-x}-2}{1-\cos x}=$________.

3. 函数 $y=x+2\cos x$ 在区间 $\left[0,\dfrac{\pi}{2}\right]$ 上的最大值是________.

4. 曲线 $y=x^5-10x^2+8$ 的拐点是________.

5. 设函数 $y=f(x)$ 可导，点 $x_0=2$ 为 $f(x)$ 的极小值点，且 $f(2)=3$，则曲线 $y=f(x)$ 在点 $(2,3)$ 处的切线方程为________.

三、求下列极限

1. $\lim\limits_{x\to+\infty}\dfrac{e^x+\sin x}{e^x-\cos x}$;

2. $\lim\limits_{x\to 0}\dfrac{x}{e^x-e^{-x}}$.

四、证明题

当 $x>0$ 时，$\ln(x+\sqrt{1+x^2})>\dfrac{x}{\sqrt{1+x^2}}$

五、已知函数 $f(x)=\dfrac{x^3}{(x-1)^2}$，试求：

1. $f(x)$ 的单调区间和极值；

2. $f(x)$ 的凹凸区间和拐点；

3. 试作出函数图像.

六、造一个长方体无盖的蓄水池，其容量为 500m^3，底面积为正方形. 设底面与四壁所用材料的单位造价相同，问底边和高为多少时，才能使所用材料费用最省.

第4章 不定积分

在前面第二章的学习中，我们讨论了如何求一个函数的导数，本章将讨论它的反问题，即求一个可导函数，使它的导函数等于已知函数. 这就是高等数学中一个重要内容 —— 不定积分，在科学、技术和经济的许多问题中也常常会碰到这样的问题.

4.1 不定积分的概念

4.1.1 原函数

定义 设函数 $f(x)$ 在区间 I 上有定义，如果存在一个函数 $F(x)$，对任意的 $x \in I$ 都有

$$F'(x) = f(x) \text{ 或 } \mathrm{d}F(x) = f(x)\mathrm{d}x,$$

则称函数 $F(x)$ 是 $f(x)$ 在区间 I 上的一个原函数.

例如，因 $(\sin x)' = \cos x$，故 $\sin x$ 是 $\cos x$ 的一个原函数. 又如，因 $(x^2)' = 2x$，故 x^2 是 $2x$ 的一个原函数.

研究一般函数的原函数，我们先解决两个问题：

(1) 对给定的函数，它的原函数是否存在？如果存在，是否唯一？

(2) 若已知函数的原函数存在，如何求解？

定理1 （原函数存在定理） 如果函数 $f(x)$ 在区间 I 上连续，那么在区间 I 上存在可导函数 $F(x)$，使得对任意的 $x \in I$ 都有

$$F'(x) = f(x).$$

简单地说就是：连续函数一定有原函数.

一个函数如果有原函数，那么它就有无穷多个原函数，它们只相差一个常数.

4.1.2 不定积分的概念

定义 如果 $F(x)$ 是 $f(x)$ 在区间 I 上的一个原函数，C 是任意常数，那么 $f(x)$ 在区间 I 上的所有原函数 $F(x)+C$，称为 $f(x)$ 在区间 I 上的不定积分，记作 $\int f(x)\mathrm{d}x$，即

$$\int f(x)\mathrm{d}x = F(x) + C, x \in I.$$

其中，记号 $\int$ 称为积分号，$f(x)$ 称为被积函数，$f(x)\mathrm{d}x$ 称为被积表达式，x 称为积分变量，C

称为积分常量.

由此定义我们可以得到求不定积分的方法:先求被积函数 $f(x)$ 的一个原函数,再加上一个常数 C 即可.

例 1 求$\int \sin x\mathrm{d}x$.

解 因为$(-\cos x)'=\sin x$,所以 $-\cos x$ 是 $\sin x$ 的一个原函数,因此

$$\int \sin x\mathrm{d}x=-\cos x+C.$$

例 2 求$\int x^2\mathrm{d}x$.

解 因为$(\frac{x^3}{3})'=x^2$,所以$\frac{x^3}{3}$ 是 x^2 的一个原函数,因此

$$\int x^2\mathrm{d}x=\frac{x^3}{3}+C.$$

下面介绍不定积分的几何意义.

由导数的几何意义在曲线 $y=F(x)$ 上任意一点 (x,y) 处的切线的斜率 $k=F'(x)$. 根据原函数及不定积分的定义,我们就可以得出:求已知函数 $f(x)$ 的一个原函数,在几何意义上就是求一条曲线 $y=F(x)$ 上任意一点(x,y) 处切线的斜率正好是函数 $f(x)$ 在点 x 处的值. 这时称 $y=F(x)$ 所表示的曲线为 $f(x)$ 的一条积分曲线,由于 $f(x)$ 的不定积分$\int f(x)\mathrm{d}x$ 是无穷多个原函数,因此它们所表示的曲线为一簇曲线 $y=F(x)+C$(图 4-1),显然这簇积分曲线是由一条曲线(如 $y=F(x)$)沿纵轴上、下平行移动而产生的,C 取不同的常数时就可以得到不同的积分曲线,这就是不定积分的几何意义.

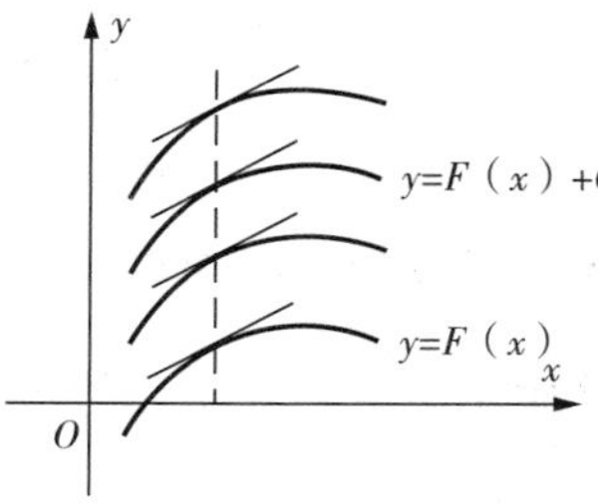

图 4-1

例 3 设曲线通过点(1,2),且曲线上任意点处的切线斜率等于这个点横坐标的两倍,求此曲线的方程.

解 设该曲线的方程为 $y=f(x)$,由题意得,曲线上任意一点(x,y) 处的切线的斜率 $f'(x)=2x$,即 $f(x)$ 是 $2x$ 的一个原函数,

因为$\int 2x\mathrm{d}x=x^2+C$,所以 $f(x)=x^2+C$,

该函数曲线过点(1,2),故 $2=1^2+C,C=1$.

于是所求曲线的方程为

$$y=x^2+1.$$

习题 4-1

1. 填空.

(1) $\mathrm{d}(\quad)=1\mathrm{d}x$；

(2) $\mathrm{d}(\quad)=3x^2\mathrm{d}x$；

(3) $\mathrm{d}(\quad)=\mathrm{e}^x\mathrm{d}x$；

(4) $\mathrm{d}(\quad)=\dfrac{1}{x}\mathrm{d}x$；

(5) $\mathrm{d}(\quad)=\cos x\mathrm{d}x$；

(6) $\mathrm{d}(\quad)=\sin x\mathrm{d}x$；

(7) $\int\mathrm{d}x=(\quad)$；

(8) $\int 3x^2\mathrm{d}x=(\quad)$；

(9) $\int\mathrm{e}^x\mathrm{d}x=(\quad)$；

(10) $\int\dfrac{1}{x}\mathrm{d}x=(\quad)$；

(11) $\int\cos x\mathrm{d}x=(\quad)$；

(12) $\int\sin x\mathrm{d}x=(\quad)$.

2. 某曲线上任意点的切线斜率等于 $2x+3$，且过点 $(1,0)$. 求该曲线方程.

4.2 不定积分的性质和基本积分公式

4.2.1 不定积分的性质

性质 1 求不定积分与求导(或微分)互为逆运算(不考虑任意常数 C)：

(1) $\left(\int f(x)\mathrm{d}x\right)'=f(x)$ 或 $\mathrm{d}\left(\int f(x)\mathrm{d}x\right)=f(x)\mathrm{d}x$；

(2) $\int f'(x)\mathrm{d}x=f(x)+C$ 或 $\int\mathrm{d}f(x)=f(x)+C$.

性质 2 两个函数代数和的不定积分等于它们不定积分的代数和.

$$\int[f(x)\pm g(x)]\mathrm{d}x=\int f(x)\mathrm{d}x\pm\int g(x)\mathrm{d}x.$$

推论 性质 2 可以推广至有限多个函数代数和的情形.

$$\int[f_1(x)\pm f_2(x)\pm\cdots\pm f_n(x)]\mathrm{d}x=\int f_1(x)\mathrm{d}x\pm\int f_2(x)\mathrm{d}x\pm\cdots\pm\int f_n(x)\mathrm{d}x.$$

性质 3 不为零的常数因子可以提到积分号外.

$$\int kf(x)\mathrm{d}x=k\int f(x)\mathrm{d}x\quad(k\neq 0).$$

4.2.2 基本积分公式

由于不定积分是求导的逆运算，那么很自然地可以从导数公式得到相应的积分公式，下面我们把一些基本的积分公式列成一个表，这个表通常叫作基本积分表.

(1) $\int 0\mathrm{d}x = C$；

(2) $\int k\mathrm{d}x = kx + C$（$k$ 为常数）；

(3) $\int x^{\alpha}\mathrm{d}x = \frac{1}{\alpha+1}x^{\alpha+1} + C(\alpha \neq -1)$；

(4) $\int \mathrm{e}^{x}\mathrm{d}x = \mathrm{e}^{x} + C$；

(5) $\int a^{x}\mathrm{d}x = \frac{1}{\ln a}a^{x} + C(a > 0, a \neq 1)$；

(6) $\int \frac{1}{x}\mathrm{d}x = \ln|x| + C$；

(7) $\int \cos x\mathrm{d}x = \sin x + C$；

(8) $\int \sin x\mathrm{d}x = -\cos x + C$；

(9) $\int \sec^{2}x\mathrm{d}x = \tan x + C$；

(10) $\int \csc^{2}x\mathrm{d}x = -\cot x + C$；

(11) $\int \sec x\tan x\mathrm{d}x = \sec x + C$；

(12) $\int \csc x\cot x\mathrm{d}x = -\csc x + C$；

(13) $\int \frac{1}{\sqrt{1-x^{2}}}\mathrm{d}x = \arcsin x + C$；

(14) $\int \frac{1}{1+x^{2}}\mathrm{d}x = \arctan x + C$.

以上 14 个积分公式是基本积分公式，求积分的基础，必须熟记.

例 1 求 $\int(x^{3} + 3^{x})\mathrm{d}x$.

解 由不定积分的性质和基本公式可得：

$$\int(x^{3} + 3^{x})\mathrm{d}x = \int x^{3}\mathrm{d}x + \int 3^{x}\mathrm{d}x = \frac{1}{3+1}x^{3+1} + \frac{1}{\ln 3}3^{x} + C$$

$$= \frac{1}{4}x^{4} + \frac{1}{\ln 3}3^{x} + C.$$

例 2 求 $\int(2\mathrm{e}^{x} - 3\sin x)\mathrm{d}x$.

解 由不定积分的性质和基本公式可得：

$$\int(2\mathrm{e}^{x} - 3\sin x)\mathrm{d}x = 2\int \mathrm{e}^{x}\mathrm{d}x - 3\int \sin\mathrm{d}x = 2\mathrm{e}^{x} + 3\cos x + C.$$

例 3 求$\int x^2\sqrt{x}\,dx$.

解 $\int x^2\sqrt{x}\,dx=\int x^{\frac{5}{2}}dx=\dfrac{1}{\dfrac{5}{2}+1}x^{\frac{5}{2}+1}+C=\dfrac{2}{7}x^{\frac{7}{2}}+C.$

例 4 求$\int\dfrac{\sqrt{x}-x+x^2-x^3}{x^2}dx$.

解
$$\int\frac{\sqrt{x}-x+x^2-x^3}{x^2}dx=\int\left(\frac{1}{x\sqrt{x}}-\frac{1}{x}+1-x\right)dx$$
$$=\int x^{-\frac{3}{2}}dx-\int\frac{1}{x}dx+\int dx-\int x\,dx$$
$$=-2x^{-\frac{1}{2}}-\ln|x|+x-\frac{1}{2}x^2+C.$$

例 5 求$\int\dfrac{2-x^2}{1+x^2}dx$.

解 因为 $\dfrac{2-x^2}{1+x^2}=\dfrac{3-(1+x^2)}{1+x^2}$,

所以
$$\int\frac{2-x^2}{1+x^2}dx=3\int\frac{1}{1+x^2}dx-\int dx=3\arctan x-x+C.$$

以上直接利用不定积分的性质和基本公式计算不定积分的方法通常称为直接积分法.

习题 4-2

1. 求下列不定积分.

(1)$\int x^2\sqrt{x}\,dx$;　(2)$\int\dfrac{x^2+\sqrt{x^3}+3}{\sqrt{x}}dx$;

(3)$\int\dfrac{x-9}{\sqrt{x}+3}dx$;　(4)$\int\left(x-\dfrac{2}{x}\right)^2dx$;

(5)$\int\dfrac{\cos 2x}{\cos x+\sin x}dx$;　(6)$\int(e^x-3\cos x)dx$;

(7)$\int e^{x-3}dx$;　(8)$\int 10^x2^{3x}dx$;

(9)$\int(x\sqrt[3]{x}-a\sqrt[3]{a})dx$;　(10)$\int\dfrac{1+2x^2}{x^2(1+x^2)}dx$.

4.3 换元积分法

上一节中介绍了不定积分的性质和不定积分的基本积分公式，以及利用性质和公式求简单积分的方法，直接积分法所能计算的不定积分是非常有限的，对于比较复杂的不定积分，我们总是设法把它变形，使其成为能利用基本公式的形式再求出其积分.本节将介绍另外一些求不定积分的重要方法.

4.3.1 第一类换元积分法

先看两个实例.

例 1 求$\int\cos 2x\mathrm{d}x$.

分析 我们能否从基本积分公式$\int\cos x\mathrm{d}x=\sin x+C$得出$\int\cos 2x\mathrm{d}x=\sin 2x+C$呢？

因为$(\sin 2x+C)'=2\cos 2x\neq\cos 2x$，由于求导与求不定积分是逆运算，显然如上推测的结果是错误的.

比较$\int\cos x\mathrm{d}x$和$\int\cos 2x\mathrm{d}x$，我们发现变量不一致就不能用基本积分公式，因$\frac{1}{2}\mathrm{d}(2x)=\mathrm{d}x$，根据复合函数的微分法我们可以作如下变换：

$$\begin{aligned}\int\cos 2x\mathrm{d}x&=\int\cos 2x\times\frac{1}{2}\mathrm{d}(2x)=\frac{1}{2}\int\cos 2x\mathrm{d}(2x)\text{（变量一致，令 }u=2x\text{）}\\&=\frac{1}{2}\int\cos u\mathrm{d}u=\frac{1}{2}\sin u+C\\&=\frac{1}{2}\sin 2x+C.\end{aligned}$$

例 2 求$\int\mathrm{e}^{3x}\mathrm{d}x$.

解 被积函数e^{3x}是复合函数，不能直接套用$\int\mathrm{e}^{x}\mathrm{d}x$的公式，可以把原积分作如下的变形后计算：$\int\mathrm{e}^{3x}\mathrm{d}x=\frac{1}{3}\int\mathrm{e}^{3x}\mathrm{d}(3x)\overset{u=3x}{=}\frac{1}{3}\int\mathrm{e}^{u}\mathrm{d}u=\frac{1}{3}\mathrm{e}^{u}+C=\frac{1}{3}\mathrm{e}^{3x}+C$.

上述两个例题在解法上都是引入新的变量$u=\varphi(x)$，从而把原积分化为关于u的一个简单函数的积分，再套用基本积分公式求解.

定理 2 设$F(u)$是$f(u)$的一个原函数，即

$$\int f(u)\mathrm{d}u=F(u)+C,$$

如果u是中间变量，$u=\varphi(x)$，具有连续导数，则

$$\int f[\varphi(x)]\varphi'(x)\mathrm{d}x=\int f[\varphi(x)]\mathrm{d}\varphi(x)\quad \text{（凑微分，换元：令 }\varphi(x)=u\text{）}$$

$$=\int f(u)\mathrm{d}u=F(u)+C\text{（回代 }u=\varphi(x)\text{）}$$

$$=F[\varphi(x)]+C.$$

这种先"凑"微分，再作变量置换的方法称为第一类换元积分法，也称凑微分法.

例 3 求$\int \mathrm{e}^{2x+5}\mathrm{d}x$.

解 令 $u=2x+5$，则 $\mathrm{d}u=2\mathrm{d}x,\mathrm{d}x=\frac{1}{2}\mathrm{d}u$.

原式$=\int \mathrm{e}^u\cdot\frac{1}{2}\mathrm{d}u=\frac{1}{2}\int \mathrm{e}^u\mathrm{d}u=\frac{1}{2}\mathrm{e}^u+C=\frac{1}{2}\mathrm{e}^{2x+5}+C.$

例 4 求$\int \sin(3x+2)\mathrm{d}x$.

解 令 $u=3x+2$，则 $\mathrm{d}u=3\mathrm{d}x,\mathrm{d}x=\frac{1}{3}\mathrm{d}u$.

原式$=\frac{1}{3}\int \sin u\mathrm{d}u=-\frac{1}{3}\cos u+C=-\frac{1}{3}\cos(3x+2)+C.$

例 5 求$\int (5x-2)^8\mathrm{d}x$.

解 令 $u=5x-2$，则 $\mathrm{d}u=5\mathrm{d}x,\mathrm{d}x=\frac{1}{5}\mathrm{d}u$.

原式$=\frac{1}{5}\int u^8\mathrm{d}u=\frac{1}{45}u^9+C=\frac{1}{45}(5x-2)^9+C.$

注意 当我们对变量变换比较熟悉之后，就可以不写出中间变量 u.

例 6 求$\int \frac{x}{\sqrt{x^2+6}}\mathrm{d}x$.

解 原式$=\frac{1}{2}\int \frac{1}{\sqrt{x^2+6}}\mathrm{d}(x^2+6)=\frac{1}{2}\int (x^2+6)^{-\frac{1}{2}}\mathrm{d}(x^2+6)$

$$=(x^2+6)^{\frac{1}{2}}+C.$$

例 7 求$\int \frac{1}{x^2-4}\mathrm{d}x$.

解 原式$=\int \frac{1}{(x+2)(x-2)}\mathrm{d}x=\frac{1}{4}\int (\frac{1}{x-2}-\frac{1}{x+2})\mathrm{d}x$

$$=\frac{1}{4}(\int \frac{1}{x-2}\mathrm{d}x-\int \frac{1}{x+2}\mathrm{d}x)$$

$$=\frac{1}{4}[\int \frac{1}{x-2}\mathrm{d}(x-2)-\int \frac{1}{x+2}\mathrm{d}(x+2)]$$

$$=\frac{1}{4}(\ln|x-2|-\ln|x+2|)+C$$

$$=\frac{1}{4}\ln\left|\frac{x-2}{x+2}\right|+C.$$

本例可推广为一般情况$\int\frac{1}{x^2-a^2}\mathrm{d}x=\frac{1}{2a}\ln\left|\frac{x-a}{x+a}\right|+C(a\neq 0)$.

例 8 求$\int\frac{1}{x^2+4}\mathrm{d}x$.

解 原式$=\int\frac{1}{4}\cdot\frac{1}{(\frac{x}{2})^2+1}\mathrm{d}x=\frac{1}{2}\int\frac{1}{(\frac{x}{2})^2+1}\mathrm{d}(\frac{x}{2})$ （令 $u=\frac{x}{2}$）

$$=\frac{1}{2}\int\frac{1}{u^2+1}\mathrm{d}u=\frac{1}{2}\arctan u+C \quad (\text{代回 } u=\frac{x}{2})$$

$$=\frac{1}{2}\arctan\frac{x}{2}+C.$$

本例可推广为一般情况$\int\frac{1}{x^2+a^2}\mathrm{d}x=\frac{1}{a}\arctan\frac{x}{a}+C(a\neq 0)$.

从以上例子可以看出，利用第一类换元积分法求不定积分的关键在于如何正确凑成$\mathrm{d}\varphi(x)$，因此，熟悉以下凑微分式子，对我们求不定积分是很有帮助的.

$\mathrm{d}x=\frac{1}{k}\mathrm{d}(kx+b)$　　$\frac{1}{x}\mathrm{d}x=\mathrm{d}(\ln|x|)$　　$x\mathrm{d}x=\frac{1}{2}\mathrm{d}(x^2+b)$

$\frac{1}{x^2}\mathrm{d}x=-\mathrm{d}(\frac{1}{x})$　　$\frac{1}{\sqrt{x}}\mathrm{d}x=2\mathrm{d}(\sqrt{x})$　　$\mathrm{e}^{ax}\mathrm{d}x=\frac{1}{a}\mathrm{d}\mathrm{e}^{ax}$

$\cos x\mathrm{d}x=\mathrm{d}(\sin x)$　　$\frac{1}{1+x^2}\mathrm{d}x=\mathrm{d}(\arctan x)=-\mathrm{d}(\mathrm{arccot}x)$

$\sin x\mathrm{d}x=-\mathrm{d}(\cos x)$　　$\frac{1}{\sqrt{1-x^2}}\mathrm{d}x=\mathrm{d}(\arcsin x)=-\mathrm{d}(\arccos x)$

当被积函数中涉及三角函数时，常常需要一些三角恒等变换，应认真总结经验熟能生巧.

例 9 求下列不定积分.

(1)$\int\tan x\mathrm{d}x$；　　(2)$\int\frac{1}{\sqrt{a^2-x^2}}\mathrm{d}x(a>0)$；

(3)$\int\sin^2x\mathrm{d}x$；　　(4)$\int\sin^3x\mathrm{d}x$.

解 (1)$\int\tan x\mathrm{d}x=\int\frac{\sin x}{\cos x}\mathrm{d}x=-\int\frac{\mathrm{d}\cos x}{\cos x}=-\ln|\cos x|+C$；

(2)$\int\frac{1}{\sqrt{a^2-x^2}}\mathrm{d}x=\int\frac{1}{a\sqrt{1-(\frac{x}{a})^2}}\mathrm{d}x$

$$=\int \frac{1}{\sqrt{1-(\frac{x}{a})^2}}\mathrm{d}(\frac{x}{a})=\arcsin\frac{x}{a}+C;$$

$$(3)\int \sin^2 x\mathrm{d}x=\int \frac{1-\cos 2x}{2}\mathrm{d}x=\frac{1}{2}\int \mathrm{d}x-\frac{1}{4}\int \cos 2x\mathrm{d}(2x)$$

$$=\frac{1}{2}x-\frac{1}{4}\sin 2x+C;$$

$$(4)\int \sin^3 x\mathrm{d}x=\int \sin^2 x\sin x\mathrm{d}x=-\int (1-\cos^2 x)\mathrm{d}\cos x$$

$$=-\int \mathrm{d}\cos x+\int \cos^2 x\mathrm{d}\cos x=-\cos x+\frac{1}{3}\cos^3 x+C$$

4.3.2 第二类换元积分法

上面介绍的第一类换元积分法是通过变量代换 $u=\varphi(x)$，将积分 $\int f[\varphi(x)]\varphi'(x)\mathrm{d}x$ 化为积分 $\int f(u)\mathrm{d}u$，能够解决一部分不定积分的求解问题，但不是所有的不定积分都可以用凑微分法来求解的，下面介绍第二类换元积分法.

定理 3 设函数 $f(x)$ 连续，$x=\psi(t)$ 连续可导，又设 $f[\psi(t)]\psi'(t)$ 具有原函数 $G(t)$，则

$$\int f(x)\mathrm{d}x \xlongequal{x=\psi(t)} \int f[\psi(t)]\psi'(t)\mathrm{d}t=G(t)+C \xlongequal{t=\psi^{-1}(x)} G[\psi^{-1}(x)]+C$$

1. 代数换元法

例 10 求 $\int \frac{1}{2+\sqrt{x-1}}\mathrm{d}x$.

解 这个积分不易用前面的方法来计算，困难在于被积函数的分母中含有根式，我们要设法去掉根式.

设 $t=\sqrt{x-1}$，即 $x=t^2+1$，则 $\mathrm{d}x=2t\mathrm{d}t$，于是

$$\text{原式}=\int \frac{2t}{2+t}\mathrm{d}t=2\int \frac{(t+2)-2}{2+t}\mathrm{d}t=2\int (1-\frac{2}{2+t})\mathrm{d}t$$

$$=2\int \mathrm{d}t-4\int \frac{1}{2+t}\mathrm{d}(2+t)$$

$$=2t-4\ln|2+t|+C \quad (\text{代回 } t=\sqrt{x-1})$$

$$=2\sqrt{x-1}-4\ln\left|2+\sqrt{x-1}\right|+C.$$

例 11 求 $\int x^2(2x-1)^{49}\mathrm{d}x$.

解 本题由于 $(2x-1)$ 的二项展开项数多，用以往的方法积分比较麻烦，为此我们可

以作换元.

令 $u=2x-1$,即 $x=\frac{1+u}{2}$,则 $dx=\frac{1}{2}du$,

$$原式=\int\left(\frac{1+u}{2}\right)^2u^{49}\cdot\frac{1}{2}du$$

$$=\frac{1}{8}\int(u^2+2u+1)u^{49}du=\frac{1}{8}\int(u^{51}+2u^{50}+u^{49})du$$

$$=\frac{1}{8}\left(\frac{1}{52}u^{52}+\frac{2}{51}u^{51}+\frac{1}{50}u^{50}\right)+C$$

$$=\frac{1}{8}u^{50}\left(\frac{1}{52}u^2+\frac{2}{51}u+\frac{1}{50}\right)+C$$

$$=\frac{1}{8}(2x-1)^{50}\left[\frac{1}{52}(2x-1)^2+\frac{2}{51}(2x-1)+\frac{1}{50}\right]+C.$$

2.三角换元法

例 12 求下列不定积分

(1) $\int\sqrt{a^2-x^2}dx(a>0)$; (2) $\int\frac{1}{\sqrt{x^2-a^2}}dx(a>0)$; (3) $\int\frac{1}{\sqrt{x^2+a^2}}dx$.

解 (1) 被积函数中含有根号下的 x 的二次方,同例 10 一样,要设法去掉根号.此时,若能找到一种变量替代方法,使 a^2-x^2 能化成某项的平方,而 dx 经变换后又不含根号,这样,就可以使被积式不含根号,考虑到 $1-\sin^2t=\cos^2t$,

设 $x=a\sin t\left(-\frac{\pi}{2}\leqslant t\leqslant\frac{\pi}{2}\right)$,则 $dx=a\cos tdt$.

$$原式=\int\sqrt{a^2-a^2\sin^2t}\cdot a\cos tdt$$

$$=\int a\cos t\cdot a\cos tdt$$

$$=a^2\int\cos^2tdt$$

$$=a^2\int\frac{1+\cos2t}{2}dt$$

$$=\frac{a^2}{2}\left(\int1dt+\int\cos2tdt\right)$$

$$=\frac{a^2}{2}\left(t+\frac{\sin2t}{2}\right)+C$$

$$=\frac{a^2}{2}(t+\sin t\cos t)+C(见图,代回原变量)$$

$$=\frac{a^2}{2}\left(\arcsin\frac{x}{a}+\frac{x}{a}\cdot\frac{\sqrt{a^2-x^2}}{a}\right)+C.$$

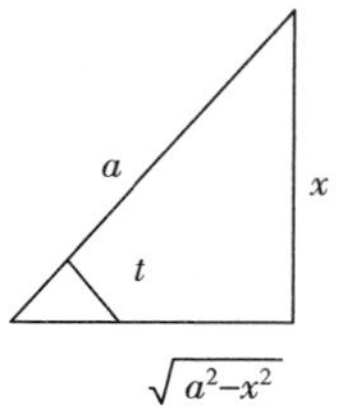

图 4-2

(2) 被积函数中含有$\sqrt{x^2-a^2}$，为了去掉根式，我们需要找到一种变量替代式，考虑到$\sec^2 t-1=\tan^2 t$，

设 $x=a\sec t(0<t<\frac{\pi}{2})$，则 $dx=a\sec t\tan t dt$，

$$原式=\int\frac{1}{\sqrt{a^2\sec^2 t-a^2}}\cdot a\sec t\tan t dt$$

$$=\int\frac{1}{a\tan t}\cdot a\sec t\tan t dt=\int\sec t dt$$

$$=\int\frac{\sec t(\tan t+\sec t)}{\tan t+\sec t}dt$$

$$=\int\frac{\sec^2 t+\sec t\tan t}{\tan t+\sec t}dt$$

$$=\int\frac{1}{\tan t+\sec t}d(\tan t+\sec t)$$

$=\ln|\tan t+\sec t|+C$（见图，代回原变量）

$=\ln\left|\frac{x}{a}+\frac{\sqrt{x^2-a^2}}{a}\right|+C(=\ln\left|x+\sqrt{x^2-a^2}\right|+C',C'=C-\ln a)$.

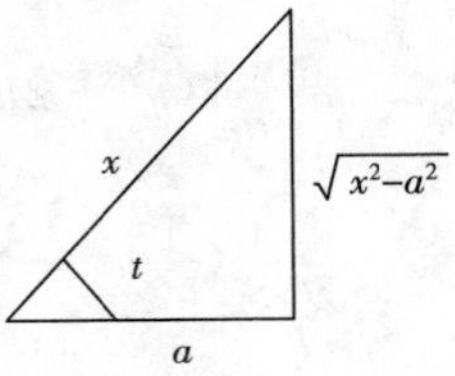

图 4-3

(3) 利用$\sec^2 t=1+\tan^2 t$，

设 $x=a\tan t(-\frac{\pi}{2}<t<\frac{\pi}{2})$，则 $dx=a\sec^2 t dt$，

$$原式=\int\frac{1}{\sqrt{a^2\tan^2 t+a^2}}\cdot a\sec^2 t dt$$

$$=\int\sec t dt$$

$=\ln|\tan t+\sec t|+C$（见图，代回原变量）

$$=\ln\left|\frac{x}{a}+\frac{\sqrt{x^2+a^2}}{a}\right|+C$$

$=\ln\left|x+\sqrt{x^2+a^2}\right|+C'(C'=C-\ln a)$.

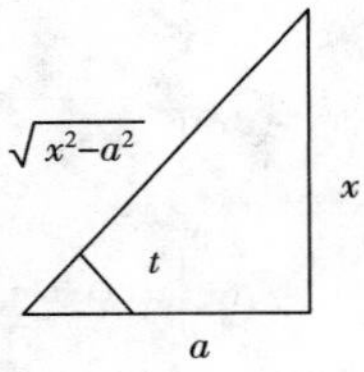

图 4-4

从上面的例题看出，应用第二类换元积分法时，先要具体分析被积函数的形式，适当设置变量代换 $x=\varphi(t)$，使得对新变量 t 的不定积分易于求出.

在被积函数中，对于以下的根式，可设置如下的变量代换，以去掉根式.

$\sqrt[n]{ax+b}$，可设$\sqrt[n]{ax+b}=t$（n 为大于 1 的正整数）；

$\sqrt{a^2-x^2}$，可设 $x=a\sin t$；

$\sqrt{a^2+x^2}$，可设 $x=a\tan t$；

$\sqrt{x^2-a^2}$，可设 $x=a\sec t$.

注 当对新变量 t 的不定积分求出后，一定要代回原来的变量 x.

习题 4－3

1. 求下列不定积分.

(1) $\int \frac{1}{(2x-3)^4}\mathrm{d}x$；

(2) $\int \frac{1}{\sqrt{1+x}}\mathrm{d}x$；

(3) $\int \sin(3x+2)\,\mathrm{d}x$；

(4) $\int \frac{1}{9+x^2}\mathrm{d}x$；

(5) $\int \mathrm{e}^{2x-5}\,\mathrm{d}x$；

(6) $\int \frac{1}{3x-1}\mathrm{d}x$；

(7) $\int \frac{x}{1+x^2}\mathrm{d}x$；

(8) $\int \sin^3 x\cos x\mathrm{d}x$；

(9) $\int x^2\sqrt{x}\,\mathrm{d}x$；

(10) $\int \frac{\ln x}{x}\mathrm{d}x$.

2. 求下列不定积分.

(1) $\int \frac{1}{2+2\sqrt{x}}\mathrm{d}x$；

(2) $\int \frac{\sqrt{x}}{1+x}\mathrm{d}x$；

(3) $\int \frac{x^2}{\sqrt{2-x}}\mathrm{d}x$；

(4) $\int \sqrt{4-x^2}\,\mathrm{d}x$；

(5) $\int \frac{\sqrt{x^2-9}}{x}\mathrm{d}x$；

(6) $\int \frac{\sqrt{1-x^2}}{x^2}\mathrm{d}x$；

(7) $\int \frac{\mathrm{d}x}{1+\sqrt{1-x^2}}$；

(8) $\int \frac{\mathrm{d}x}{x+\sqrt{1-x^2}}$.

4.4 分部积分法

4.4.1 分部积分公式的概念

上一节介绍的方法已经能解决很大一部分不定积分的求解问题，还有几类常用的不定积分，如 $\int x\sin x\mathrm{d}x$，$\int x\arccos x\mathrm{d}x$，$\int x\mathrm{e}^x\,\mathrm{d}x$，$\int x\ln x\mathrm{d}x$，$\int \mathrm{e}^x\sin x\mathrm{d}x$ 等不能用换元积分法来计算，为了计算这些积分，下面我们介绍另一种基本积分方法 —— 分部积分法.

设函数 $u=u(x)$，$v=v(x)$ 连续可导，由微分公式得

$$\begin{aligned}\mathrm{d}(uv)&=(uv)'\mathrm{d}x=(u'v+uv')\mathrm{d}x=vu'\mathrm{d}x+uv'\mathrm{d}x\\&=v\mathrm{d}u+u\mathrm{d}v.\end{aligned}$$

移项得

$$udv = d(uv) - vdu,$$

两边积分得

$$\int udv = \int [d(uv) - vdu] = \int d(uv) - \int vdu,$$

即

$$\int udv = uv - \int vdu.$$

这个公式称为分部积分公式.

该公式是将$\int udv$转化为$\int vdu$，当等号右边的$\int vdu$比左边的$\int udv$更容易求出时，该公式就发挥作用了.

4.4.2 分部积分公式应用

例 1 求$\int x\cos x dx$.

解 设 $u = x, dv = \cos x dx = d\sin x$，

于是 $du = dx, v = \sin x$.

由分部积分公式可得

$$\int x\cos x dx = x\sin x - \int \sin x dx = x\sin x + \cos x + C.$$

例 2 求$\int xe^x dx$.

解 $\int xe^x dx = \int x de^x = xe^x - \int e^x dx = xe^x - e^x + C.$

例 3 求$\int x^2 \ln x dx$.

解
$$\begin{aligned}\int x^2 \ln x dx &= \frac{1}{3}\int \ln x dx^3 = \frac{1}{3}x^3 \ln x - \frac{1}{3}\int x^3 d\ln x \\ &= \frac{1}{3}x^3 \ln x - \frac{1}{3}\int x^3\ \frac{1}{x}dx = \frac{1}{3}x^3 \ln x - \frac{1}{3}\int x^2 dx \\ &= \frac{1}{3}x^3 \ln x - \frac{1}{9}x^3 + C.\end{aligned}$$

例 4 求$\int x\arctan x dx$.

解 $\int x\arctan x dx = \frac{1}{2}\int \arctan x dx^2$

$$=\frac{1}{2}x^2\arctan x-\frac{1}{2}\int x^2\mathrm{d}\arctan x$$

$$=\frac{1}{2}x^2\arctan x-\frac{1}{2}\int\frac{x^2}{1+x^2}\mathrm{d}x$$

$$=\frac{1}{2}x^2\arctan x-\frac{1}{2}\int\frac{x^2+1-1}{1+x^2}\mathrm{d}x$$

$$=\frac{1}{2}x^2\arctan x-\frac{1}{2}x+\frac{1}{2}\arctan x+C.$$

例 5 求$\int \mathrm{e}^x\sin x\mathrm{d}x$.

解 $\int \mathrm{e}^x\sin x\mathrm{d}x=\int\sin x\mathrm{d}\mathrm{e}^x=\mathrm{e}^x\sin x-\int\mathrm{e}^x\cos x\mathrm{d}x$

对等式右端积分再用一次分部积分公式

$$\int\mathrm{e}^x\cos x\mathrm{d}x=\int\cos x d\,\mathrm{e}^x=\mathrm{e}^x\cos x+\int\mathrm{e}^x\sin x\mathrm{d}x.$$

将$\int\mathrm{e}^x\cos x\mathrm{d}x$代入上式得

$$\int\mathrm{e}^x\sin x\mathrm{d}x=\mathrm{e}^x\sin x-\mathrm{e}^x\cos x-\int\mathrm{e}^x\sin x\mathrm{d}x.$$

移项得

$$2\int\mathrm{e}^x\sin x\mathrm{d}x=\mathrm{e}^x\sin x-\mathrm{e}^x\cos x+C_1,$$

$$\int\mathrm{e}^x\sin x\mathrm{d}x=\frac{1}{2}\mathrm{e}^x(\sin x-\cos x)+C.\ (C=\frac{1}{2}C_1)$$

例 6 求$\int\ln x\mathrm{d}x$.

解 $\int\ln x\mathrm{d}x=x\ln x-\int x\,\frac{1}{x}\mathrm{d}x=x\ln x-x+C.$

例 7 求$\int\arctan x\mathrm{d}x$.

解 $\int\arctan x\mathrm{d}x=x\arctan x-\int x\mathrm{d}\arctan x$

$$=x\arctan x-\int\frac{x}{1+x^2}\mathrm{d}x$$

$$=x\arctan x-\frac{1}{2}\int\frac{\mathrm{d}(1+x^2)}{1+x^2}$$

$$=x\arctan x-\frac{1}{2}\ln(1+x^2)+C.$$

总结上面例子可知，利用分部积分公式求解积分时关键是如何设定哪一个函数为 $u(x)$，积分方法如下：

(1) 被积表达式为 $x^n a^x \mathrm{d}x(a>0$，且 $a\neq 1)$ 时，$u=x^n$，$\mathrm{d}v=a^x\mathrm{d}x$；

(2) 被积表达式为 $x^n\sin x\mathrm{d}x$ 或 $x^n\cos x\mathrm{d}x$ 时，$u=x^n$，$\mathrm{d}v=\sin x\mathrm{d}x$ 或 $\cos x\mathrm{d}x$；

(3) 被积表达式为 $x^n\ln x\mathrm{d}x$ 时，$u=\ln x$，$\mathrm{d}v=x^n\mathrm{d}x$；

(4) 被积表达式为 $x^n\arcsin x\mathrm{d}x$ 或 $x^n\arctan x\mathrm{d}x$ 时，$u=\arcsin x$ 或 $\arctan x$，$\mathrm{d}v=x^n\mathrm{d}x$；

(5) 被积表达式为 $\mathrm{e}^x\cos x\mathrm{d}x$ 或 $\mathrm{e}^x\sin x\mathrm{d}x$ 时，$u=\mathrm{e}^x$，$\mathrm{d}v=\cos x\mathrm{d}x$ 或 $\sin x\mathrm{d}x$，或者，$u=\cos x$ 或 $\sin x$，$\mathrm{d}v=\mathrm{e}^x\mathrm{d}x$ 都可以.

例 8 用多种方法求不定积分 $\int\frac{x}{\sqrt{x+1}}\mathrm{d}x$.

解一 凑微分法

$$\int\frac{x}{\sqrt{x+1}}\mathrm{d}x=\int\frac{(x+1)-1}{\sqrt{x+1}}\mathrm{d}x=\int\sqrt{x+1}\,\mathrm{d}x+\int\frac{1}{\sqrt{x+1}}\mathrm{d}x$$

$$=\frac{2}{3}(x+1)^{\frac{3}{2}}-2(x+1)^{\frac{1}{2}}+C.$$

解二 代数换元法

设 $t=\sqrt{x+1}$，可得 $x=t^2-1$，$\mathrm{d}x=2t\mathrm{d}t$，则

$$\int\frac{x}{\sqrt{x+1}}\mathrm{d}x=\int\frac{t^2-1}{t}2t\mathrm{d}t=2\int(t^2-1)\mathrm{d}t=\frac{2}{3}t^3-2t+C$$

$$=\frac{2}{3}(x+1)^{\frac{3}{2}}-2(x+1)^{\frac{1}{2}}+C.$$

解三 分部积分法

$$\int\frac{x}{\sqrt{x+1}}\mathrm{d}x=\int x\mathrm{d}(2\sqrt{x+1})=2x\sqrt{x+1}-2\int\sqrt{x+1})\mathrm{d}x$$

$$=2x(1+x)^{\frac{1}{2}}-\frac{4}{3}(1+x)^{\frac{3}{2}}+C$$

$$=2(1+x-1)(1+x)^{\frac{1}{2}}-\frac{4}{3}(1+x)^{\frac{3}{2}}+C$$

$$=\frac{2}{3}(x+1)^{\frac{3}{2}}-2(x+1)^{\frac{1}{2}}+C.$$

习题 4-4

1. 求下列不定积分.

(1) $\int x\mathrm{e}^{-x}\mathrm{d}x$；　　(2) $\int x^2\mathrm{e}^{3x}\mathrm{d}x$；

(3) $\int x^2\cos x\mathrm{d}x$；　　(4) $\int x^3\ln x\mathrm{d}x$；

(5) $\int \mathrm{e}^{-x}\sin x\mathrm{d}x$；　　(6) $\int \ln(1+x^2)\mathrm{d}x$.

4.5 Mathematica 求解不定积分

4.5.1 基本命令

计算不定积分的命令：Integrate.

求不定积分时，其基本格式为

Integrate[f[x],x]

例如求 $f(x)=x^2+a$ 的不定积分，

输入 Integrate[x^2 + a,x]

则输出 $ax+\frac{x^3}{3}$

其中，a 是常数. 需要注意的是，积分常识 C 被省略.

Mathematica 有很多命令可以用相应的运算符号来代替. 命令 Integrate 可用积分号 $\int$ 代替.

4.5.2 实验举例

例 1 求 $\int x^2(1-x^3)^5\mathrm{d}x$.

解 输入

Integrate[x^2 * (1 - x^3)^5,x]

输出

$\frac{x^3}{3}-\frac{5x^6}{6}+\frac{10x^9}{9}-\frac{5x^{12}}{6}+\frac{x^{15}}{3}-\frac{x^{18}}{18}$.

例 2 求 $\int x^2\arctan x\mathrm{d}x$.

解 输入

Integrate[x^2 * ArcTan[x],x]

输出

$\frac{1}{6}(-x^2+2x^3\mathrm{ArcTan}[x]+\mathrm{Log}[1+x^2])$.

例 3 求 $\int x^2\arctan x\mathrm{d}x$.

解 输入

Integrate[x^2 * ArcTan[x], x]

输出

$\frac{1}{6}(-x^2+2x^3\mathrm{ArcTan}[x]+\mathrm{Log}[1+x^2])$.

例 4 求$\int e^{-2x}\sin 3x\mathrm{d}x$.

解 输入

Integrate[Exp[-2x] * Sin[3x], x]

输出

$-\frac{1}{13}e^{-2x}(3\mathrm{Cos}[3x]+2\mathrm{Sin}[3x])$.

习题 4-5

1. 计算下列不定积分.

(1) $\int e^{-x}\mathrm{d}x$；(2) $\int e^{x}\sin x\mathrm{d}x$；

(3) $\int \frac{x}{x^2+2x-3}\mathrm{d}x$；(4) $\int \frac{\ln x}{\sqrt{x}}\mathrm{d}x$.

本章小结

本章主要介绍了不定积分的概念、性质以及求法，下面简单总结一下主要知识点.

1. 不定积分的概念

如果 $F(x)$ 是 $f(x)$ 在区间 I 上的一个原函数，C 是任意常数，那么 $f(x)$ 在区间 I 上的所有原函数 $F(x)+C$，称为 $f(x)$ 在区间 I 上的不定积分，记作$\int f(x)\mathrm{d}x$，即$\int f(x)\mathrm{d}x=F(x)+C, x\in I$.

2. 不定积分的性质

(1) 求不定积分与求导（或微分）互为逆运算（不考虑任意常数 C）；

(2) 两个函数代数和的不定积分等于它们不定积分的代数和；

(3) 不为零的常数因子可以提到积分号外.

3. 不定积分的运算

(1) 基本积分表，详见正文部分.

(2) 几种积分方法：直接积分法、第一类换元积分法、第二类换元积分法、分部积分法. 利用第一类换元积分法求不定积分的关键在于如何正确凑成 $\mathrm{d}\varphi(x)$，第二类换元积分法主要掌握几种特殊的形式，对于不同形式的积分解决方法也不一样，分部积分法中将$\int u\mathrm{d}v$ 转化为$\int v\mathrm{d}u$，当等号右边的$\int v\mathrm{d}u$ 比左边的$\int u\mathrm{d}v$ 更容易求出时，该公式就发挥作用了.

总之，学习求解不定积分，只要我们在学习、练习中不断积累经验，掌握好方法、技巧，一定会得心应手.

复习题 4

一、单项选择

1. $\int(\cos x+1)\mathrm{d}x=$(　　).

A. $\sin x+x+C$　　B. $-\sin x+x+C$

C. $\cos x+x+C$　　D. $-\cos x+x+C$

2. 若$\int f(x)e^{x^2}\mathrm{d}x=e^{x^2}+C$，那么 $f(x)=$(　　).

A. $2x$　　B. x^2

C. e^{x^2}　　D. 1

3. 设 $F(x)$ 是 $f(x)$ 的一个原函数，则$\int f(e^{-x})e^{-x}\mathrm{d}x=$(　　).

A. $F(e^{-x})+C$　　B. $-F(e^{-x})+C$

C. $F(e^{x})+C$　　D. $-F(e^{-x})+C$

4. 下列不定积分正确的是(　　).

A. $\int x^2\mathrm{d}x=x^3+C$　　B. $\int\frac{1}{x^2}\mathrm{d}x=-\frac{1}{x}+C$

C. $\int x^3\mathrm{d}x=\frac{1}{3}x^3+C$　　D. $\int 3^x\mathrm{d}x=3^x+C$

5. 设积分曲线簇 $y=\int f(x)\mathrm{d}x$ 中有倾斜角为$\frac{\pi}{3}$ 的直线，则 $y=f(x)$ 图形是(　　).

A. 平行于 y 轴的直线　　B. 抛物线

C. 直线 $y=x$　　D. 平行于 x 轴的直线

二、填空题

1. $\int\frac{1}{\sqrt[3]{5-2x}}\mathrm{d}x=$____________.

2. 设$\int f(x)\mathrm{d}x=F(x)+C$，则$\int\sin x\cdot f(\cos x)\mathrm{d}x=$____________.

3. $\int x\sqrt{1+x^2}\,\mathrm{d}x=$____________.

4. $\int x\sin 3x\mathrm{d}x=$____________.

5. $\int\frac{1}{x\sqrt{1-\ln^2 x}}\mathrm{d}x=$____________.

三、计算题

1. $\int \frac{1+\ln x}{x}\mathrm{d}x$；

2. $\int \frac{1+x+\arctan x}{1+x^2}\mathrm{d}x$；

3. $\int \sin^3 x\mathrm{d}x$；

4. $\int \frac{1+\sin x}{1+\cos x}\mathrm{d}x$；

5. 设 $f(x)$ 的一个原函数为 e^{-x}，求$\int xf(x)\mathrm{d}x$.

四、一个质点做直线运动，已知其加速度为 $a(t)=3t^2-\sin t$，若 $v(0)=2$，$s(0)=1$，求速度 v、位移 s 与时间 t 的关系.

第 5 章　定积分

上一章我们学习了积分学的第一类问题 —— 已知函数的导数求其原函数，即不定积分. 这一章我们来讨论积分学中的另一个问题 —— 求和式的极限问题，也就是定积分. 它们之间既有区别又有联系. 本章从实例引出定积分的定义，并研究它的基本性质和计算方法，再列举定积分的一些应用.

5.1　定积分的概念

5.1.1　定积分的概念

先看一个实例，如何计算曲边梯形的面积.

定义　设 $f(x)$ 为闭区间 $[a,b]$ 上的连续函数，且 $f(x) \geqslant 0$，我们称由曲线 $y=f(x)$、直线 $x=a$ 和 $x=b(a<b)$ 以及 x 轴围成的平面图形为曲边梯形(如图 5 - 1).

下面讨论曲边梯形的面积.

我们知道矩形的面积等于底乘以高. 而曲边梯形有一条边是曲线，其高是变化的，不能直接用矩形面积公式来计算. 解决这个问题的基本思路是，考虑到高 $f(x)$ 在 $[a,b]$ 上是连续变化的，在很小的区间内，它的变化很小，可近似地看作不变. 因此，将曲边梯形用平行于 y 轴的直线任意分为 n 个小曲边梯形，将每个小曲边梯形近似地看作矩形，其高可取作小区间上某点的函数值，这个小矩形的面积能够求出. 我们用小矩形的面积近似代替小曲边梯形的面积. 这 n 个小矩形的面积之和就是曲边梯形面积的近似值. 当然，分割的越细，近似程度越好. 当每个小矩形的底边长度趋于零时，小矩形面积之和的极限值就是曲边梯形的面积.

上述求曲边梯形面积方法的具体步骤如下：

(1) 分割：如图 5 - 2 所示，在区间 $[a,b]$ 内任取 $n-1$ 个分点，它们依次为：

$$a=x_0<x_1<x_2<\cdots<x_{n-1}<x_n=b,$$

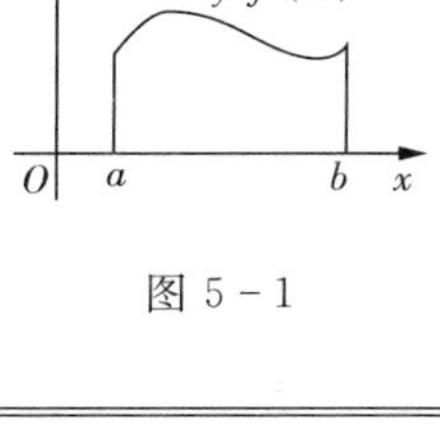

图 5 - 1

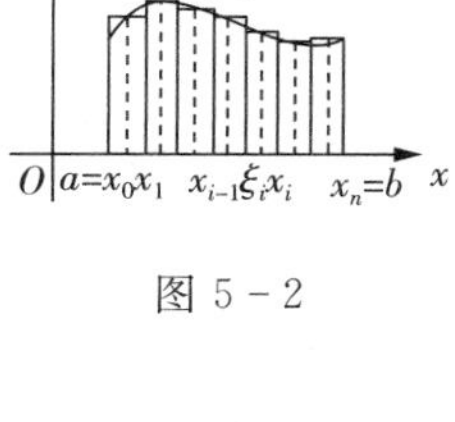

图 5 - 2

这些点把$[a,b]$分割成n个小区间$[x_{i-1},x_i](i=1,2,3,\cdots,n)$，再用直线$x=x_i(i=1,2,3,\cdots,n)$把曲边梯形分割成$n$个小曲边梯形，其面积记为$\Delta A_i(i=1,2,3,\cdots,n)$.

(2) 近似代替：在每个小区间$[x_{i-1},x_i]$上任取一点$\xi_i(i=1,2,3,\cdots,n)$，作以Δx_i为底、$f(\xi_i)$为高的小矩形，当$[a,b]$分割的分点较多，又分割的较细时，由于$f(x)$为连续函数，它在每个小区间上的变化不大，因此可用这些小矩形的面积近似代替相应小曲边梯形的面积ΔA_i，得

$$\Delta A_i \approx f(\xi_i)\Delta x_i \quad (\Delta x_i = x_i - x_{i-1}, i=1,2,\cdots,n).$$

(3) 求近似和：把n个小矩形面积相加就得到曲边梯形面积的近似值，即

$$A=\sum_{i=1}^{n}\Delta A_i \approx \sum_{i=1}^{n} f(\xi_i)\Delta x_i.$$

(4) 取极限：可以想象，分割越细，误差越小. 于是当所有小区间的长度趋向于零时，即当细度$\lambda\to 0$时$(\lambda=\max\limits_{1\leqslant i\leqslant n}\{\Delta x_i\})$，上述和式极限存在，并且该极限与区间分法和$\xi_i$的取法无关，那么我们有理由认为，这个极限值就是曲边梯形的面积，即

$$A=\sum_{i=1}^{n}\Delta A_i=\lim_{\lambda\to 0}\sum_{i=1}^{n} f(\xi_i)\Delta x_i.$$

概括起来说就是“分割、近似代替、求和、取极限”. 这就是产生定积分概念的背景.

定义　设函数$y=f(x)$在区间$[a,b]$上有定义，任取分点

$$a=x_0<x_1<x_2<\cdots<x_{n-1}<x_n=b,$$

将$[a,b]$分成n个小区间$[x_{i-1},x_i](i=1,2,3,\cdots,n)$，其长度为$\Delta x_i=x_i-x_{i-1}$，在每小区间$[x_{i-1},x_i]$上任取一点$\xi_i(x_{i-1}\leqslant\xi_i\leqslant x_i)$，作和式

$$\sum_{i=1}^{n} f(\xi_i)\Delta x_i,$$

记$\lambda=\max\limits_{1\leqslant i\leqslant n}\{\Delta x_i\}$，如果当$\lambda\to 0$时，上述和式极限存在，则将此极限值叫作函数$f(x)$在区间$[a,b]$上的定积分. 记作$\int_a^b f(x)\mathrm{d}x$，即

$$\int_a^b f(x)\mathrm{d}x=\lim_{\lambda\to 0}\sum_{i=1}^{n} f(\xi_i)\Delta x_i.$$

此时称$f(x)$在$[a,b]$上可积. 其中符号$\int$称为积分号，$f(x)$称为被积函数，$f(x)\mathrm{d}x$称为被积表达式，x称为积分变量，a、b分别称为积分下限、积分上限，区间$[a,b]$称为积分区间.

根据定积分的定义可知：

前面所讨论的曲边梯形的面积等于函数$y=f(x)$在区间$[a,b]$上的定积分，即

$$A=\int_a^b f(x)\mathrm{d}x.$$

注 定积分$\int_a^b f(x)\mathrm{d}x$作为和式的极限是一个常数，定积分的值只与被积函数$f(x)$及积分区间$[a,b]$有关，而与积分变量的字母无关，即

$$\int_a^b f(x)\mathrm{d}x=\int_a^b f(t)\mathrm{d}t=\int_a^b f(u)\mathrm{d}u.$$

例 1 根据定义求曲线$y=x^2$，x轴和直线$x=1$所围的平面图形的面积.

解 (1) 将区间$[0,1]$分成n等份，得到n个小区间，分点分别为

$$\frac{1}{n},\frac{2}{n},\frac{3}{n},\cdots,\frac{i}{n},\cdots,\frac{n-1}{n},1.$$

$y=x^2$在各分点的值分别为

$$\left(\frac{1}{n}\right)^2,\left(\frac{2}{n}\right)^2,\left(\frac{3}{n}\right)^2,\cdots,\left(\frac{i}{n}\right)^2,\cdots,\left(\frac{n-1}{n}\right)^2,1.$$

(2) 作以小区间长度$\frac{1}{n}$为底，y在各分点的值为高的n个小矩形，则每个小矩形的面积近似作为小窄曲边梯形的面积$\Delta A_i(i=1,2,3,\cdots,n)$，则

$$\Delta A_1\approx\frac{1}{n}\cdot\left(\frac{1}{n}\right)^2,\Delta A_2\approx\frac{1}{n}\cdot\left(\frac{2}{n}\right)^2,\cdots,\Delta A_i\approx\frac{1}{n}\cdot\left(\frac{i}{n}\right)^2,\cdots,\Delta A_n\approx\frac{1}{n}\cdot 1^2.$$

(3) 所以整个曲边梯形的面积

$$\begin{aligned}
A&=\Delta A_1+\Delta A_2+\cdots+\Delta A_i+\cdots\Delta A_n=\sum_{i=1}^{n}\Delta A_i\\
&\approx\frac{1}{n}\cdot\left(\frac{1}{n}\right)^2+\frac{1}{n}\cdot\left(\frac{2}{n}\right)^2+\cdots+\frac{1}{n}\cdot\left(\frac{i}{n}\right)^2+\cdots+\frac{1}{n}\cdot 1^2\\
&=\frac{1}{n}\left(\frac{1^2+2^2+\cdots+i^2+\cdots+n^2}{n^2}\right)\\
&=\frac{1}{n^3}(1^2+2^2+\cdots+i^2+\cdots+n^2)\\
&=\frac{1}{n^3}\sum_{i=1}^{n}i^2\\
&=\frac{1}{n^3}\cdot\frac{1}{6}n(n+1)(2n+1).
\end{aligned}$$

(4) 当分点无限增加，即$n\to\infty$时，

$$\lim_{n\to\infty}\frac{1}{n^3}\cdot\frac{1}{6}n(n+1)(2n+1)=\lim_{n\to\infty}\frac{1}{6}\cdot\frac{n+1}{n}\cdot\frac{2n+1}{n}=\frac{1}{6}\times 1\times 2=\frac{1}{3}$$

得该曲边梯形的面积为$\frac{1}{3}$.

5.1.2　定积分的几何意义

由定积分定义,不难得到它的几何意义如下:

(1) 若在区间$[a,b]$上$f(x)\geqslant 0$,则定积分$\int_a^b f(x)\mathrm{d}x$在几何上表示由曲线$y=f(x)$,直线$x=a$,$x=b$及x轴所围成的曲边梯形的面积S,如图5-3所示,即

$$\int_a^b f(x)\mathrm{d}x=S.$$

(2) 若在区间$[a,b]$上$f(x)\leqslant 0$,此时由曲线$y=f(x)$,直线$x=a$,$x=b$及x轴所围成的曲边梯形位于x轴的下方,则定积分$\int_a^b f(x)\mathrm{d}x$在几何上表示上述曲边梯形的面积S的相反数,如图5-4所示,即

$$\int_a^b f(x)\mathrm{d}x=-S.$$

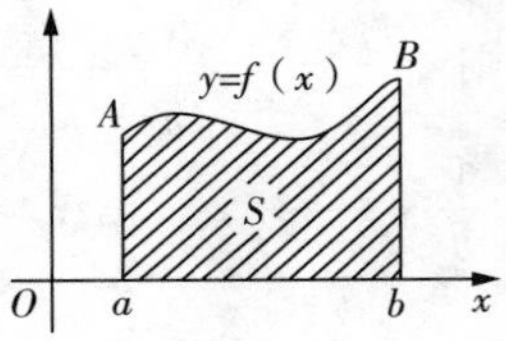

图 5-3

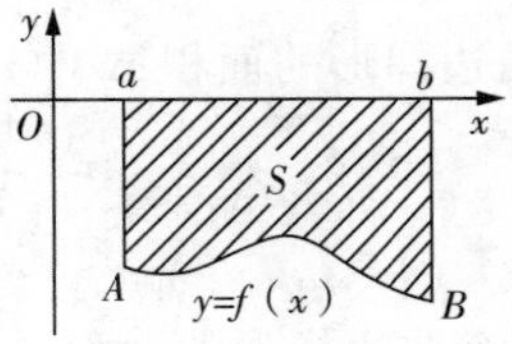

图 5-4

(3) 若在$[a,b]$上$f(x)$既有正值又有负值,则定积分$\int_a^b f(x)\mathrm{d}x$在几何上表示介于曲线$y=f(x)$,直线$x=a$,$x=b$及x轴之间各部分曲边梯形面积的代数和,位于x轴上方部分面积取正号,位于x轴下方部分面积取负号,如图5-5所示,即

$$\int_a^b f(x)\mathrm{d}x=S_1-S_2+S_3.$$

由定积分的几何意义可得以下结论:

(1) 若$f(x)$在$[-a,a]$上连续且为偶函数,如图5-6所示,则

$$\int_{-a}^a f(x)\mathrm{d}x=2\int_0^a f(x)\mathrm{d}x.$$

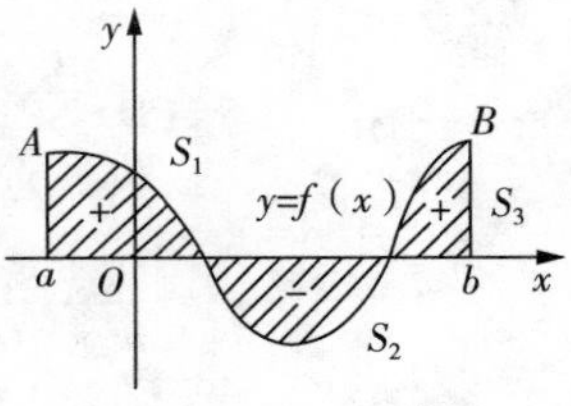

图 5-5

(2) 若$f(x)$在$[-a,a]$上连续且为奇函数,如图5-7所示,则

$$\int_{-a}^a f(x)\mathrm{d}x=0.$$

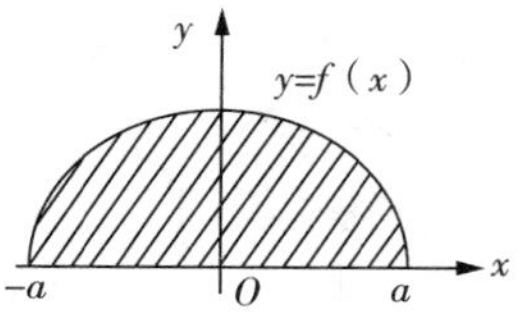

图 5-6

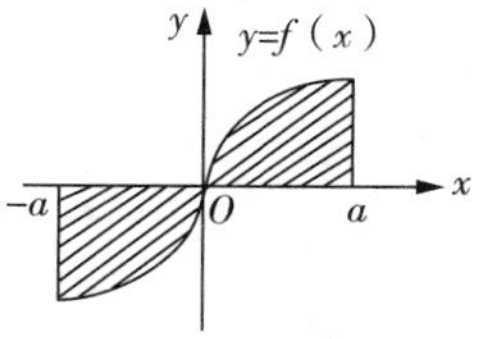

图 5-7

5.1.3 定积分的性质

由于定积分是和式的极限.因此,由极限的运算法则,容易推出定积分的简单性质.假设下面被积函数在积分区间上都是可积的.

性质 1 定积分的上限和下限位置互换时,定积分变号,即

$$\int_a^b f(x)\mathrm{d}x = -\int_b^a f(x)\mathrm{d}x.$$

性质 2 两个函数代数和的定积分等于它们定积分的代数和,即

$$\int_a^b [f(x) \pm g(x)]\mathrm{d}x = \int_a^b f(x)\mathrm{d}x \pm \int_a^b g(x)\mathrm{d}x.$$

此性质可推广到有限多个函数代数和的情况,即

$$\int_a^b [f_1(x) \pm f_2(x) \pm \cdots \pm f_n(x)]\mathrm{d}x = \int_a^b f_1(x)\mathrm{d}x \pm \int_a^b f_2(x)\mathrm{d}x \pm \cdots \pm \int_a^b f_n(x)\mathrm{d}x.$$

性质 3 被积函数的常数因子可以提到积分号外面,即

$$\int_a^b kf(x)\mathrm{d}x = k\int_a^b f(x)\mathrm{d}x.$$

性质 4 被积函数 $f(x) \equiv 1$ 时,定积分的值等于积分区间的长度(如图 5-8 所示),即

$$\int_a^b \mathrm{d}x = b - a.$$

性质 5 积分上限和下限相等时,定积分的值等于零,即

$$\int_a^a f(x)\mathrm{d}x = 0.$$

性质 6 (积分区间的可加性) 对任意三个实数 a,b,c 有

$$\int_a^b f(x)\mathrm{d}x = \int_a^c f(x)\mathrm{d}x + \int_c^b f(x)\mathrm{d}x.$$

事实上,当 $a < c < b$ 时,从几何上可以直观看到它的正确性,如图 5-9 所示.

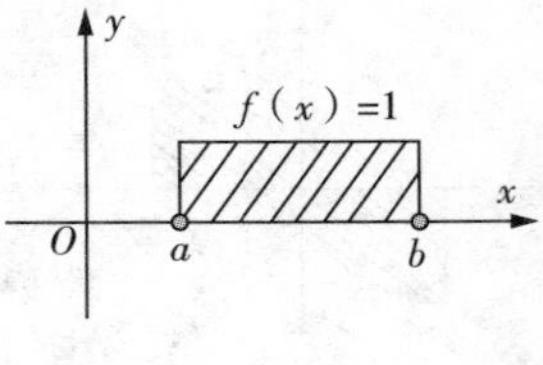

图 5-8

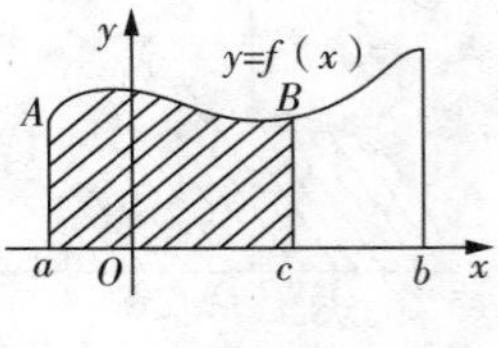

图 5-9

性质 7 （保号性）如果在 $[a,b]$ 上 $f(x)\geqslant g(x)$，则 $\int_a^b f(x)\mathrm{d}x\geqslant\int_a^b g(x)\mathrm{d}x$.

性质 8 （定积分估值定理）设 M 及 m 分别是函数 $f(x)$ 在区间 $[a,b]$ 上的最大值和最小值，则

$$m(b-a)\leqslant\int_a^b f(x)\mathrm{d}x\leqslant M(b-a).$$

性质 9 （定积分中值定理） 如果函数 $f(x)$ 在区间 $[a,b]$ 上连续，则在 $[a,b]$ 内至少存在一个 ξ，使下式成立，即

$$\int_a^b f(x)\mathrm{d}x=f(\xi)(b-a).$$

习题 5-1

1. 利用定积分的几何意义确定下列定积分的值.

(1) $\int_0^{2\pi}\sin x\mathrm{d}x$；　　(2) $\int_0^a\sqrt{a^2-x^2}\,\mathrm{d}x$.

2. 比较下列各组定积分的大小.

(1) $\int_0^1 x\mathrm{d}x$ 与 $\int_0^1 x^2\mathrm{d}x$；　　(2) $\int_0^1 x^2\mathrm{d}x$ 与 $\int_0^1 x^3\mathrm{d}x$.

(3) $\int_0^{\frac{\pi}{2}} x\mathrm{d}x$ 与 $\int_0^{\frac{\pi}{2}}\sin x\mathrm{d}x$；　　(4) $\int_0^1\mathrm{e}^x\mathrm{d}x$ 与 $\int_0^1\mathrm{e}^{x^2}\mathrm{d}x$.

3. 估计下列定积分的值（不必计算）.

(1) $\int_0^1(1+x^2)\,\mathrm{d}x$；　　(2) $\int_{\frac{\pi}{2}}^{\pi}(1+\sin^2 x)\,\mathrm{d}x$.

5.2 微积分基本公式

由定积分的概念可知，定积分是和式极限，但直接由和式极限求定积分的值是十分复杂的，甚至是不可能的，为此，我们必须寻求定积分计算的新方法.

5.2.1 变上限的定积分函数

设函数 $f(x)$ 在区间 $[a,b]$ 上可积，则对任意 $x\in[a,b]$，$f(x)$ 在区间 $[a,x]$ 上的定积分

$\int_a^x f(x)\mathrm{d}x$ 存在，这时 x 即表示积分上限也表示积分变量. 因定积分与积分变量的记法无关，为避免混淆，将积分变量记作 t，则上面的定积分可写成 $\int_a^x f(t)\mathrm{d}t$.

如果上限 x 在区间 $[a,b]$ 上任意变动，则对于每一个取定的 x 值，定积分都有一个对应值，这样定积分 $\int_a^x f(t)\mathrm{d}t$ 在区间 $[a,b]$ 上定义了一个函数，称为变上限的定积分函数，记作 $\Phi(x)$，即

$$\Phi(x)=\int_a^x f(t)\mathrm{d}t,(x\in[a,b]).$$

这个函数 $\Phi(x)$ 具有下面定理所指出的重要性质.

定理 1 （原函数存在定理） 若函数 $f(x)$ 在区间 $[a,b]$ 上连续，则变上限的定积分函数 $\Phi(x)=\int_a^x f(t)\mathrm{d}t$ 在区间 $[a,b]$ 上可导，且

$$\Phi'(x)=\frac{\mathrm{d}}{\mathrm{d}x}\int_a^x f(t)\mathrm{d}t=f(x),(x\in[a,b]),$$

于是得 $\int_a^x f(t)\mathrm{d}t$ 就是 $f(x)$ 在区间 $[a,b]$ 上的一个原函数.

证明 若 $x\in(a,b)$，设 x 的改变量 Δx 的绝对值足够的小，使得 $x+\Delta x\in(a,b)$，则 $\Phi(x)$（如图 5－10，图中 $\Delta x>0$）在 $x+\Delta x$ 处的函数值为 $\Phi(x+\Delta x)=\int_a^{x+\Delta x} f(t)\mathrm{d}t$.

函数的增量

$$\begin{aligned}\Delta\Phi&=\Phi(x+\Delta x)-\Phi(x)\\&=\int_a^{x+\Delta x} f(t)\mathrm{d}t-\int_a^x f(t)\mathrm{d}t\\&=\int_a^x f(t)\mathrm{d}t+\int_x^{x+\Delta x} f(t)\mathrm{d}t-\int_a^x f(t)\mathrm{d}t\\&=\int_x^{x+\Delta x} f(t)\mathrm{d}t.\end{aligned}$$

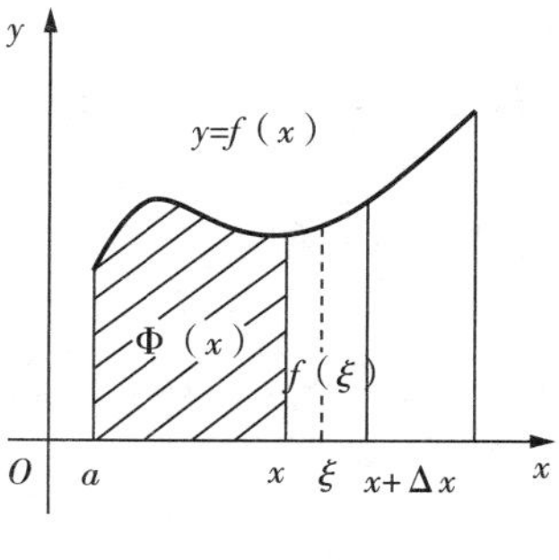

图 5－10

再利用积分的中值定理，有

$$\Delta\Phi=f(\xi)\Delta x,\xi\in(x,x+\Delta x).$$

由函数的连续性及导数的定义，有

$$\Phi'(x)=\lim_{\Delta x\to 0}\frac{\Delta\Phi(x)}{\Delta x}=\lim_{\Delta x\to 0}f(\xi)=\lim_{\xi\to x}f(\xi)=f(x).$$

这个定理指出了一个重要结论：连续函数 $f(x)$ 的原函数一定存在，其中之一就是变上限的定积分函数 $\Phi(x)=\int_a^x f(t)\mathrm{d}t$，它揭示了积分学中定积分与原函数之间的关系，也解答

了我们在第四章中关于原函数存在性的问题.

5.2.2 牛顿—莱布尼茨公式

根据原函数存在定理,我们可以推出另一个重要定理,它给出了用函数计算定积分的公式.

定理 2 设函数 $f(x)$ 在区间 $[a,b]$ 上连续,且 $F(x)$ 是 $f(x)$ 的任意一个原函数,则

$$\int_a^b f(x)\mathrm{d}x = F(b) - F(a).$$

记

$$F(b) - F(a) = F(x)\big|_a^b.$$

则有

$$\int_a^b f(x)\mathrm{d}x = F(x)\big|_a^b = F(b) - F(a).$$

这就是牛顿(Newton)—莱布尼兹(Leibniz)公式,通常称为微积分基本公式.

该公式揭示了定积分与不定积分之间的关系,表明一个连续函数在区间 $[a,b]$ 上的定积分等于它的任意一个原函数在区间 $[a,b]$ 上的增量.这就给定积分提供了一个有效而简便的计算方法,大大简化了定积分的计算过程.

例 1 求 $\int_0^{\frac{\pi}{2}}(1+\cos x-\sin x)\mathrm{d}x$.

解 原式 $=\int_0^{\frac{\pi}{2}}\mathrm{d}x+\int_0^{\frac{\pi}{2}}\cos x\mathrm{d}x-\int_0^{\frac{\pi}{2}}\sin x\mathrm{d}x$

$$=x\big|_0^{\frac{\pi}{2}}+\sin x\bigg|_0^{\frac{\pi}{2}}+\cos x\bigg|_0^{\frac{\pi}{2}}=\frac{\pi}{2}+(1-0)+(0-1)=\frac{\pi}{2}.$$

例 2 求 $\int_1^2(3x+2x^3)\mathrm{d}x$.

解 原式 $=3\int_1^2 x\mathrm{d}x+2\int_1^2 x^3\mathrm{d}x$

$$=3\cdot\frac{1}{2}x^2\bigg|_1^2+2\cdot\frac{1}{4}x^4\bigg|_1^2=\frac{9}{2}+\frac{15}{2}=12.$$

例 3 求 $\int_{-1}^1|x|\mathrm{d}x$.

解 原式 $=\int_{-1}^0(-x)\mathrm{d}x+\int_0^1 x\mathrm{d}x$

$$=-\frac{x^2}{2}\big|_{-1}^0+\frac{x^2}{2}\big|_0^1=0-(-\frac{1}{2})+(\frac{1}{2}-0)=1.$$

例 4 设 $f(x)=\begin{cases}x+1 & x\leqslant 2\\ \dfrac{x^2}{2} & x>2\end{cases}$,求 $\int_{-1}^3 f(x)\mathrm{d}x$.

解 原式 $=\int_{-1}^{2}(x+1)\mathrm{d}x+\int_{2}^{3}\frac{x^2}{2}\mathrm{d}x=(\frac{x^2}{2}+x)\Big|_{-1}^{2}+\frac{x^3}{6}\Big|_{2}^{3}=\frac{23}{3}.$

习题 5 - 2

1. 求下列定积分.

(1) $\int_{0}^{1}x^{100}\mathrm{d}x$； (2) $\int_{1}^{4}\sqrt{x}\mathrm{d}x$；

(3) $\int_{0}^{1}\mathrm{e}^{x}\mathrm{d}x$； (4) $\int_{0}^{1}100^{x}\mathrm{d}x$；

(5) $\int_{0}^{2}(2x-5)\mathrm{d}x$； (6) $\int_{1}^{3}(3x^2-x-1)\mathrm{d}x$；

(7) $\int_{-1}^{1}x^2\sin x\mathrm{d}x$； (8) $\int_{-\pi}^{\pi}|\sin x|\mathrm{d}x$.

2. 设 $f(x)=\begin{cases}x^2-1 & x\leqslant 1\\ \sqrt{x} & x>1\end{cases}$，求 $\int_{0}^{2}f(x)\mathrm{d}x$.

3. 求下列各积分中的参数.

(1) 若 $\int_{0}^{2}(2x+a)\mathrm{d}x=2$，求 a 的值.

(2) 若 $\int_{0}^{b}(2x+1)\mathrm{d}x=6$，求 b 的值.

5.3 定积分的计算

经过上一节的学习，我们知道了，求定积分的关键在于求被积函数的原函数. 在上一章的学习中，我们学会了用换元积分法和分部积分法求函数的原函数. 因此，在一定的条件下，可以用换元积分法和分部积分法来计算定积分.

5.3.1 定积分的换元积分法

定理 3 设函数 $f(x)$ 在区间 $[a,b]$ 上连续，函数 $x=\varphi(t)$ 满足如下条件：

(1) $\varphi(t)$ 在区间 $[\alpha,\beta]$ 上单调，且有连续导数 $\varphi'(t)$；

(2) $\varphi(\alpha)=a,\varphi(\beta)=b$，

则有

$$\int_{a}^{b}f(x)\mathrm{d}x=\int_{\alpha}^{\beta}f[\varphi(t)]\varphi'(t)\mathrm{d}t.$$

以上公式叫作定积分的换元公式，用此公式计算定积分的方法称为定积分的换元积分法.

应用换元公式是有两点需要注意的：(1) 用 $x=\varphi(t)$ 把原来的变量 x 代换成新的变量 t

时，积分上、下限也要换成相应于新变量 t 的积分上、下限；(2) 求出 $f[\varphi(t)]\varphi'(t)$ 的一个原函数 $\Phi(t)$ 后，不必像计算不定积分那样再把 $\Phi(t)$ 变换成原来变量 x 的函数，把新变量 t 的上、下限分别代入 $\Phi(t)$ 中，然后相减就可以了.

例 1 求$\int_0^3 \frac{x}{\sqrt{1+x}}\mathrm{d}x$.

解 令 $t=\sqrt{1+x}$，则 $x=t^2-1, \mathrm{d}x=2t\mathrm{d}t$. 当 $x=0$ 时，$t=1$；当 $x=3$ 时，$t=2$.

$$\begin{aligned}\text{原式}&=\int_1^2 \frac{t^2-1}{t}\cdot 2t\mathrm{d}t\\&=2\int_1^2 (t^2-1)\mathrm{d}t\\&=2\left(\frac{t^3}{3}-t\right)\Big|_1^2=\frac{8}{3}.\end{aligned}$$

例 2 求$\int_1^{\mathrm{e}} \frac{1+\ln x}{x}\mathrm{d}x$.

解 令 $t=1+\ln x$，则 $\mathrm{d}t=\frac{1}{x}\mathrm{d}x$. 当 $x=1$ 时，$t=1$；当 $x=\mathrm{e}$ 时，$t=2$.

$$\text{原式}=\int_1^2 t\mathrm{d}t=\frac{1}{2}t^2\Big|_1^2=\frac{3}{2}.$$

例 3 求$\int_0^{\frac{\pi}{2}} \cos^3 x\sin x\mathrm{d}x$.

解 令 $t=\cos x$，当 $x=0$ 时，$t=1$；当 $x=\frac{\pi}{2}$ 时，$t=0$.

$$\begin{aligned}\text{原式}&=-\int_0^{\frac{\pi}{2}} \cos^3 x\mathrm{d}\cos x\\&=-\int_1^0 t^3\mathrm{d}t=-\frac{1}{4}t^4\Big|_1^0=\frac{1}{4}.\end{aligned}$$

在换元后应注意新变量 t 的上、下限应与原来变量 x 的上、下限保持对应关系.

例 4 求$\int_{-1}^1 (x^3+x\sqrt{1-x^2}+\sqrt{1-x^2})\mathrm{d}x$.

解 因为在$[-1,1]$上 $x^3+x\sqrt{1-x^2}$ 为奇函数，$\sqrt{1-x^2}$ 为偶函数，所以

$$\int_{-1}^1 (x^3+x\sqrt{1-x^2})\mathrm{d}x=0, \int_{-1}^1 \sqrt{1-x^2}\mathrm{d}x=2\int_0^1 \sqrt{1-x^2}\mathrm{d}x$$

于是

$$\text{原式}=\int_{-1}^1 (x^3+x\sqrt{1-x^2})\mathrm{d}x+\int_{-1}^1 \sqrt{1-x^2}\mathrm{d}x=2\int_0^1 \sqrt{1-x^2}\mathrm{d}x$$

令 $x=\sin t(0\leqslant t\leqslant\frac{\pi}{2})$，则 $dx=\cos t dt$. 当 $x=0$ 时，$t=0$；当 $x=1$ 时，$t=\frac{\pi}{2}$. 于是

$$原式=2\int_0^1\sqrt{1-x^2}\,dx=2\int_0^{\frac{\pi}{2}}\sqrt{1-\sin^2 t}\cdot\cos t dt$$

$$=2\int_0^{\frac{\pi}{2}}\cos^2 t dt=\int_0^{\frac{\pi}{2}}(1+\cos 2t)dt$$

$$=(t+\frac{1}{2}\sin 2t)\Big|_0^{\frac{\pi}{2}}=\frac{\pi}{2}.$$

5.3.2 定积分的分部积分法

定理 4 如果函数 $u(x)$、$v(x)$ 在区间 $[a,b]$ 上具有连续导数，则

$$\int_a^b u\,dv=uv\big|_a^b-\int_a^b v\,du.$$

这就是定积分的分部积分公式. 公式表明原函数已经积出的部分可以先用上、下限代入.

例 5 求 $\int_0^1 xe^x dx$.

解
$$原式=\int_0^1 x de^x=xe^x\big|_0^1-\int_0^1 e^x dx=e-\int_0^1 e^x dx=e-e^x\big|_0^1$$

$$=e-(e-1)=1.$$

例 6 求 $\int_1^e x\ln x dx$.

解
$$原式=\frac{1}{2}\int_1^e \ln x dx^2=\frac{1}{2}(x^2\ln x\big|_1^e-\int_1^e x^2 d\ln x)$$

$$=\frac{1}{2}[(e^2-0)-\int_1^e x dx]$$

$$=\frac{1}{2}(e^2-\frac{1}{2}x^2\Big|_1^e)$$

$$=\frac{1}{2}[e^2-(\frac{1}{2}e^2-1)]$$

$$=\frac{1}{4}(e^2+1).$$

习题 5-3

1. 求下列定积分.

(1) $\int_0^1\frac{1}{\sqrt{4+5x}}dx$；　　(2) $\int_0^2\sqrt{4-x^2}\,dx$；

(3) $\int_{-2}^{2}(4x-1)^3\mathrm{d}x$；

(4) $\int_{0}^{\ln 2}(1+\mathrm{e}^x)^2\mathrm{d}x$；

(5) $\int_{1}^{\mathrm{e}}\frac{\ln x}{x}\mathrm{d}x$；

(6) $\int_{1}^{2}\frac{1}{x^2}\mathrm{e}^{\frac{1}{x}}\mathrm{d}x$；

(7) $\int_{0}^{\frac{\pi}{2}}\cos^2 x\mathrm{d}x$；

(8) $\int_{0}^{\frac{\pi}{2}}\cos^3 x\sin x\mathrm{d}x$.

2. 求下列定积分.

(1) $\int_{0}^{\frac{1}{2}}\arcsin x\mathrm{d}x$；

(2) $\int_{0}^{\pi}x\sin x\mathrm{d}x$；

(3) $\int_{0}^{\frac{\pi}{2}}\mathrm{e}^x\sin x\mathrm{d}x$；

(4) $\int_{0}^{1}x^2\mathrm{e}^x\mathrm{d}x$；

(5) $\int_{0}^{e-1}\ln(x+1)\mathrm{d}x$；

(6) $\int_{0}^{1}\ln(x^2+1)\mathrm{d}x$.

*5.4 广义积分

前面所讲定积分的区间是有限的，被积函数是有界的. 实际问题中，有时会遇到积分区间是无限或者被积函数是无界的情形. 为此，有必要将定积分的概念加以推广，得到所谓的广义积分（本书只讨论无穷区间上的广义积分，不研究被积函数在积分区间上无界的情况）.

定义 设函数 $y=f(x)$ 在区间 $[a,+\infty)$ 上连续. 对任意 $u>a$，积分 $\int_{a}^{u}f(x)\mathrm{d}x$ 存在，它是 u 的函数. 极限 $\lim\limits_{u\to+\infty}\int_{a}^{u}f(x)\mathrm{d}x$ 称为 $f(x)$ 在区间 $[a,+\infty)$ 上的广义积分，记作

$$\int_{a}^{+\infty}f(x)\mathrm{d}x=\lim_{u\to+\infty}\int_{a}^{u}f(x)\mathrm{d}x.$$

若这一极限存在，则称广义积分 $\int_{a}^{+\infty}f(x)\mathrm{d}x$ 是收敛的，极限值就是广义积分的值；否则，称为发散的.

同样，函数 $y=f(x)$ 在区间 $(-\infty,b]$ 上连续，极限 $\lim\limits_{v\to-\infty}\int_{v}^{b}f(x)\mathrm{d}x$ 称为 $f(x)$ 在区间 $(-\infty,b]$ 上的广义积分，记作

$$\int_{-\infty}^{b}f(x)\mathrm{d}x=\lim_{v\to-\infty}\int_{v}^{b}f(x)\mathrm{d}x.$$

若这一极限存在，则称广义积分 $\int_{-\infty}^{b}f(x)\mathrm{d}x$ 是收敛的，极限值就是广义积分的值；否则，称为发散的.

又若函数 $y=f(x)$ 在区间 $(-\infty,+\infty)$ 上连续，定义函数 $y=f(x)$ 在区间 $(-\infty,+\infty)$ 上的广义积分：

$$\int_{-\infty}^{+\infty} f(x)\mathrm{d}x = \lim_{v\to-\infty}\int_{v}^{c} f(x)\mathrm{d}x + \lim_{u\to+\infty}\int_{c}^{u} f(x)\mathrm{d}x\ (c\text{ 为任意常数}).$$

若上述两个极限都存在,则广义积分$\int_{-\infty}^{+\infty} f(x)\mathrm{d}x$是收敛的;若其中有一个极限不存在,则称为是发散的.

例 1 求$\int_{1}^{+\infty} \frac{1}{x+\sqrt{x}}\mathrm{d}x$.

解 令 $u=\sqrt{x}$,则 $x=u^2$,$\mathrm{d}x=2u\mathrm{d}u$. 当 $x=1$ 时,$u=1$.

$$\text{原式}=2\int_{1}^{+\infty} \frac{u}{u^2+u}\mathrm{d}u = 2\int_{1}^{+\infty} \frac{1}{u+1}\mathrm{d}u$$

$$=2\lim_{t\to+\infty}\int_{1}^{t} \frac{1}{u+1}\mathrm{d}u = 2\lim_{t\to+\infty} \ln|u+1|\,\Big|_{1}^{t}$$

$$=2\lim_{t\to+\infty}\ln\left|\frac{t+1}{2}\right| = +\infty.$$

故$\int_{1}^{+\infty} \frac{1}{x+\sqrt{x}}\mathrm{d}x$是发散的.

例 2 求$\int_{-\infty}^{+\infty} \frac{1}{x^2+1}\mathrm{d}x$.

解 原式$=\int_{-\infty}^{0} \frac{1}{x^2+1}\mathrm{d}x + \int_{0}^{+\infty} \frac{1}{x^2+1}\mathrm{d}x$

$$=\lim_{v\to-\infty}\int_{v}^{0} \frac{1}{x^2+1}\mathrm{d}x + \lim_{u\to+\infty}\int_{0}^{u} \frac{1}{x^2+1}\mathrm{d}x$$

$$=\lim_{v\to-\infty} \arctan x\,\Big|_{v}^{0} + \lim_{u\to+\infty} \arctan x\,\Big|_{0}^{u}$$

$$=\lim_{v\to-\infty}(-\arctan v) + \lim_{u\to+\infty}\arctan u$$

$$=-\left(-\frac{\pi}{2}\right) + \frac{\pi}{2} = \pi.$$

这个结果从图形上看,就是以曲线$y=\frac{1}{x^2+1}$为曲边,x轴为底边的"无限曲边梯形"的面积是 π.

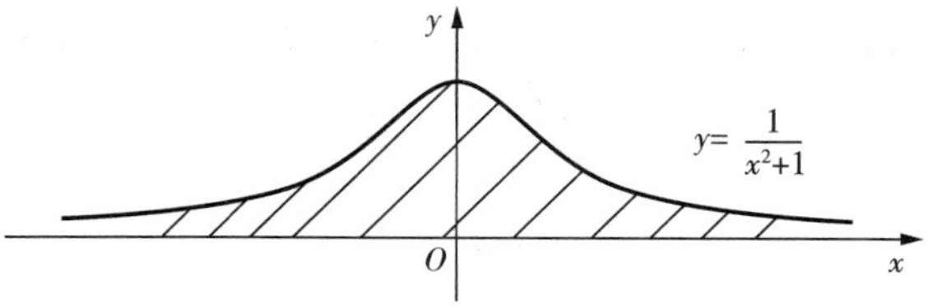

图 5-11

习题 5-4

1. 判断下列广义积分是否收敛. 如果收敛，计算其值.

(1) $\int_{-\infty}^{+\infty}\frac{\mathrm{d}x}{1+x^2}$;　　(2) $\int_{-\infty}^{+\infty}x\mathrm{e}^{-x^2}\mathrm{d}x$;

(3) $\int_{-\infty}^{+\infty}\mathrm{e}^{-x}\mathrm{d}x$;　　(4) $\int_{\mathrm{e}}^{+\infty}\frac{1}{x\ln x}\mathrm{d}x$;

(5) $\int_{1}^{+\infty}\frac{\ln x}{x}\mathrm{d}x$;　　(6) $\int_{0}^{+\infty}\mathrm{e}^{-x}\cos x\mathrm{d}x$.

5.5　定积分的应用

由于定积分的产生有其深刻的实际背景，因此定积分的应用也是非常广泛的. 本节只着重讨论定积分的一些应用.

5.5.1　定积分的微元法

在实际中，我们经常要计算几何量，如曲边梯形的面积等；计算某个物理量，如变速直线运动、变力所做的功等. 这些量的变化过程一般是非均匀的，如曲边梯形的高是变化的，变速直线运动的速度是变化的. 因此，用初等数学知识已无法解决这些问题，我们可用定积分来解决. 然而，利用定积分解决实际问题的关键是，如何把实际问题抽象为定积分问题，建立定积分表达式. 下面先来简单地介绍常用的一种方法 —— 微元法.

什么是微元法？我们不妨回顾一下利用定积分概念解决曲边梯形面积及变速直线运动的路程所采用的方法，即四步法：

“分割、近似代替、求和、取极限”.

设函数 $f(x)$ 在区间 $[a,b]$ 上连续，具体问题中所求的整体量为 U.

(1) 利用“化整为零，以常代变”求出局部量的近似值 —— 微分表达式. 即在区间 $[a,b]$ 上任取一个微小区间 $[x,x+\mathrm{d}x]$，然后写出在这个小区间上的部分量 ΔU 的近似值，记为

$$\mathrm{d}U=f(x)\mathrm{d}x(\text{称为 } U \text{ 的微元}).$$

(2) 利用“积零为整，无限累加”求出整体量的精确值 —— 积分表达式. 即将微元 $\mathrm{d}U$ 在 $[a,b]$ 上无限“累加”，也就是在 $[a,b]$ 上积分，得

$$U=\int_a^b f(x)\mathrm{d}x,$$

上述两步解决问题的方法称为微元法(微元分析法或元素法). 下面利用微元法来讨论定积分在几何上的一些应用.

5.5.2 定积分的几何应用

1.平面图形的面积

由曲线围成的平面图形可分为以下几种情况：

(1) 由曲线 $y=f(x)(f(x)>0)$，$x=a$，$x=b$ 及 x 轴所围成的图形，如图 5-12 所示，其面积微元 $\mathrm{d}A=f(x)\mathrm{d}x$，面积

$$A=\int_a^b f(x)\mathrm{d}x.$$

(2) 由曲线 $y=f(x)(f(x)<0)$，$x=a$，$x=b$ 及 x 轴所围成的图形，如图 5-13 所示，其面积微元 $\mathrm{d}A=-f(x)\mathrm{d}x$，面积

$$A=-\int_a^b f(x)\mathrm{d}x.$$

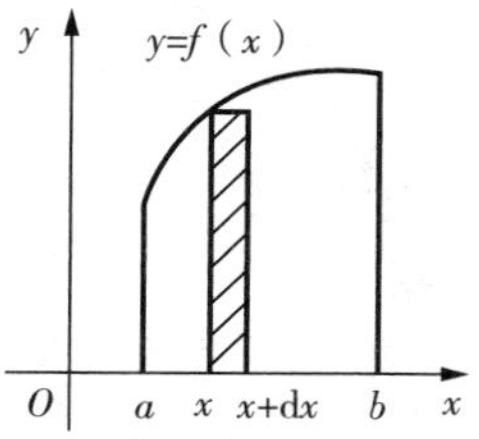

图 5-12

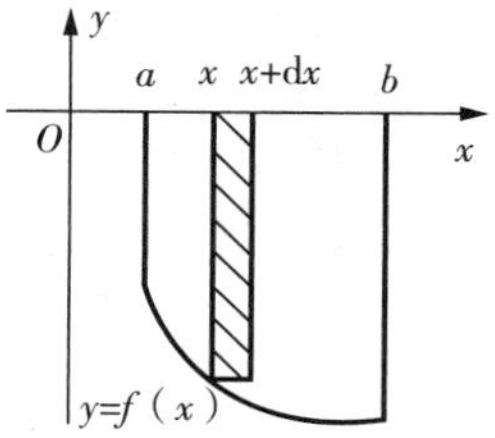

图 5-13

(3) 由上、下两条曲线 $y=f_1(x)$，$y=f_2(x)(f_2(x)\geqslant f_1(x))$ 及 $x=a$，$x=b$ 所围成的图形，如图 5-14 所示，其面积微元 $\mathrm{d}A=[f_2(x)-f_1(x)]\mathrm{d}x$，面积

$$A=\int_a^b [f_2(x)-f_1(x)]\mathrm{d}x.$$

(4) 由左、右两条曲线 $x=g_1(y)$，$x=g_2(y)(g_2(y)\geqslant g_1(y))$ 及 $y=c$，$y=d$ 所围成的图形，如图 5-15 所示，其面积微元 $\mathrm{d}A=[g_2(y)-g_1(y)]\mathrm{d}y$，面积

$$A=\int_c^d [g_2(y)-g_1(y)]\mathrm{d}y.$$

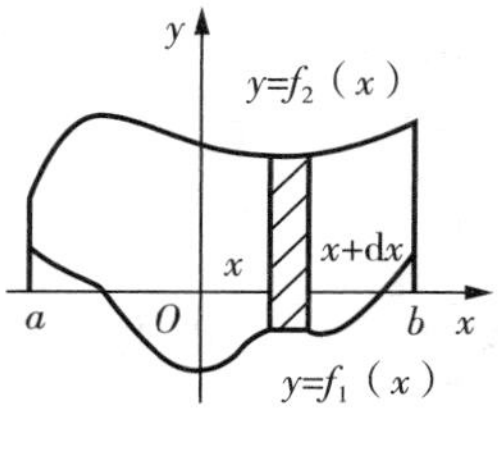

图 5-14

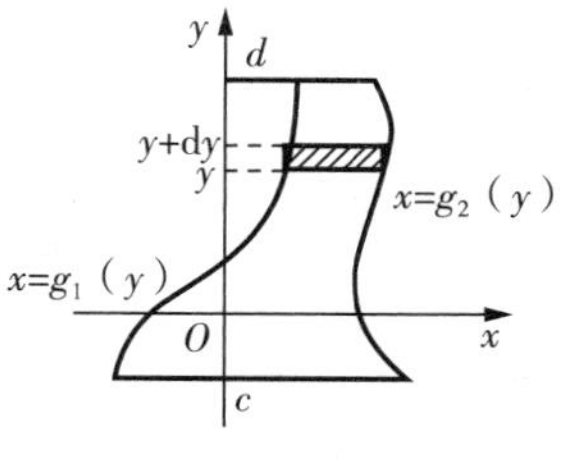

图 5-15

注　这时应取横条矩形为 dA，即取 y 为积分变量.

例 1　求由抛物线 $y=1-x^2$ 与 x 轴所围成的平面图形的面积.

解　如图 5-16 所示，抛物线 $y=1-x^2$ 与 x 轴交点为 $(-1,0)$ 与 $(1,0)$，故面积

$$A=\int_{-1}^{1}(1-x^2)\mathrm{d}x=2\int_{0}^{1}(1-x^2)\mathrm{d}x=2\left(x-\frac{x^3}{3}\right)\Bigg|_0^1=\frac{4}{3}.$$

例 2　求由曲线 $y=x^2$ 与 $y=\sqrt{x}$ 所围成的平面图形面积.

解　如图 5-17 所示，曲线 $y=x^2$ 与 $y=\sqrt{x}$ 的交点为 $(0,0)$，$(1,1)$，故面积

$$A=\int_{0}^{1}(\sqrt{x}-x^2)\mathrm{d}x=\left(\frac{2}{3}x^{\frac{3}{2}}-\frac{1}{3}x^3\right)\Bigg|_0^1=\frac{1}{3}.$$

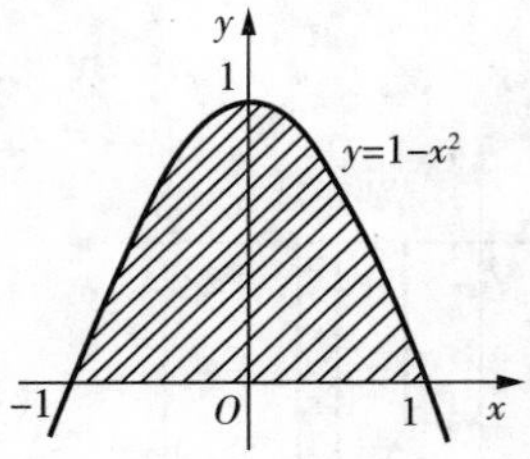

图 5-16

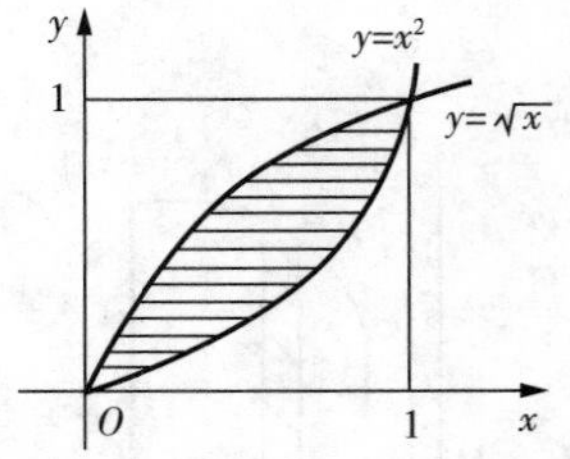

图 5-17

例 3　求抛物线 $y^2=2x$ 与直线 $y=x-4$ 所围成的平面图形面积.

解　由 $\begin{cases}y^2=2x\\ y=x-4\end{cases}$ 得交点 $(2,-2)$，$(8,4)$，如图 5-18 所示.

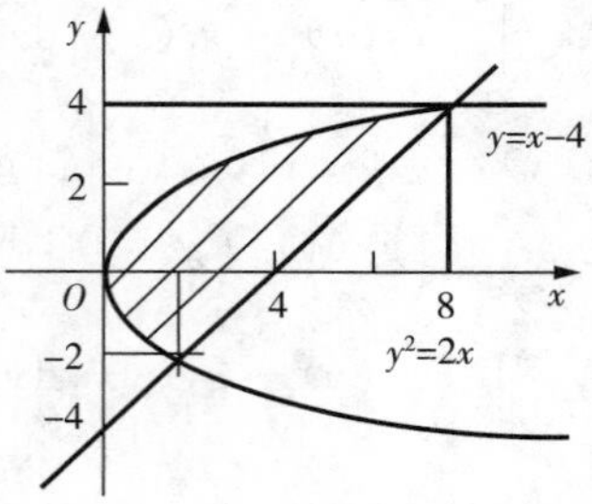

图 5-18

解法一　以 x 为积分变量，则有

$$A=\int_{0}^{2}\left[\sqrt{2x}-(-\sqrt{2x})\right]\mathrm{d}x+\int_{2}^{8}\left[\sqrt{2x}-(x-4)\right]\mathrm{d}x$$

$$=\frac{4\sqrt{2}}{3}x^{\frac{3}{2}}\Bigg|_0^2+\left(\frac{2\sqrt{2}}{3}x^{\frac{3}{2}}-\frac{1}{2}x^2+4x\right)\Bigg|_2^8=18$$

解法二　为简便计算，选取 y 为积分变量，则有

$$y^2=2x \quad \Rightarrow \quad x=\frac{y^2}{2},$$

$$y=x-4 \quad \Rightarrow \quad x=y+4$$

故所求面积

$$A=\int_{-2}^{4}(y+4-\frac{y^2}{2})\mathrm{d}y=(\frac{y^2}{2}+4y-\frac{1}{6}y^3)\Bigg|_{-2}^{4}=18.$$

2.旋转体的体积

旋转体是指平面图形绕着该平面上某直线旋转一周而成的立体，该直线称为旋转轴.

例如圆锥体可以看成是由直角三角形绕着它的一条直角边旋转一周而成的旋转体，球体可以看成半圆绕着它的直径旋转一周而成的旋转体.

一般地说：旋转体总可以看作由平面上的曲边梯形绕着某个坐标轴旋转一周而得到的立体.

如果旋转体是由连续曲线 $y=f(x)$、直线 $x=a$，$x=b(a<b)$ 及 x 轴所围成的曲边梯形绕 x 轴旋转一周而成，如图 5－19 所示，求其体积 V.

取 x 为积分变量，则 $x\in[a,b]$，对于区间 $[a,b]$ 上的任一区间 $[x,x+\mathrm{d}x]$，它所对应的窄曲边梯形绕 x 轴旋转而生成的薄片似的立体的体积近似等于以 $f(x)$ 为底半径，$\mathrm{d}x$ 为高的圆柱体体积. 即体积微元为 $\mathrm{d}V=\pi\,[f(x)]^2\mathrm{d}x$，所求的旋转体的体积为

$$V=\int_a^b \pi y^2\mathrm{d}x=\int_a^b \pi\,[f(x)]^2\mathrm{d}x.$$

类似地，如果旋转体是由连续曲线 $x=\varphi(y)$、直线 $y=c$，$y=d(c<d)$ 及 y 轴所围成的曲边梯形绕 y 轴旋转一周而成，如图 5－20 所示，其体积为

$$V=\int_c^d \pi x^2\mathrm{d}y=\int_c^d \pi\,[\varphi(y)]^2\mathrm{d}y.$$

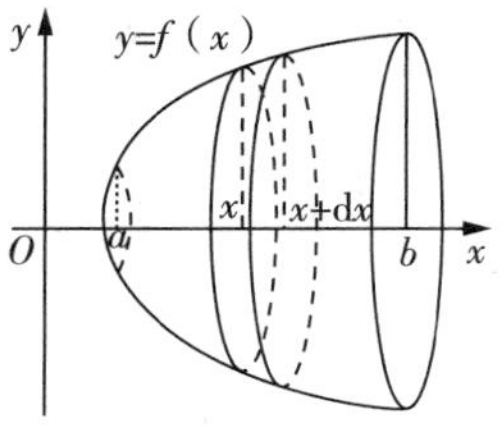

图 5－19

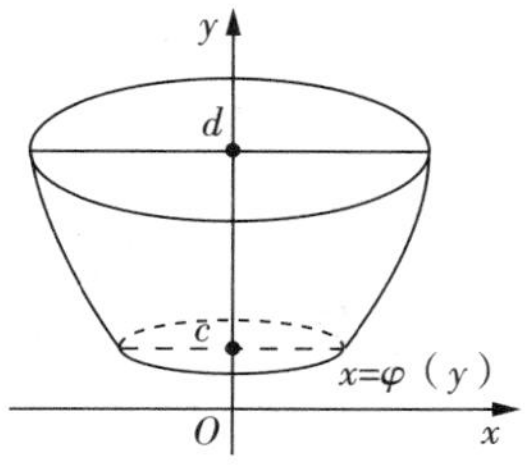

图 5－20

例 4　求由抛物线 $y=x^2$ 与 $y^2=x$ 所围成图形绕 x 轴旋转所得的旋转体的体积.

解　曲线 $y=x^2$ 和 $y^2=x$ 围成平面图形如图 5－21 所示，所求立体体积可以看为两个立体体积之差，即 V_2-V_1. 其中

$$V_1=\int_0^1 \pi y_1^2 \mathrm{d}x=\pi\int_0^1 (x^2)^2 \mathrm{d}x, V_2=\int_0^1 \pi y_2^2 \mathrm{d}x=\pi\int_0^1 (\sqrt{x})^2 \mathrm{d}x,$$

故所求体积为

$$\begin{aligned} V=V_2-V_1&=\pi\int_0^1\left[(\sqrt{x})^2-(x^2)^2\right]\mathrm{d}x \\ &=\pi\int_0^1 (x-x^4)\mathrm{d}x=\pi\left(\frac{1}{2}x^2-\frac{1}{5}x^5\right)\Bigg|_0^1 \\ &=\frac{3}{10}\pi. \end{aligned}$$

例 5　计算由椭圆 $\frac{x^2}{a^2}+\frac{y^2}{b^2}=1$ 所围成的图形分别绕 x 轴及 y 轴旋转所得的旋转体的体积 V_x，V_y.

解　先求绕 x 轴旋转所得的旋转体的体积 V_x，

旋转体可以看作是由半个椭圆 $y=\frac{b}{a}\sqrt{a^2-x^2}$ 及 x 轴围成的图形绕 x 轴旋转而成的立体，如图 5－22 所示. 于是利用旋转体体积的计算公式可求得旋转体的体积为

$$V_x=\int_{-a}^{a}\pi y^2\mathrm{d}x=\int_{-a}^{a}\pi\frac{b^2}{a^2}(a^2-x^2)\mathrm{d}x=\pi\frac{b^2}{a^2}\left(a^2x-\frac{1}{3}x^3\right)\Bigg|_{-a}^{a}=\frac{4}{3}\pi ab^2.$$

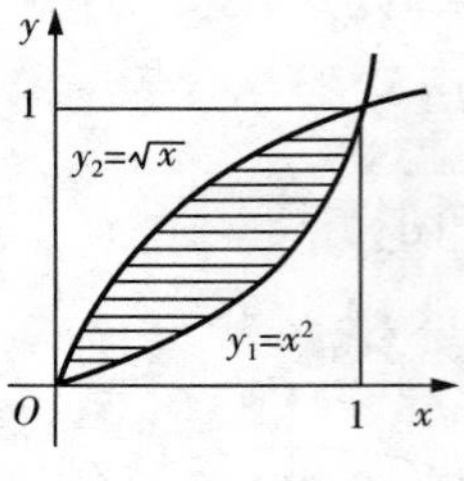

图 5－21

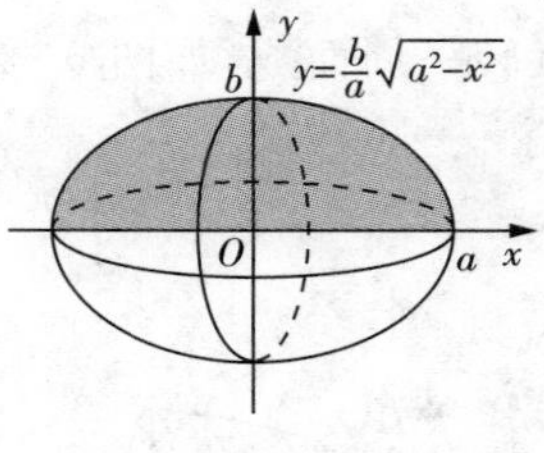

图 5－22

类似地，可以求出绕 y 轴旋转所得的旋转体的体积为

$$V_y=\int_{-b}^{b}\pi x^2\mathrm{d}y=\int_{-b}^{b}\pi\frac{a^2}{b^2}(b^2-y^2)\mathrm{d}y=\pi\frac{a^2}{b^2}\left(b^2y-\frac{1}{3}y^3\right)\Bigg|_{-b}^{b}=\frac{4}{3}\pi a^2b.$$

例 6　求由圆周 $x^2+y^2=25$ 及抛物线 $16x=3y^2$ 所围成在第一象限部分的图形绕 x 轴

旋转所得的旋转体的体积.

解　解方程组$\begin{cases} x^2+y^2=25 \\ 16x=3y^2 \end{cases}$，可求得交点(3,4)，如图5－23所示.

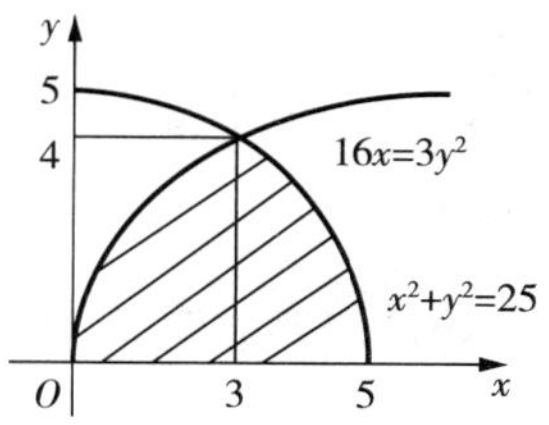

图 5－23

这时把 x 的变化区间[0,5]分成[0,3]及[3,5]两部分来考虑.

在[0,3]上可看作是由抛物线 $y_1=\sqrt{\frac{16}{3}x}$、直线 $x=3$ 及 x 轴绕 x 轴旋转一周所得的旋转体，其体积为

$$V_1=\int_0^3 \pi y_1^2 \mathrm{d}x=\int_0^3 \pi \left[\sqrt{\frac{16}{3}x}\right]^2 \mathrm{d}x=\frac{16}{3}\pi\int_0^3 x\mathrm{d}x=24\pi.$$

在[3,5]上可看作是由圆周 $y_2=\sqrt{25-x^2}$、直线 $x=3$ 及 x 轴绕 x 轴旋转一周所得的旋转体，其体积为 $V_2=\int_3^5 \pi y_2^2 \mathrm{d}x=\int_3^5 \pi\left[\sqrt{25-x^2}\right]^2 \mathrm{d}x=\pi\int_3^5 (25-x^2)\mathrm{d}x=\frac{52}{3}\pi.$

因此，所求图形绕 x 轴旋转所得旋转体的体积为

$$V=V_1+V_2=24\pi+\frac{52}{3}\pi=\frac{124}{3}\pi.$$

5.5.3　定积分的经济应用

1. 经济函数在区间上的改变量

由前面介绍的成本函数、收入函数、利润函数及边际成本、边际收入、边际利润的概念可知，成本函数、收入函数、利润函数的改变量等于以产量(销量)$q\in[a,b]$为变量、各自边际函数在区间$[a,b]$上的定积分，即

(1) $\int_a^b C'(q)\mathrm{d}q=C(b)-C(a)$;

(2) $\int_a^b R'(q)\mathrm{d}q=R(b)-R(a)$;

(3) $\int_a^b L'(q)\mathrm{d}q=L(b)-L(a)$.

例 7　已知某大型机械边际成本为5(万元／个)，边际收入为 $0.2q+20$(万元／个)，求产量 q 从10增加到20个时总成本 $C(x)$、销售收入函数 $R(x)$、利润函数 $L(x)$ 的改变量.

解　由边际成本、边际收入、边际利润之间的关系可知

$$L'(q)=R'(q)-C'(q)=0.2q+15.$$

由上述公式可知

(1)$C(20)-C(10)=\int_{10}^{20}5\mathrm{d}q=50$ 万元；

(2)$R(20)-R(10)=\int_{10}^{20}(0.2q+20)\mathrm{d}q=230$ 万元；

(3)$L(20)-L(10)=\int_{10}^{20}(0.2q+15)\mathrm{d}q=180$ 万元.

2.经济函数在区间上的平均变化率

设某经济函数的变化率为 $f(x)$，则称 $\dfrac{\int_{x_1}^{x_2}f(x)\mathrm{d}x}{x_2-x_1}$ 为该经济函数在时间间隔$[x_1,x_2]$内的平均变化率.

例 8　某银行的利息是连续计算的，利息率是时间 t(单位：年) 的函数：$r(t)=0.04+0.02t$，求它在开始 3 年，即时间间隔$[0,3]$内的平均利息率.

解　由以上公式可知

$$r=\frac{\int_0^3 r(t)\mathrm{d}t}{3-0}=\frac{1}{3}\int_0^3(0.04+0.02t)\mathrm{d}t=0.07.$$

即该银行在开始 3 年内的平均利息率是 0.07.

5.5.4　定积分的其他应用

1.函数的平均值

我们知道：n 个数 $y_1,y_2,\cdots,y_n$ 的算术平均值为

$$\bar{y}=\frac{y_1+y_2+\cdots y_n}{n}=\frac{1}{n}\sum_{i=1}^{n}y_i,$$

而连续函数 $f(x)$ 在区间$[a,b]$上的平均值为

$$\bar{y}=\frac{1}{b-a}\int_a^b f(x)\mathrm{d}x.$$

例 9　设在纯电阻电路中的正弦交流电的电流 $i=I_{\mathrm{m}}\sin\omega t$，其中常数 I_{m} 为电流最大值，ω 为角频率，求电流 i 在半周期区间$[0,\frac{\pi}{\omega}]$的平均值.

解　代入公式得

$$\bar{i}=\frac{1}{\frac{\pi}{\omega}-0}\int_0^{\frac{\pi}{\omega}}I_{\mathrm{m}}\sin\omega t\,\mathrm{d}t=\frac{\omega}{\pi}I_{\mathrm{m}}\int_0^{\frac{\pi}{\omega}}\sin\omega t\,\mathrm{d}t=\frac{\omega}{\pi}I_{\mathrm{m}}\frac{1}{\omega}(-\cos\omega t)\Big|_0^{\frac{\pi}{\omega}}=\frac{2}{\pi}I_{\mathrm{m}}.$$

2.变力所做的功

从物理学知道，如果有一常力 F 作用在一物体上，使物体沿力的方向移动了距离 S，则

力 F 对物体所做的功为

$$W=F\cdot S.$$

如果物体在运动过程中所受的力是变化的，则变力对物体所做的功就要用定积分计算，下面举例说明.

例 10 一圆柱形贮水桶，高为 5m，底面半径为 3m，桶内盛满了水，试问将桶内的水全部吸出需做多少功？

解 如图 5-24 所示，选取坐标系，取深度 x 为积分变量，$x\in[0,5]$，在 $[0,5]$ 内任取一小区间 $[x,x+\mathrm{d}x]$，设薄层水的厚度为 $\mathrm{d}x$.

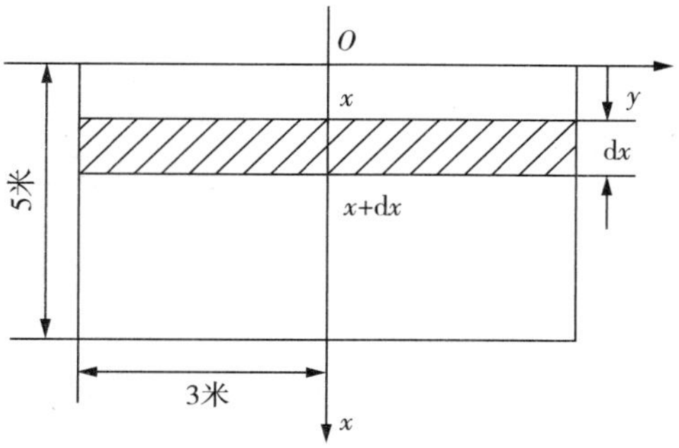

图 5-24

因为薄层的底面积为 $A=9\pi(\mathrm{m}^2)$，薄层的体积为 $9\pi\mathrm{d}x$，水的比重为 $10^3\mathrm{kg/m}^3$，这层薄层水的重量为 $9\pi\times10^3\mathrm{d}x$，把这薄层水吸出桶外，需提升的距离近似为 xm，因此，需做功的近似值，即功的微元为

$$\mathrm{d}W=9.8\times9\times10^3\pi x\mathrm{d}x,$$

于是所做功为

$$W=\int_0^5 9.8\times9\times10^3\pi x\mathrm{d}x=9.8\times9\times10^3\pi\times\frac{1}{2}x^2\Big|_0^5$$

$$\approx9.8\times9\times10^3\times3.14\times\frac{25}{2}\approx3.46\times10^6(\mathrm{J}).$$

3. 液体的压力

根据物理学可知，在液面下深度为 h 处，由液体重量所产生的压强为 $P=\gamma h$（单位面积所受的压力，其中 γ 为液体的比重）. 如果有一面积为 A 的薄板水平放置在深度为 h 处，这时薄板各处所受力均匀，所受压力为 $F=PA=\gamma h\mathrm{A}$. 如果薄板不与水平面平行时，由于在深度不同的地方，水的压强也不同，因此，求薄板所受侧压力问题就需用积分解决. 下面结合具体例子说明如何利用定积分来计算.

例 11　一梯形闸门倒置于水中，两底边长度分别为 $2a,2b(a<b)$，高为 h，水面与闸门顶齐平，试求闸门上所受的压力.

解　取坐标系如图 5-25 所示，则 AB 的方程为：$y=\frac{a-b}{h}x+b$，取水深 x 为积分变量，它的变化区间为 $[0,h]$，在 $[0,h]$ 上任取一小区间 $[x,x+\mathrm{d}x]$，视这个小区间相对应的小梯形上各点处的压强不变，即各点处的压强为 $P=\gamma x$，小梯形上所受压力的近似值，即压力微元为

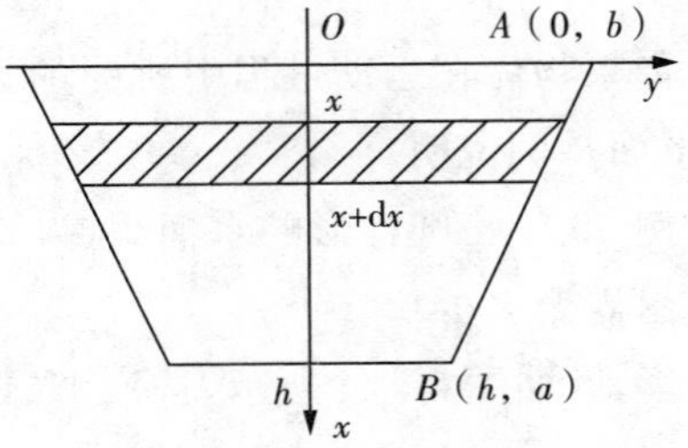

图 5-25

$$\mathrm{d}F=\gamma x\cdot 2y\mathrm{d}x=2\gamma x(\frac{a-b}{h}x+b)\mathrm{d}x,$$

所以闸门上所受的总压力为

$$F=\int_0^h 2\gamma x(\frac{a-b}{h}x+b)\mathrm{d}x=2\gamma(\frac{a-b}{h}\cdot\frac{x^3}{3}+b\cdot\frac{1}{2}x^2)\Big|_0^h$$

$$=2\gamma(\frac{a-b}{3}+\frac{b}{2})h^2=\frac{1}{3}(2a+b)\gamma h^2.$$

习题 5-5

1. 计算下列各题中平面图形的面积.

(1) 曲线 $y=\sqrt{x}$ 与直线 $x=1,x=4,y=0$ 所围成的图形；

(2) 抛物线 $y=x^2$ 与直线 $y=2x$ 所围成的图形；

(3) 抛物线 $y=x^2$ 与直线 $y=2x+3$ 所围成的图形；

(4) 曲线 $y=\frac{1}{x}$ 与直线 $y=x,x=2$ 所围成的图形；

(5) 直线 $y=x,y=2x,y=2$ 所围成的图形；

(6) 抛物线 $y^2=\frac{x}{2}$ 与直线 $x-2y=4$ 所围成的图形.

2. 求下列曲线所围成的图形绕指定轴旋转所得的旋转体体积.

(1) $2x-y+4=0,x=0$ 及 $y=0$，绕 x 轴；

(2) $y=x^2-4,y=0$，绕 x 轴；

(3) $y=x^4,y=x^5$，绕 x 轴；

(4) $y=x^2,y=1$，分别绕 x 轴和 y 轴；

(5) $y^2=x,x^2=y$，绕 y 轴；

(6) $y=x^2,y=x$，分别绕 x 轴和 y 轴.

3. 已知某商品边际成本为5(单位：万元／个)，边际收入为 $10-0.02q$(单位：万元／个)，求产量 q 从20增加到100个时总成本 $C(q)$、销售收入函数 $R(q)$、利润函数 $L(q)$ 的改变量.

4. 某公司运营 t 年所获得利润为 $L(t)$ 元，利润的年变化率为 $L'(t)=90000\sqrt{t}$(元／年)，求利润从第2年初到第4年末，即时间间隔[1,4]内年平均变化率.

5. 一矩形水闸门，宽为20m，高为16m，闸门在水面下2m，闸门的宽与水面平行，求闸门上所受的水压力.

6. 求函数 $f(x)=10+2\sin x+3\cos x$ 在区间 $[0,2\pi]$ 上的平均值.

7. 一物体以速度 $v=3t^2+2t$(m/s)做直线运动，算出它在 $t=0$ 到 $t=3$s 一段时间内的平均速度.

5.6 Mathematica 求解定积分

5.6.1 基本命令

1. 计算定积分的命令：Integrate

求定积分时，其基本格式为

Integrate[f[x],{x,a,b}]

其中 a 是积分下限，b 是积分上限.

例如，输入 Integrate[Sin[x],{x,0,Pi/2}]

输出 1

2. 数值积分基本命令：NIntegrate

用于求定积分的近似值. 其基本格式为

NIntegrate[f[x],{x,a,b}]

例如，输入 NIntegrate[Sin[x^2],{x,0,1}]

输出 0.310268.

5.6.2 实验举例

例 1 求 $\int_0^1 (x-x^2)\mathrm{d}x$.

输入

Integrate[x - x^2,{x,0,1}]

输出

$\frac{1}{6}$.

例 2 求 $\int_0^4 |x-2|\mathrm{d}x$.

输入

```
Integrate[Abs[x] - 2,{x,0,4}]
```

输出

4.

例 3 求$\int_0^1 e^{-x^2}\mathrm{d}x$.

输入

```
Integrate[Exp[- x^2],{x,0,1}]
```

输出

$\frac{1}{2}\sqrt{\pi}$ Erf[1].

其中,Erf 是误差函数,它不是初等函数.改为求数值积分,输入

```
NIntegrate[Exp[- x^2],{x,0,1}]
```

输出

0.746824.

例 4 求曲线 $g(x)=x\sin^2 x(0\leqslant x\leqslant \pi)$ 与 x 轴所围成的图形分别绕 x 轴和 y 轴旋转所成的旋转体的体积.

解 输入

```
Clear[g];
g[x_]=x * Sin[x]^2;
Plot[g[x],{x,0,Pi}]
```

输出的图形如图 5-26 所示.观察 g(x) 的图形.

再输入

```
Integrate[Pi * g[x]^2,{x,0,Pi}]
```

输出

$\frac{1}{64}\pi^2(-15+8\pi^2)$

又输入

```
Integrate[2 Pi * x * g[x],{x,0,Pi}]
```

输出

$\frac{1}{6}\pi^2(-3+2\pi^2)$.

若输入 NIntegrate[2 Pi * x * g[x],{x,0,Pi}],则得到体积的近似值为 27.5349.

注 图 5-26 绕 y 轴旋转一周所生成的旋转体的体积 $V=\int_0^\pi 2\pi x g(x)\mathrm{d}x$.

例 5 设 $f(x)=e^{-(x-2)^2\cos\pi x}$ 和 $g(x)=4\cos(x-2)$,计算两条曲线在区间[0,4]上所围成的平面图形的面积.

解 输入命令

```
Clear[f,g];
f[x_]=Exp[-(x-2)^2Cos[Pi x]];
g[x_]=4Cos[x-2];
Plot[{f[x],g[x]},{x,0,4},PlotStyle->{RGBColor[1,0,0],RGBColor[0,0,1]}]
FindRoot[f[x]==g[x],{x,1.06}]
FindRoot[f[x]==g[x],{x,2.93}]
NIntegrate[g[x]-f[x],{x,1.06258,2.93742}]
```

则输出两函数的图形如图 5－27 所示，及所求面积为 4.17413.

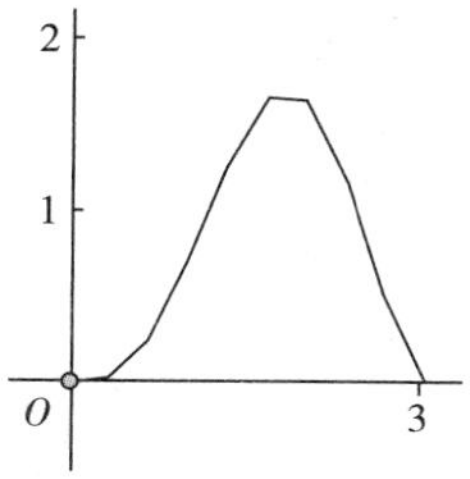

图 5－26

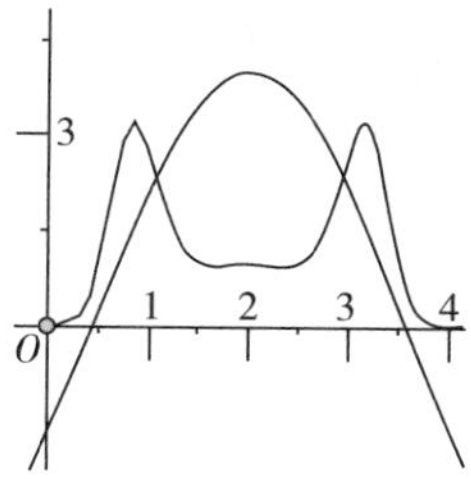

图 5－27

习题 5－6

1. 计算下列定积分.

(1) $\int_0^1 \frac{1}{(11+5x)^2}\mathrm{d}x$； (2) $\int_0^{\frac{\pi}{2}} x\sin x\mathrm{d}x$；

(3) $\int_0^{\pi} \sin^3 x\cos x\mathrm{d}x$； (4) $\int_0^{\frac{1}{2}} \frac{\mathrm{d}x}{\sqrt{1-x^2}}$.

2. 求由曲线 $y=x^2+1$ 和 x 轴、y 轴及 $x=2$ 所围成的曲边梯形的面积.

3. 求由曲线 $y=x^2$ 及 $y^2=x$ 所围成的图形绕 x 轴旋转所得的旋转体的体积.

本章小结

本章主要介绍了定积分的概念、几何意义、性质、求解以及定积分的应用，下面简要总结一下本章的知识点.

1. 函数在某区间上的定积分就是函数在该区间上的和式极限值，可以用“分割、近似代替、求和、取极限”四步得到.

2. 几何意义

(1) 若在区间 $[a,b]$ 上 $f(x)\geqslant 0$，定积分 $\int_a^b f(x)\mathrm{d}x$ 在几何上表示由曲线 $y=f(x)$，直线

$x=a,x=b$ 及 x 轴所围成的曲边梯形的面积；

(2) 若在区间 $[a,b]$ 上 $f(x)\leqslant 0$，定积分 $\int_a^b f(x)\mathrm{d}x$ 在几何上表示上述曲边梯形的面积的相反数；

(3) 若在 $[a,b]$ 上 $f(x)$ 既有正值又有负值，定积分 $\int_a^b f(x)\mathrm{d}x$ 在几何上表示介于曲线 $y=f(x)$，直线 $x=a,x=b$ 及 x 轴之间各部分曲边梯形面积的代数和，位于 x 轴上方部分面积取正号，位于 x 轴下方部分面积取负号.

3. 定积分的性质

(1) 定积分的上限和下限互换位置时，定积分变号；

(2) 两个函数代数和的定积分等于它们定积分的代数和；

(3) 被积函数的常数因子可以提到积分号外面；

(4) 被积函数恒等于 1 时，定积分的值等于积分区间的长度；

(5) 积分上限和下限相等时，定积分的值等于零；

(6) 积分区间的可加性；

(7) 保号性；

(8) 定积分估值定理；

(9) 定积分中值定理.

4. 连续函数 $f(x)$ 的原函数一定存在，其中之一就是变上限的定积分函数 $\Phi(x)=\int_a^x f(t)\mathrm{d}t$.

5. 定积分的计算：

(1) 牛顿-莱布尼兹公式：$\int_a^b f(x)\mathrm{d}x=F(x)\big|_a^b=F(b)-F(a)$；

(2) 定积分的换元积分法：$\int_a^b f(x)\mathrm{d}x=\int_\alpha^\beta f[\varphi(t)]\varphi'(t)\mathrm{d}t$；

(3) 定积分的分部积分公式：$\int_a^b u\mathrm{d}v=uv\big|_a^b-\int_a^b v\mathrm{d}u$.

6. 定积分的应用：

(1) 求平面图形面积：$A=\int_a^b[f_2(x)-f_1(x)]\mathrm{d}x$；

(2) 求旋转体体积：$V=\int_a^b \pi y^2\mathrm{d}x=\int_a^b \pi[f(x)]^2\mathrm{d}x$（绕 x 轴旋转生成）

$V=\int_c^d \pi x^2\mathrm{d}y=\int_c^d \pi[\varphi(y)]^2\mathrm{d}y$（绕 y 轴旋转生成）

(3) 经济函数在区间上的改变量：$\int_a^b C'(q)\mathrm{d}q=C(b)-C(a)$，$\int_a^b R'(q)\mathrm{d}q=R(b)-R(a)$，$\int_a^b L'(q)\mathrm{d}q=L(b)-L(a)$.

复习题 5

一、单项选择

1. 设函数 $f(x)$ 连续，$F(x)=\int_0^x f(2t)\mathrm{d}t$，则 $F'(x)=$(　　).

A. $f(2x)$　　B. $2f(x)$　　C. $-f(2x)$　　D. $-2f(x)$

2. $\frac{\mathrm{d}}{\mathrm{d}x}\int_1^2 \arctan x\mathrm{d}x=$(　　).

A. $\arctan 2-\arctan 1$　　B. $\arctan 2$　　C. $\arctan 1$　　D. 0

3. $\frac{\mathrm{d}}{\mathrm{d}x}\int_0^x \mathrm{e}^{-t}\mathrm{d}t=$(　　).

A. $-\mathrm{e}^x$　　B. $-\mathrm{e}^{-x}$　　C. e^{-x}　　D. e^x

4. $\frac{\mathrm{d}}{\mathrm{d}x}[\int_x^b f(t)\mathrm{d}t]=$(　　).

A. 0　　B. $f(b)-f(x)$　　C. $f(a)$　　D. $-f(x)$

5. 下列广义积分收敛的是(　　).

A. $\int_1^{+\infty}\cos x\mathrm{d}x$　　B. $\int_1^{+\infty}\frac{1}{x^2}\mathrm{d}x$　　C. $\int_1^{+\infty}\ln x\mathrm{d}x$　　D. $\int_1^{+\infty}\mathrm{e}^x\mathrm{d}x$

二、填空题

1. 设可导函数 $f(x)$ 满足条件 $f(0)=1,f(2)=3,f'(2)=5$，则 $\int_0^1 xf''(2x)\mathrm{d}x=$____.

2. $\int_{-\frac{\pi}{2}}^{\frac{\pi}{2}}(\cos x+x)\mathrm{d}x=$____________.

3. $\int_0^1 x(1+\sqrt{x})\mathrm{d}x=$____________.

4. $\int_{-1}^1\frac{\sin x}{\cos^2 x}\mathrm{d}x=$____________.

三、计算题

1. $\int_1^{\mathrm{e}}\frac{\ln^3 x}{x}\mathrm{d}x$；　　2. $\int_0^1 x\mathrm{e}^x\mathrm{d}x$；

3. $\int_1^{\mathrm{e}} x\ln x\mathrm{d}x$；　　4. $\int_1^{\mathrm{e}}\frac{1}{x}\ln x\mathrm{d}x$.

四、设 $f(x)$ 为连续函数，试证明：$\int_1^2 f(3-x)\mathrm{d}x=\int_1^2 f(x)\mathrm{d}x$.

五、(1) 求区间 $[0,\pi]$ 上的曲线 $y=\sin x$ 与 x 轴所围成的图形的面积；

(2) 求(1) 中的平面图形绕 x 轴旋转一周所得旋转体的体积.

第6章 空间解析几何简介

空间解析几何的产生是数学史上一个划时代的成就. 它通过点和坐标的对应,把数学中的两个基本对象"数"和"形"结合起来,使得人们可以用几何方法解决代数问题,也可以用代数方法研究解决几何问题(这是解析几何的基本内容).

本章我们简单介绍空间解析几何的一些基本概念,它们包括空间直角坐标系、空间两点间的距离、空间曲面及其方程等概念. 这些内容对学习多元函数的微积分学做了铺垫作用.

6.1 空间直角坐标系及向量

6.1.1 空间直角坐标系

1. 空间直角坐标系

在空间任取一点 O,过 O 点作三条两两互相垂直且具有相同长度单位的数轴,分别称为 x 轴(横轴)、y 轴(纵轴)、z 轴(竖轴),统称为坐标轴;三条坐标轴的正方向符合右手法则:右手的四指从 x 轴的正方向逆时针旋转 $\frac{\pi}{2}$ 角度到 y 轴正方向,大拇指的指向为 z 轴的正方向,一般将 x 轴和 y 轴放在水平面上,z 轴垂直于水平面,如图 6-1 所示. 点 O 称为坐标原点;任意两条坐标轴所确定的平面称为坐标面,即 xOy、yOz 和 xOz 坐标面,三个坐标面将空间分成八个部分,每一部分称为一个卦限,其中第 Ⅰ、Ⅱ、Ⅲ、Ⅳ 卦限位于 xOy 面的上方,含有 x 轴、y 轴、z 轴正方向的部分为第 Ⅰ 卦限,从第 Ⅰ 卦限开始逆时针依次为第 Ⅱ、Ⅲ、Ⅳ 卦限;第 Ⅴ、Ⅵ、Ⅶ、Ⅷ 卦限位于 xOy 面下方,分别与第 Ⅰ、Ⅱ、Ⅲ、Ⅳ 卦限对应,如图 6-2 所示.

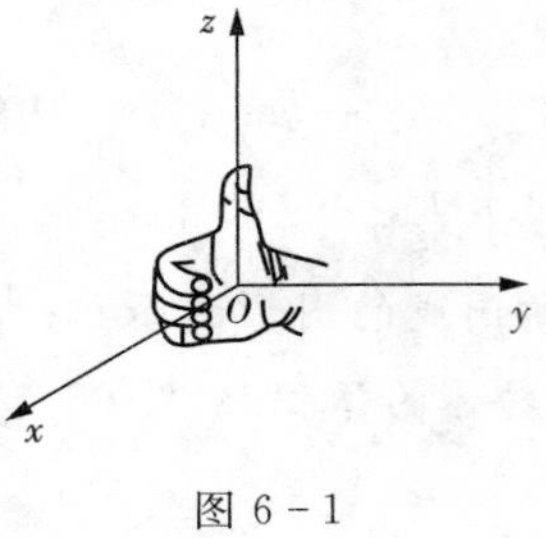

图 6-1

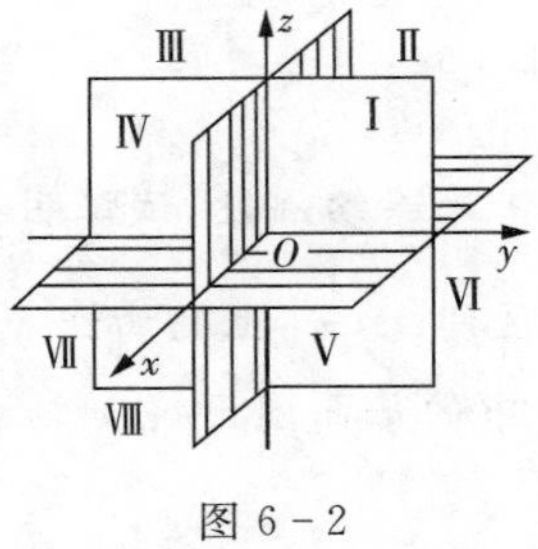

图 6-2

在空间任取一点 M，过点 M 分别做垂直于坐标轴的三个平面，交 x 轴、y 轴、z 轴于点 P、Q、R. 设点 P、Q、R 的坐标分别为 x、y、z，于是点 M 确定唯一的有序三原数组 (x,y,z). 反之，给定一个有序三原数组 (x,y,z)，在 x 轴、y 轴、z 轴上分别确定以 x、y、z 为坐标的三个点 P、Q、R，过这三点分别作垂直于 x 轴、y 轴、z 轴的平面，这三个平面相交于唯一的一点 M，于是，一个有序的三元数组 (x,y,z) 在空间唯一地确定一个点 M（如图 6-3 所示）. 这样，有序三元数组 (x,y,z) 与空间点 M 一一对应，称有序三元数组 (x,y,z) 为点 M 的坐标，记作 $M(x,y,z)$，并称 x、y、z 分别为点 M 的横坐标、纵坐标和竖坐标.

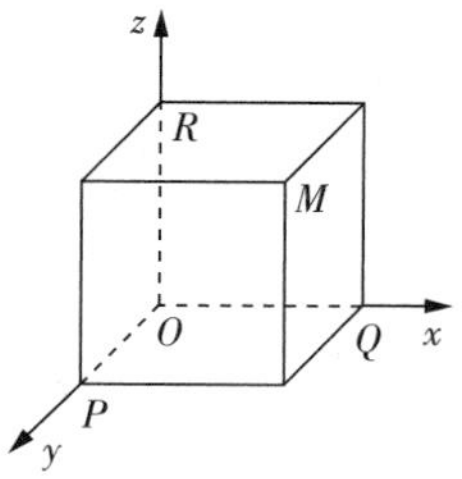

图 6-3

在八个卦限中点的坐标符号情况如下表 6-1（坐标面是卦限的界面，不属于卦限内）.

表 6-1

卦限	点的坐标 (x,y,z)	卦限	点的坐标 (x,y,z)
Ⅰ	(+,+,+)	Ⅴ	(+,+,−)
Ⅱ	(−,+,+)	Ⅵ	(−,+,−)
Ⅲ	(−,−,+)	Ⅶ	(−,−,−)
Ⅳ	(+,−,+)	Ⅷ	(+,−,−)

特别地，坐标原点 O 的坐标为 $(0,0,0)$，x 轴、y 轴、z 轴上的点的坐标分别为 $(x,0,0)$、$(0,y,0)$、$(0,0,z)$，xOy 坐标面、yOz 坐标面和 xOz 坐标面上的点的坐标分别是 $(x,y,0)$、$(0,y,z)$、$(x,0,z)$.

2. 空间两点间的距离

设空间两点 $M_1(x_1,y_1,z_1)$，$M_2(x_2,y_2,z_2)$，求它们之间的距离 $d=|M_1M_2|$. 过点 M_1，M_2 各作三个分别垂直于三条坐标轴的平面，这六个平面围成一个以 M_1M_2 为对角线的长方体（如图 6-4 所示）. 显然

$$d^2=|M_1M_2|^2=|M_1Q|^2+|QM_2|^2 \qquad (\triangle M_1QM_2\text{ 是直角三角形})$$

$$=|M_1P|^2+|PQ|^2+|QM_2|^2 \qquad (\triangle M_1PQ\text{ 是直角三角形})$$

$$=|M_2'P'|^2+|P'M_2'|^2+|QM_2|^2$$

$$=(x_2-x_1)^2+(y_2-y_1)^2+(z_2-z_1)^2,$$

所以

$$d=\sqrt{(x_2-x_1)^2+(y_2-y_1)^2+(z_2-z_1)^2}. \tag{6-1}$$

特殊地，点 $M(x,y,z)$ 到原点 $O(0,0,0)$ 的距离为

$$d=|OM|=\sqrt{x^2+y^2+z^2}. \tag{6-2}$$

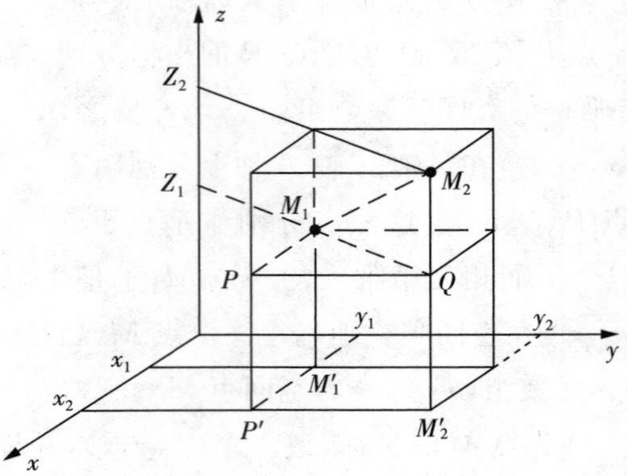

图 6-4

例 1 已知两点 $A(3,2,5)$ 与 $B(-1,-3,6)$，在 x 轴上求一点 M，使 $|AM|=|BM|$.

解 M 在 x 轴上，所以设 M 点的坐标为 $(x,0,0)$. 由公式(6-1)得

$$|AM|=\sqrt{(x-3)^2+(0-2)^2+(0-5)^2}=\sqrt{x^2-6x+38},$$

$$|BM|=\sqrt{(x+1)^2+(0+3)^2+(0-6)^2}=\sqrt{x^2+2x+46}.$$

由题设 $|AM|=|BM|$，于是得

$$\sqrt{x^2-6x+38}=\sqrt{x^2+2x+46}.$$

解得 $x=-1$. 所以点 M 坐标为 $(-1,0,0)$.

例 2 证明 $A(10,-1,6)$、$B(4,1,9)$、$C(2,4,3)$ 三点为顶点的三角形是等腰直角三角形.

证 因为

$$|AB|=\sqrt{(4-10)^2+(1+1)^2+(9-6)^2}=7,$$

$$|AC|=\sqrt{(2-10)^2+(4+1)^2+(3-6)^2}=7\sqrt{2},$$

$$|BC|=\sqrt{(2-4)^2+(4-1)^2+(3-9)^2}=7,$$

则 $|AB|=|BC|$，$|AB|^2+|BC|^2=|AC|^2$. 所以三角形 ABC 为等腰直角三角形.

6.1.2 空间向量及坐标表示

1. 向量的概念

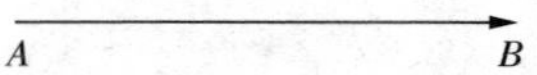

图 6-5

定义 既有大小又有方向的量称为向量，如力、速度、位移等. 通常用有向线段来表示向量，以 A 为起点、B 为终点的有向线段所表示，记为 $\overrightarrow{AB}$（如图 6-5 所示），也可以用一个黑体字母或用一个拉丁字母上面加一个箭头来表示向量，例如向量 $\boldsymbol{a}$、$\boldsymbol{i}$、$\boldsymbol{v}$ 或 $\vec{a}$、$\vec{i}$、$\vec{v}$ 等.

向量 $\boldsymbol{a}$ 的大小称为该向量的模，记作 $|\boldsymbol{a}|$；模等于 1 的向量称为单位向量，与 $\boldsymbol{a}$ 同向的单

位向量记为 $\mathring{\boldsymbol{a}}$；模等于 0 的向量称为零向量，记为 0，其方向不定.

我们规定，两个向量 $\boldsymbol{a}$ 和 $\boldsymbol{b}$ 不论起点是否一致，如果其方向相同、模相等，则称它们是相等的，记为 $\boldsymbol{a}=\boldsymbol{b}$，即经平行移动后，两向量完全相重合. 允许平行移动的向量称为自由向量，本书所讨论的向量均为自由向量.

定义 设有两非零向量 $\boldsymbol{a}$、$\boldsymbol{b}$，以 $\boldsymbol{a}$、$\boldsymbol{b}$ 为边的平行四边形的对角线所表示的向量，称为两向量 $\boldsymbol{a}$ 和 $\boldsymbol{b}$ 的和向量，记作 $\boldsymbol{a}+\boldsymbol{b}$，这就是向量加法的平行四边形法则(如图 6－6 所示).

由图 6－6 可以看出，若以向量 $\boldsymbol{a}$ 的终点作为向量 $\boldsymbol{b}$ 的起点，则由 $\boldsymbol{a}$ 的起点到 $\boldsymbol{b}$ 的终点的向量也是 $\boldsymbol{a}$ 和 $\boldsymbol{b}$ 的和向量. 这是向量加法的三角形法则，这个法则可以推广到任意有限个向量相加的情形.

向量的加法满足以下运算规律：

交换律：$\boldsymbol{a}+\boldsymbol{b}=\boldsymbol{b}+\boldsymbol{a}$；

结合律：$(\boldsymbol{a}+\boldsymbol{b})+\boldsymbol{c}=\boldsymbol{a}+(\boldsymbol{b}+\boldsymbol{c})$.

根据向量加法的三角形法则，若向量 $\boldsymbol{b}$ 加向量 $\boldsymbol{c}$ 等于向 $\boldsymbol{a}$，则称向量 $\boldsymbol{c}$ 为 $\boldsymbol{a}$ 和 $\boldsymbol{b}$ 之差，记为 $\boldsymbol{c}=(\boldsymbol{a}-\boldsymbol{b})$，(如图 6－7 所示).

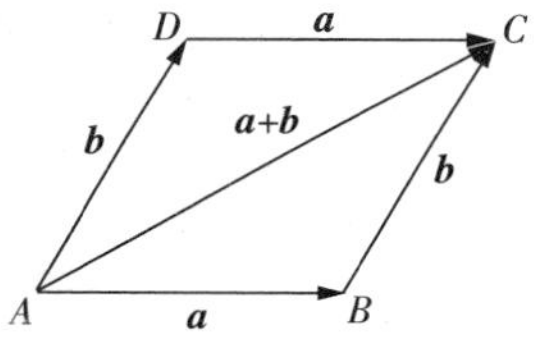

图 6－6

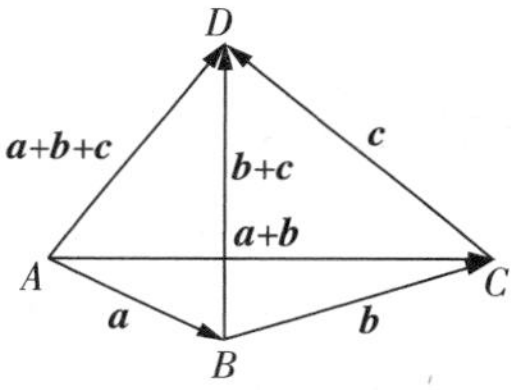

图 6－7

定义 设 $\boldsymbol{a}$ 是非零向量，λ 是非零实数，则 $\boldsymbol{a}$ 与 λ 的乘积仍是一个向量，记作 $\lambda\boldsymbol{a}$，且

(1) $|\lambda\boldsymbol{a}|=|\lambda||\boldsymbol{a}|$；

(2) 当 $\lambda>0$ 时，$\lambda\boldsymbol{a}$ 的方向与 $\boldsymbol{a}$ 相同；当 $\lambda<0$ 时，$\lambda\boldsymbol{a}$ 的方向与 $\boldsymbol{a}$ 相反；如果 $\lambda=0$ 或 $\boldsymbol{a}=0$，规定 $\lambda\boldsymbol{a}=0$.

向量的数乘满足以下运算规律：

结合律：$\lambda(\mu\boldsymbol{a})=\mu(\lambda\boldsymbol{a})=(\lambda\mu)\boldsymbol{a}$；

分配律：$(\lambda+\mu)\boldsymbol{a}=\lambda\boldsymbol{a}+\mu\boldsymbol{a}$，$\lambda(\boldsymbol{a}+\boldsymbol{b})=\lambda\boldsymbol{a}+\lambda\boldsymbol{b}$.

其中，λ、μ 都是数量.

设 $\boldsymbol{a}$ 是非零向量，由数乘向量的定义可知，向量 $\dfrac{\boldsymbol{a}}{|\boldsymbol{a}|}$ 的模等于 1，且与 $\boldsymbol{a}$ 同方向.

2. 向量的坐标表示

在空间直角坐标系中，与 x 轴、y 轴、z 轴的正向同向的单位向量分别记为 $\boldsymbol{i}$、$\boldsymbol{j}$、$\boldsymbol{k}$，称为基本单位向量.

设向量 $\boldsymbol{a}$ 的起点在坐标原点 O，终点为 $P(x,y,z)$，过向量的终点 $P(x,y,z)$ 作三个平面分别垂直于三条坐标轴，设垂足依次为 A、B、C，如图 6－8 所示，则点 A 在 x 轴上的坐标为

x，根据向量与数的乘法运算得向量$\overrightarrow{OA}=x\boldsymbol{i}$；同理，$\overrightarrow{OB}=y\boldsymbol{j}$；$\overrightarrow{OC}=z\boldsymbol{k}$. 于是有

$$\boldsymbol{a}=\overrightarrow{OP}=\overrightarrow{OQ}+\overrightarrow{QP}=\overrightarrow{OA}+\overrightarrow{OB}+\overrightarrow{OC}=x\boldsymbol{i}+y\boldsymbol{j}+z\boldsymbol{k}.$$

称 $\boldsymbol{a}=x\boldsymbol{i}+y\boldsymbol{j}+z\boldsymbol{k}$ 为向量 $\boldsymbol{a}$ 的坐标表示式，记作 $\boldsymbol{a}=\{x,y,z\}$. 其中 x、y、z 分别称为向量 $\boldsymbol{a}$ 的横坐标、纵坐标、竖坐标.

例 3　已知 $\boldsymbol{a}=\overrightarrow{AB}$ 是以 $A(x_1,y_1,z_1)$ 为起点、$B(x_2,y_2,z_2)$ 为终点的向量（如图 6-9 所示），求向量 $\boldsymbol{a}$ 的坐标表示式.

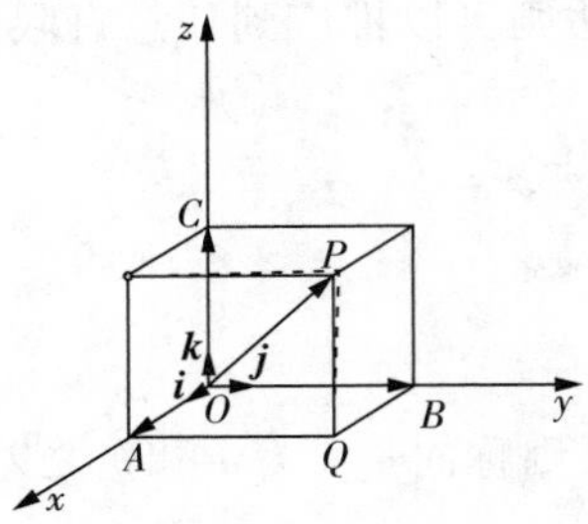

图 6-8

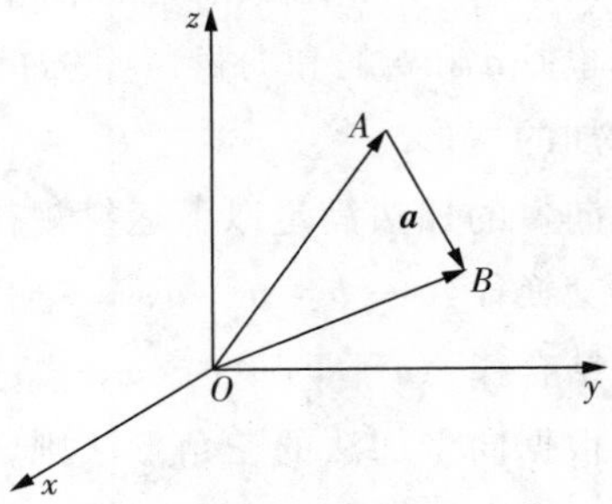

图 6-9

解　$\boldsymbol{a}=\overrightarrow{AB}=\overrightarrow{OB}-\overrightarrow{OA}$

$=(x_2\boldsymbol{i}+y_2\boldsymbol{j}+z_2\boldsymbol{k})-(x_1\boldsymbol{i}+y_1\boldsymbol{j}+z_1\boldsymbol{k})$

$=(x_2-x_1)\boldsymbol{i}+(y_2-y_1)\boldsymbol{j}+(z_2-z_1)\boldsymbol{k}.$

得 $\boldsymbol{a}$ 的坐标依次为 $a_x=x_2-x_1$，$a_y=y_2-y_1$，$a_z=z_2-z_1$.

$\boldsymbol{a}$ 也可以记为

$$\boldsymbol{a}=\{a_x,a_y,a_z\}=\{x_2-x_1,y_2-y_1,z_2-z_1\}. \tag{6-3}$$

例 4　已知 $\boldsymbol{a}=(2,-1,-3)$，$\boldsymbol{b}=(2,1,-4)$，求 $\boldsymbol{a}+\boldsymbol{b}$、$\boldsymbol{a}-\boldsymbol{b}$.

解　$\boldsymbol{a}+\boldsymbol{b}=\{2+2,-1+1,-3+(-4)\}=\{4,0,-7\}$；

$\boldsymbol{a}-\boldsymbol{b}=\{2-2,-1-1,-3-(-4)\}=\{0,-2,1\}$.

6.1.3　向量代数

1. 向量的数量积

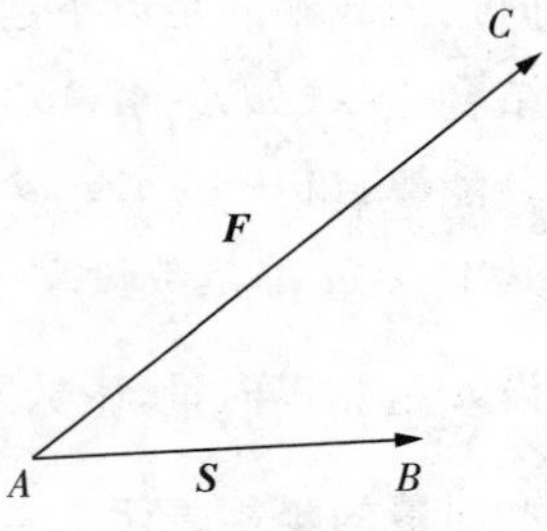

图 6-10

若一物体在常力 $\boldsymbol{F}$ 的作用下，由点 A 沿直线移动到点 B，位移向量 $\boldsymbol{S}=\overrightarrow{AB}$（如图 6-10 所示），则力 $\boldsymbol{F}$ 所做的功为 $W=|\boldsymbol{F}||\boldsymbol{S}|\cos(\widehat{\boldsymbol{F},\boldsymbol{S}})$.

定义　两向量 $\boldsymbol{a}$，$\boldsymbol{b}$ 的模及其夹角余弦的乘积，称为向量的数量积，记作 $\boldsymbol{a}\cdot\boldsymbol{b}$，即

$$\boldsymbol{a}\cdot\boldsymbol{b}=|\boldsymbol{a}||\boldsymbol{b}|\cos(\widehat{\boldsymbol{a},\boldsymbol{b}}),$$

由数量积的定义，上述做功问题可以表示为 $W=\boldsymbol{F}\cdot\boldsymbol{S}$.

数量积满足以下运算规律：

交换律：$\boldsymbol{a}\cdot\boldsymbol{b}=\boldsymbol{b}\cdot\boldsymbol{a}$；

结合律：$(\lambda\boldsymbol{a})\cdot\boldsymbol{b}=\lambda(\boldsymbol{a}\cdot\boldsymbol{b})=\boldsymbol{a}\cdot(\lambda\boldsymbol{b})$（其中 λ 为常数）；

分配律：$\boldsymbol{a}\cdot(\boldsymbol{b}+\boldsymbol{c})=\boldsymbol{a}\cdot\boldsymbol{b}+\boldsymbol{a}\cdot\boldsymbol{c}$.

由数量积的定义可知：

(1)$\boldsymbol{a}\cdot\boldsymbol{a}=|\boldsymbol{a}||\boldsymbol{a}|\cos(\widehat{\boldsymbol{a},\boldsymbol{a}})=|\boldsymbol{a}|^2$；所以，$\boldsymbol{i}\cdot\boldsymbol{i}=\boldsymbol{j}\cdot\boldsymbol{j}=\boldsymbol{k}\cdot\boldsymbol{k}=1$；

(2) 设 $\boldsymbol{a},\boldsymbol{b}$ 为两个非零向量，根据向量的数量积定义，有 $\boldsymbol{a}\perp\boldsymbol{b}\Leftrightarrow\boldsymbol{a}\cdot\boldsymbol{b}=0$；可得：$\boldsymbol{i}\cdot\boldsymbol{j}=\boldsymbol{j}\cdot\boldsymbol{k}=\boldsymbol{k}\cdot\boldsymbol{i}=0$.

数量积的坐标表示式：

设 $\boldsymbol{a}=\{a_x,a_y,a_z\}=a_x\boldsymbol{i}+a_y\boldsymbol{j}+a_z\boldsymbol{k}$；$\boldsymbol{b}=\{b_x,b_y,b_z\}=b_x\boldsymbol{i}+b_y\boldsymbol{j}+b_z\boldsymbol{k}$；则

$$\boldsymbol{a}\cdot\boldsymbol{b}=(a_x\boldsymbol{i}+a_y\boldsymbol{j}+a_z\boldsymbol{k})\cdot(b_x\boldsymbol{i}+b_y\boldsymbol{j}+b_z\boldsymbol{k})=a_xb_x+a_yb_y+a_zb_z. \qquad (6-4)$$

即两向量的数量积等于它们对应坐标乘积之和.

两非零向量夹角余弦的坐标表示式：

设 $\boldsymbol{a}=a_x\boldsymbol{i}+a_y\boldsymbol{j}+a_z\boldsymbol{k}$，$\boldsymbol{b}=b_x\boldsymbol{i}+b_y\boldsymbol{j}+b_z\boldsymbol{k}$ 均为非零向量，由向量的数量积定义可得

$$\cos(\widehat{\boldsymbol{a},\boldsymbol{b}})=\frac{\boldsymbol{a}\cdot\boldsymbol{b}}{|\boldsymbol{a}||\boldsymbol{b}|}=\frac{a_xb_x+a_yb_y+a_zb_z}{\sqrt{a_x{}^2+a_y{}^2+a_z{}^2}\sqrt{b_x{}^2+b_y{}^2+b_z{}^2}}.$$

例 5　已知 $\boldsymbol{a}=\boldsymbol{j}+\boldsymbol{k}$，$\boldsymbol{b}=\boldsymbol{i}+\boldsymbol{j}$，求 $\boldsymbol{a}\cdot\boldsymbol{b}$，$\cos(\widehat{\boldsymbol{a},\boldsymbol{b}})$.

解　$\boldsymbol{a}\cdot\boldsymbol{b}=\{0,1,1\}\cdot\{1,1,0\}=1$

$$\cos(\widehat{\boldsymbol{a},\boldsymbol{b}})=\frac{\boldsymbol{a}\cdot\boldsymbol{b}}{|\boldsymbol{a}||\boldsymbol{b}|}=\frac{1}{\sqrt{0^2+1^2+1^2}\sqrt{1^2+1^2+0^2}}=\frac{1}{2}.$$

2.向量的向量积

定义　称 $|\boldsymbol{a}||\boldsymbol{b}|\sin(\widehat{\boldsymbol{a},\boldsymbol{b}})\mathring{n}$ 为两向量 $\boldsymbol{a},\boldsymbol{b}$ 的向量积，记作 $\boldsymbol{a}\times\boldsymbol{b}$；其中 $\mathring{n}$ 是同时垂直于 $\boldsymbol{a}$ 和 $\boldsymbol{b}$ 的单位向量，其方向按从 $\boldsymbol{a}$ 以不超过 π 的夹角转到 $\boldsymbol{b}$ 的右手规则确定.

由向量积的定义可知，$\boldsymbol{a}\times\boldsymbol{b}$ 的模等于以 $\boldsymbol{a},\boldsymbol{b}$ 为邻边的平行四边形的面积. 向量积满足以下运算规律：

反交换律：$\boldsymbol{a}\times\boldsymbol{b}=-\boldsymbol{b}\times\boldsymbol{a}$；

结合律：$(\lambda\boldsymbol{a})\times\boldsymbol{b}=\lambda(\boldsymbol{a}\times\boldsymbol{b})=\boldsymbol{a}\times(\lambda\boldsymbol{b})$（其中 λ 为常数）；

分配律：$(\boldsymbol{a}+\boldsymbol{b})\times\boldsymbol{c}=\boldsymbol{a}\times\boldsymbol{c}+\boldsymbol{b}\times\boldsymbol{c}$；

$\boldsymbol{a}\times(\boldsymbol{b}+\boldsymbol{c})=\boldsymbol{a}\times\boldsymbol{b}+\boldsymbol{a}\times\boldsymbol{c}$.

由向量积的定义可知：

$\boldsymbol{i}\times\boldsymbol{i}=\boldsymbol{j}\times\boldsymbol{j}=\boldsymbol{k}\times\boldsymbol{k}=0$；$\boldsymbol{i}\times\boldsymbol{j}=\boldsymbol{k}$；$\boldsymbol{j}\times\boldsymbol{k}=\boldsymbol{i}$；$\boldsymbol{k}\times\boldsymbol{i}=\boldsymbol{j}$；$\boldsymbol{j}\times\boldsymbol{i}=-\boldsymbol{k}$；$\boldsymbol{k}\times\boldsymbol{j}=-\boldsymbol{i}$；$\boldsymbol{i}\times\boldsymbol{k}=-\boldsymbol{j}$.

定理 1　两个非零向量 $\boldsymbol{a},\boldsymbol{b}$ 相互平行的充分必要条件是 $\boldsymbol{a}\times\boldsymbol{b}=0$；

向量积的坐标表示式：

设 $\boldsymbol{a}=\{a_x,a_y,a_z\}=a_x\boldsymbol{i}+a_y\boldsymbol{j}+a_z\boldsymbol{k},\boldsymbol{b}=\{b_x,b_y,b_z\}=b_x\boldsymbol{i}+b_y\boldsymbol{j}+b_z\boldsymbol{k}$，则

$$\begin{aligned}\boldsymbol{a}\times\boldsymbol{b}&=(a_x\boldsymbol{i}+a_y\boldsymbol{j}+a_z\boldsymbol{k})\times(b_x\boldsymbol{i}+b_y\boldsymbol{j}+b_z\boldsymbol{k})\\&=a_xb_x\boldsymbol{i}\times\boldsymbol{i}+a_xb_y\boldsymbol{i}\times\boldsymbol{j}+a_xb_z\boldsymbol{i}\times\boldsymbol{k}+a_yb_x\boldsymbol{j}\times\boldsymbol{i}+a_yb_y\boldsymbol{j}\times\boldsymbol{j}\\&\quad+a_yb_z\boldsymbol{j}\times\boldsymbol{k}+a_zb_x\boldsymbol{k}\times\boldsymbol{i}+a_zb_y\boldsymbol{k}\times\boldsymbol{j}+a_zb_z\boldsymbol{k}\times\boldsymbol{k}\\&=(a_yb_z-a_zb_y)\boldsymbol{i}-(a_xb_z-a_zb_x)\boldsymbol{j}+(a_xb_y-a_yb_x)\boldsymbol{k}\end{aligned}$$

例 6 设 $\boldsymbol{a}=\{0,-2,1\},\boldsymbol{b}=\{3,2,3\}$，求 $\boldsymbol{a}\times\boldsymbol{b}$.

解 $\boldsymbol{a}\times\boldsymbol{b}=(-2\times3-1\times2)\boldsymbol{i}-(0\times3-1\times3)\boldsymbol{j}+(0\times2+2\times3)\boldsymbol{k}$

$=-8\boldsymbol{i}+3\boldsymbol{j}+6\boldsymbol{k}.$

习题 6－1

1. 求点 $M(6,3,5)$ 到各坐标面以及各坐标轴的距离.
2. 在 x 轴上求一点 M，使它到点 $A(1,1,3)$ 和 $B(2,3,5)$ 的距离相等.
3. 已知 $\boldsymbol{a}=(3,2,-5),\boldsymbol{b}=(2,5,-2)$，求 $\boldsymbol{a}+\boldsymbol{b}$、$\boldsymbol{a}-\boldsymbol{b}$.
4. 已知 $\boldsymbol{a}=\sqrt{3}\boldsymbol{j}+\boldsymbol{k},\boldsymbol{b}=\boldsymbol{i}+2\boldsymbol{j}$，求 $\boldsymbol{a}\cdot\boldsymbol{b}$、$\cos(\widehat{\boldsymbol{a},\boldsymbol{b}})$.
5. 已知 $\boldsymbol{a}=\{3,2,5\},\boldsymbol{b}=\{6,-3,2\}$，求(1)$\boldsymbol{a}\cdot\boldsymbol{b}$；(2)$\boldsymbol{a}\times\boldsymbol{b}$.

6.2 空间平面与直线及其方程

6.2.1 空间直线一般方程

在空间中，直线可以看作两个平面的交线，即如果两个相交平面的方程分别为 $A_1x+B_1y+C_1z+D_1=0$ 和 $A_2x+B_2y+C_2z+D_2=0$（A_1、B_1、C_1 与 A_2、B_2、C_2 不成比例），则它们的交线是空间直线. 该直线上任意一点的坐标都同时满足这两个平面方程，所以方程组

$$\begin{cases}A_1x+B_1y+C_1z+D_1=0\\A_2x+B_2y+C_2z+D_2=0\end{cases}\tag{6-5}$$

就是这两个平面的交线方程. 方程组(6－5)称为空间直线的一般方程.

与直线平行的非零向量称为该直线的方向向量，记为 $\boldsymbol{s}=\{m,n,p\}$，如果直线 l 的方向向量为 $\boldsymbol{s}=\{m,n,p\}$，且经过点 $M(x,y,z)$，则

$$\frac{x-x_0}{m}=\frac{y-y_0}{n}=\frac{z-z_0}{p}.\tag{6-6}$$

方程(6－6)称为直线的点向式方程(或称标准方程).

若方程(6－6)中其比值为 t，则有

$$\begin{cases} x = x_0 + mt \\ y = y_0 + nt \\ z = z_0 + pt \end{cases} \tag{6-7}$$

方程(6-7)称为直线 l 的参数方程，t 为参数.

例 1 求过点 $M_1(x_1, y_1, z_1)$，$M_2(x_2, y_2, z_2)$ 的直线方程.

解 取$\overrightarrow{M_1M_2}$ 作为直线的方向向量，即

$\boldsymbol{s} = \overrightarrow{M_1M_2} = \{x_2 - x_1, y_2 - y_1, z_2 - z_1\}$. 故所求的直线方程为

$$\frac{x - x_1}{x_2 - x_1} = \frac{y - y_1}{y_2 - y_1} = \frac{z - z_1}{z_2 - z_1}. \tag{6-8}$$

上式也称为直线的两点式方程.

例 2 求过点 $M(1,1,2)$ 且与直线$\begin{cases} x - 2y + z = 0 \\ 2x + 2y + 3z - 6 = 0 \end{cases}$平行的直线.

解 因为 $\boldsymbol{n}_1 = \{1, -2, 1\}$ 与 $\boldsymbol{n}_2 = \{2, 2, 3\}$ 是两平面的法向量. 所以所求直线的方向向量与向量 n_1, n_2 都垂直，即有

$$\boldsymbol{s} = \boldsymbol{n}_1 \times \boldsymbol{n}_2 = -8\boldsymbol{i} - \boldsymbol{j} + 6\boldsymbol{k}.$$

因此，所求直线方程为

$$\frac{x - 1}{-8} = \frac{y - 1}{-1} = \frac{z - 2}{6}.$$

6.2.2 两直线的夹角

定义 在空间中，两直线方向向量的夹角称为两直线的夹角.

定义 设直线 L_1 和 L_2 的方程为

$$\frac{x - x_1}{m_1} = \frac{y - y_1}{n_1} = \frac{z - z_1}{p_1} \text{ 和 } \frac{x - x_2}{m_2} = \frac{y - y_2}{n_2} = \frac{z - z_2}{p_2},$$

则它们的夹角的余弦值

$$\cos\theta = \cos(\boldsymbol{s}_1 \overset{\wedge}{,} \boldsymbol{s}_2) = \frac{\boldsymbol{s}_1 \cdot \boldsymbol{s}_2}{|\boldsymbol{s}_1| \cdot |\boldsymbol{s}_2|}$$

$$= \frac{m_1 m_2 + n_1 n_2 + p_1 p_2}{\sqrt{m_1^2 + n_1^2 + p_1^2} \cdot \sqrt{m_2^2 + n_2^2 + p_2^2}} \tag{6-9}$$

其中 $\theta \in [0, \pi]$.

推论 设直线 L_1 和 L_2 的方程为

$$\frac{x - x_1}{m_1} = \frac{y - y_1}{n_1} = \frac{z - z_1}{p_1} \text{ 和 } \frac{x - x_2}{m_2} = \frac{y - y_2}{n_2} = \frac{z - z_2}{p_2}.$$

(1) 两直线 L_1、L_2 垂直的充要条件是：$m_1m_2+n_1n_2+p_1p_2=0$；

(2) 两直线 L_1、L_2 平行的充要条件是：$\dfrac{m_1}{m_2}=\dfrac{n_1}{n_2}=\dfrac{p_1}{p_2}$.

例 3 求直线 L_1：$\dfrac{x-3}{4}=\dfrac{y+2}{0}=\dfrac{z-1}{-4}$ 和直线 L_2：$\dfrac{x}{-3}=\dfrac{y-1}{-3}=\dfrac{z+1}{0}$ 的夹角.

解 由公式(6－5)可得

$$\cos\theta=\frac{4\times(-3)+0\times(-3)+(-4)\times 0}{\sqrt{4^2+0^2+(-4)^2}\cdot\sqrt{(-3)^2+(-3)^2+0^2}}$$

$$=-\frac{1}{2}.$$

所以 $\theta=\dfrac{2\pi}{3}$.

6.2.3 直线与平面的夹角

定义 直线和它在平面上的投影直线的夹角称为直线与平面的夹角.

设直线 l 与平面 Π 的垂直线的夹角为 θ，l 与 Π 的夹角为 $\alpha=\dfrac{\pi}{2}-\theta$，求直线与平面的夹角，就转化为直线与直线的夹角问题.

设 $\boldsymbol{s}=\{m,n,p\}$，$\boldsymbol{n}=\{A,B,C\}$ 分别是直线 l 的方向向量和平面 Π 的法向量，由两向量夹角的余弦公式，有

$$\sin\alpha=\sin\left(\frac{\pi}{2}-\theta\right)=\cos\theta=\frac{\boldsymbol{s}\cdot\boldsymbol{n}}{|\boldsymbol{s}|\cdot|\boldsymbol{n}|}=\frac{Am+Bn+Cp}{\sqrt{m^2+n^2+p^2}\cdot\sqrt{A^2+B^2+C^2}}.$$

例 4 求平面 $2x+y+z-3=0$ 和直线 $\begin{cases}x+y-5=0\\2x-z+8=0\end{cases}$ 的夹角.

解 直线的方向向量

$$\boldsymbol{s}=\{1,1,0\}\times\{2,0,-1\}=-\boldsymbol{i}+\boldsymbol{j}-2\boldsymbol{k}$$

直线与平面的垂线的夹角的余弦为 $\cos\theta=\dfrac{\boldsymbol{s}\cdot\boldsymbol{n}}{|\boldsymbol{s}|\cdot|\boldsymbol{n}|}=\dfrac{1}{2}$，则

$$\theta=\arccos\frac{1}{2}=\frac{\pi}{3}.$$

因此，平面 $2x+y+z-3=0$ 和直线 $\begin{cases}x+y-5=0\\2x-z+8=0\end{cases}$ 的夹角 $\alpha=\dfrac{\pi}{2}-\theta=\dfrac{\pi}{6}$.

习题 6－2

1. 求过点 $M(3,1,2)$ 且与直线 $\begin{cases}2x-4y+z=0\\2x+3z-6=0\end{cases}$ 平行的直线方程.

2. 求经过点 $M_1(2,4,6)$，$M_2(4,3,-1)$ 的直线方程.

3. 求直线 L_1：$\frac{x-4}{4}=\frac{y+3}{0}=\frac{z-2}{-2}$ 和直线 L_2：$\frac{x}{-3}=\frac{y+1}{-3}=\frac{z+1}{2}$ 的夹角.

4. 求平面 $2x+y+2z-3=0$ 和直线 $\begin{cases}x+y-2z+5=0\\2x-y-3z+8=0\end{cases}$ 的夹角.

6.3 空间曲面与曲线

6.3.1 曲面的方程

在空间直角坐标系中，曲面可看作是按照一定规律运动的点的轨迹，因为空间点要用有序三元数组 (x,y,z) 确定它的位置，所以描述空间点的运动轨迹的方程为三元方程 $F(x,y,z)=0$.

定义 若曲面 $\sum$ 与三元方程 $F(x,y,z)=0$ 满足以下关系：

(1) 曲面 $\sum$ 上任意点的坐标都满足三元方程 $F(x,y,z)=0$；

(2) 不在曲面 $\sum$ 上的任意点的坐标都不满足这个三元方程 $F(x,y,z)=0$；

则称三元方程 $F(x,y,z)=0$ 是曲面 $\sum$ 的方程，曲面 $\sum$ 是三元方程 $F(x,y,z)=0$ 的几何图形.

6.3.2 曲线的方程

空间曲线可以看作是两个曲面的交线，若两个曲面方程为 $F_1(x,y,z)=0$ 和 $F_2(x,y,z)=0$，则它们交线的方程为

$$\begin{cases}F_1(x,y,z)=0\\F_2(x,y,z)=0\end{cases}. \qquad (6-10)$$

方程组(6-10)称为空间曲线的一般方程.

例 1 下列方程组表示什么曲线.

(1) $\begin{cases}x^2+y^2+z^2=36\\z=3\end{cases}$；　(2) $\begin{cases}z=\sqrt{a^2-x^2-y^2}\\(x-\frac{a}{2})^2+y^2=(\frac{a}{2})^2\end{cases}$.

解 (1) $x^2+y^2+z^2=36$ 是球心在原点，半径为 6 的球面. $z=3$ 是平行于 xOy 面的平面，它们的交线是在平面在 $z=3$ 的圆.

(2) 方程 $z=\sqrt{a^2-x^2-y^2}$ 是球心在原点 O，半径为 a 的半球面；方程 $\left(x-\frac{a}{2}\right)^2+y^2=\left(\frac{a}{2}\right)^2$ 表示母线平行于 z 轴的圆柱面，方程组表示半球面与圆柱面的交线.

6.3.3 二次曲面

1. 球面方程

球心在 $M_0(x_0,y_0,z_0)$ 半径为 R 的球面方程，设 $M(x,y,z)$ 是球面上任意一点，则 $|M_0M|=R$，由公式 $d=\sqrt{(x_2-x_1)^2+(y_2-y_1)^2+(z_2-z_1)^2}$ 得

$$|M_0M|=\sqrt{(x-x_0)^2+(y-y_0)^2+(z-z_0)^2},$$

即

$$(x-x_0)^2+(y-y_0)^2+(z-z_0)^2=R^2. \tag{6-11}$$

显然，球面上的点的坐标满足方程(6-11)，不在球面上的点的坐标就不满足这个方程，所以方程(6-11)是满足已知条件的球面方程.

例 2 方程 $x^2+y^2+z^2+4y-2z-4=0$ 表示什么图形.

解 方程可转化为

$$x^2+(y+2)^2+(z-1)^2=3^2.$$

所以原方程表示球心为 $(0,-2,1)$、半径为 3 的球面.

2. 母线平行于坐标轴的柱面方程

定义 动直线 L 沿给定曲线 C 平行移动所形成的曲面称为柱面，动直线 L 称为柱面的母线，定曲线 C 称为柱面的准线.

设 $M(x,y,z)$ 为柱面上的任意一点，过 M 作平行于 z 轴的直线交 xOy 坐标面于点 $M'(x,y,0)$，由柱面定义可知 M' 必在准线 C 上，所以点 M' 的坐标满足曲线 C 的方程 $f(x,y)=0$. 由于方程 $f(x,y)=0$ 不含 z，所以 $M(x,y,z)$ 也满足 $f(x,y)=0$，而不在柱面上的点作平行于 z 轴的直线与 xOy 坐标面的交点必不在曲线 C 上，也就是说不在柱面上的点的坐标不满足方程 $f(x,y)=0$，所以，方程 $f(x,y)=0$ 在空间表示以 xOy 坐标面上的曲线为准线、平行于 z 轴的直线为母线的柱面. 同理，方程 $f(x,z)=0$ 在空间表示以 xOz 坐标面上的曲线为准线、平行于 y 轴的直线为母线的柱面. 方程 $f(y,z)=0$ 在空间表示以 yOz 坐标面上的曲线为准线、平行于 x 轴的直线为母线的柱面.

例 3 分析方程 $x^2+y^2=R^2$ 表示图形形状.

解 方程 $x^2+y^2=R^2$ 在空间表示以 xOy 面上的圆 $x^2+y^2=R^2$ 为准线、母线平行于 z 轴的圆柱面，如图 6-11 所示.

例 4 分析方程 $\frac{x^2}{a^2}-\frac{y^2}{b^2}=1$ 表示图形形状.

解 方程 $\frac{x^2}{a^2}-\frac{y^2}{b^2}=1$ 在空间表示以 xOy 面上双曲线 $\frac{x^2}{a^2}-\frac{y^2}{b^2}=1$ 为准线，母线平行于 z 轴的双曲柱面，如图 6-12 所示.

例 5 分析方程 $x^2=2py(p>0)$ 表示图形形状.

解　方程 $x^2=2py(p>0)$ 在空间表示以 xOy 面上的抛物线 $x^2=2py$ 为准线，母线平行于 z 轴的抛物柱面，如图 6－13 所示.

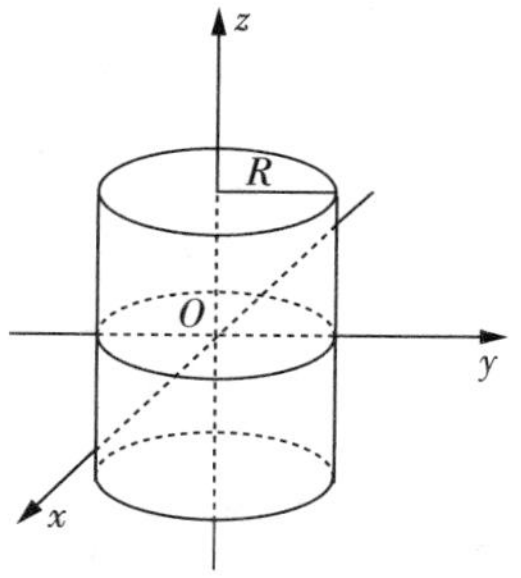

图 6－11

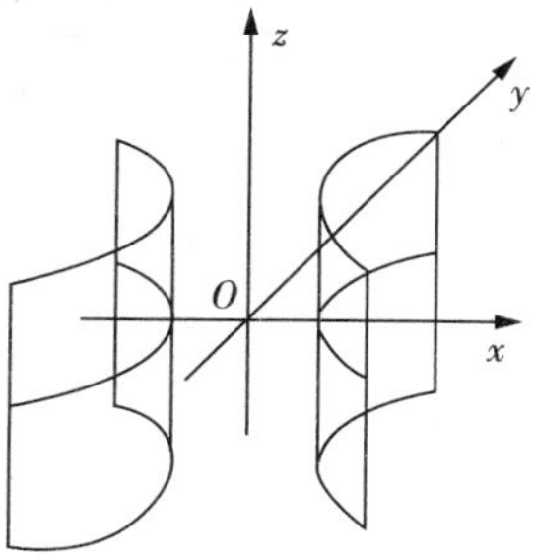

图 6－12

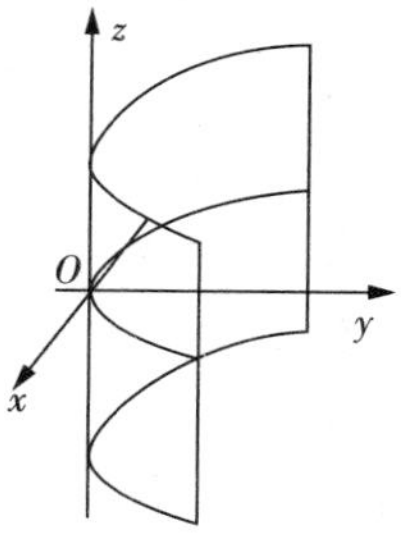

图 6－13

3. 旋转曲面

平面曲线 C 绕同一平面上定直线 L 旋转一周所形成的曲面称为旋转曲面，定直线 L 称为旋转轴.

在 yOz 平面上曲线 $C: f(y,z)=0$，以曲线 C 绕 z 轴旋转一周得到的旋转曲面. 则 $f(\pm\sqrt{x^2+y^2},z)=0$，以曲线 C 绕 y 轴旋转一周得到的旋曲面为 $f(y,\pm\sqrt{x^2+z^2})=0$.

例 6　将下列平面绕指定坐标轴旋转，求所得旋转曲面的方程. (1) 直线 $z=ay(a\neq 0)$，绕 z 轴旋转；(2) 抛物线 $z=ay^2(a\neq 0)$ 绕 z 轴旋转；(3) 椭圆 $\dfrac{x^2}{a^2}+\dfrac{y^2}{b^2}=1$ 绕 x 轴旋转；(4) 椭圆 $\dfrac{x^2}{a^2}+\dfrac{y^2}{b^2}=1$ 绕 y 轴旋转.

解　(1) 因为曲面是坐标面 yOz 上的直线，绕 z 轴旋转，故将 z 保持不变，将 y 换成 $\pm\sqrt{x^2+y^2}$，即 $z^2=a(x^2+y^2)$.

(2) 因为曲面是坐标面 yOz 上的抛物线，绕 z 轴旋转，故将 z 保持不变，将 y 换成 $\pm\sqrt{x^2+y^2}$，即 $z=a(x^2+y^2)$.

(3) 因为曲面是坐标面 xOy 上的椭圆，绕 x 轴旋转，故将 x 保持不变，将 y 换成 $\pm\sqrt{y^2+z^2}$，即 $\dfrac{x^2}{a^2}+\dfrac{y^2}{b^2}+\dfrac{z^2}{b^2}=1$.

(4) 因为曲面是坐标面 xOy 上的椭圆，绕 y 轴旋转，故将 y 保持不变，将 x 换成 $\pm\sqrt{x^2+z^2}$，即 $\dfrac{x^2}{a^2}+\dfrac{y^2}{b^2}+\dfrac{z^2}{a^2}=1$.

习题 6－3

1. 求作以点 $(1,-2,3)$ 为球心，且通过坐标原点的球面方程.

2. 求下列旋转曲面的方程.

(1) 在 xOy 面上的曲线$\frac{x^2}{3}+\frac{y^2}{4}=1$ 分别绕 x 轴、y 轴旋转.

(2) 在 xOz 面上的曲线 $x^2-z^2=1$ 分别绕 x 轴、z 轴旋转.

3. 在空间中,指出下列方程所表示的曲面

(1)$x^2+y^2+z^2=4$;

(2)$x^2=4y$;

(3)$y^2+z^2=4$;

(4) $\frac{x^2}{4}-\frac{y^2}{9}=1$.

本章小结

一、向量的有关定义和性质

1. 向量的概念:具有大小和方向的量.

2. 向量的模:向量的大小(或长度) 设 $A(x_1,y_1,z_1)$,$B(x_2,y_2,z_2)$,则

$$|\overrightarrow{AB}|=\sqrt{(x_2-x_1)^2+(y_2-y_1)^2+(z_2-z_1)^2}.$$

3. 向量的方向余弦设向量 $\boldsymbol{a}=\{x,y,z\}$,则 $\cos\alpha=\frac{x}{\sqrt{x^2+y^2+z^2}}$,$\cos\beta=\frac{y}{\sqrt{x^2+y^2+z^2}}$

$\cos\gamma=\frac{z}{\sqrt{x^2+y^2+z^2}}$,$\mathring{\boldsymbol{a}}=\{\cos\alpha,\cos\beta,\cos\gamma\}$.

二、向量的运算

1. 向量的数量积 $\boldsymbol{a}\cdot\boldsymbol{b}=|\boldsymbol{a}||\boldsymbol{b}|\cos(\boldsymbol{a}\overset{\wedge}{,}\boldsymbol{b})$.

2. 向量的向量积$|\boldsymbol{a}||\boldsymbol{b}|\sin(\boldsymbol{a}\overset{\wedge}{,}\boldsymbol{b})\cdot\boldsymbol{n}$ 为两向量 $\boldsymbol{a}$,$\boldsymbol{b}$ 的向量积,记作 $\boldsymbol{a}\times\boldsymbol{b}$.

三、几类常见的二次曲面及其标准方程

1. 旋转曲面曲线$\begin{cases}f(y,z)=0\\x=0\end{cases}$ 绕 y 轴旋转构成 $f(y,\pm\sqrt{x^2+z^2})=0$.

绕 z 轴旋转构成 $f(\pm\sqrt{x^2+y^2},z)=0$.

2. 球面$(x-a)^2+(y-b)^2+(z-c)^2=R^2$,半径 R,球心(a,b,c).

3. 椭球面$\frac{x^2}{a^2}+\frac{y^2}{b^2}+\frac{z^2}{c^2}=1$,$a,b,c$ 为椭球面的半径.

4. 圆柱面 $x^2+y^2=R^2$,$x^2+z^2=R^2$,$y^2+z^2=R^2$.

5. 椭圆柱面$\frac{x^2}{a^2}+\frac{y^2}{b^2}=1$,$\frac{x^2}{a^2}+\frac{z^2}{c^2}=1$,$\frac{y^2}{b^2}+\frac{z^2}{c^2}=1$.

6. 抛物柱面 $x^2=2py$,$x^2=2pz$;$y^2=2px$,$y^2=2pz$;$z^2=2px$,$z^2=2py$(p 为正数).

7. 双曲柱面$\frac{x^2}{a^2}-\frac{y^2}{b^2}=\pm 1,\frac{x^2}{a^2}-\frac{z^2}{c^2}=\pm 1,\frac{y^2}{b^2}-\frac{z^2}{c^2}=\pm 1$($a,b,c$ 为正数).

8. 圆锥面 $z^2=a^2(x^2+y^2)$,由直线$\begin{cases}z=ax\\y=0\end{cases}$或$\begin{cases}z=ay\\x=0\end{cases}$绕 z 轴旋转而成.

9. 椭圆抛物面 $z=\frac{x^2}{a^2}+\frac{y^2}{b^2},y=\frac{x^2}{a^2}+\frac{z^2}{c^2},x=\frac{y^2}{b^2}+\frac{z^2}{c^2}$($a,b,c$ 为正数).

10. 双曲抛物面 $z=\pm(\frac{x^2}{a^2}-\frac{y^2}{b^2}),y=\pm(\frac{x^2}{a^2}-\frac{z^2}{c^2}),x=\pm(\frac{y^2}{b^2}-\frac{z^2}{c^2})$,($a,b,c$ 为正数).

11. 单叶双曲面$\frac{x^2}{a^2}+\frac{y^2}{b^2}-\frac{z^2}{c^2}=1,\frac{x^2}{a^2}-\frac{y^2}{b^2}+\frac{z^2}{c^2}=1,-\frac{x^2}{a^2}+\frac{y^2}{b^2}+\frac{z^2}{c^2}=1$.

12. 双叶双曲面$\frac{x^2}{a^2}+\frac{y^2}{b^2}+\frac{z^2}{c^2}=-1,\frac{x^2}{a^2}-\frac{y^2}{b^2}+\frac{z^2}{c^2}=-1,-\frac{x^2}{a^2}+\frac{y^2}{b^2}+\frac{z^2}{c^2}=1$.

四、平面的表示

1. 点法式方程形式 $A(x-x_0)+B(y-y_0)+C(z-z_0)=0$.

2. 一般式 $Ax+By+Cz+D=0$.

3. 三点式方程$\begin{vmatrix}x-x_1 & y-y_1 & z-z_1\\x_2-x_1 & y_2-y_1 & z_2-z_1\\x_3-x_1 & y_3-y_1 & z_3-z_1\end{vmatrix}=0$.

4. 截距式$\frac{x}{a}+\frac{y}{b}+\frac{z}{c}=1$.

五、直线的表示

1. 参数式方程$\begin{cases}x=x_0+mt\\y=y_0+nt\\z=z_0+pt\end{cases}$.

2. 标准方程(对称式)$\frac{x-x_0}{m}=\frac{y-y_0}{n}=\frac{z-z_0}{p}$.

3. 一般式方程$\begin{cases}A_1x+B_1y+C_1z+D=0\\A_2x+B_2y+C_2z+D=0\end{cases}$.

4. 两点式方程$\frac{x-x_1}{x_2-x_1}=\frac{y-y_1}{y_2-y_1}=\frac{z-z_1}{z_2-z_1}$.

习题 6

1. 求点 $M(-3,4,-5)$ 到各坐标面以及各坐标轴的距离.

2. 在 x 轴上求一点 M,使它到点 $A(2,-1,3)$ 和 $B(-2,3,-4)$ 的距离相等.

3. 已知 $\boldsymbol{a}=(-6,1,-5),\boldsymbol{b}=(-2,4,-1)$,求 $\boldsymbol{a}+\boldsymbol{b}$、$\boldsymbol{a}-\boldsymbol{b}$.

4. 已知 $\boldsymbol{a}=2\boldsymbol{j}+\boldsymbol{k},\boldsymbol{b}=\boldsymbol{i}-2\boldsymbol{j}$,求 $\boldsymbol{a}\cdot\boldsymbol{b}$、$\cos(\widehat{\boldsymbol{a},\boldsymbol{b}})$.

5. 已知 $\boldsymbol{a}=\{-3,-2,5\}$，$\boldsymbol{b}=\{3,-1,-2\}$，求(1)$\boldsymbol{a}\cdot\boldsymbol{b}$；(2)$\boldsymbol{a}\times\boldsymbol{b}$.

6. 求过点 $M(-3,1,2)$ 且与直线$\begin{cases}2x-2y+z=0\\2x+3z-4=0\end{cases}$平行的直线.

7. 求经过点 $M_1(1,4,5)$，$M_2(4,2,-1)$ 的直线方程.

8. 求直线 L_1：$\dfrac{x-3}{2}=\dfrac{y+3}{-3}=\dfrac{z-2}{-2}$ 和直线 L_2：$\dfrac{x}{-3}=\dfrac{y-1}{3}=\dfrac{z+1}{2}$ 的夹角.

9. 求平面 $x+y+2z-3=0$ 和直线$\begin{cases}x-y-3z+5=0\\2x+y-2z+8=0\end{cases}$的夹角.

10. 求作以点 $(1,4,5)$ 为球心，且通过坐标原点的球面方程.

11. 求下列旋转曲面的方程

(1) 在 xOy 面上的曲线$\dfrac{x^2}{4}+\dfrac{y^2}{9}=1$ 分别绕 x 轴、y 轴旋转；

(2) 在 xOz 面上的曲线 $x^2-4z^2=1$ 分别绕 x 轴、z 轴旋转.

12. 在空间中，指出下列方程所表示的曲面：

(1)$x^2+y^2+4z^2=1$；

(2)$x^2=9z$；

(3)$y^2+4z^2=1$；

(4) $\dfrac{x^2}{4}-y^2=1$.

第7章 多元函数微积分

第4章研究了一元函数微积分学，利用这些知识，可以解决直线上质点运动的速度和加速度，曲线的切线的斜率，可以判断函数的单调性和极值、最值等问题．这些都是单变量模型，考虑到实际问题中还需要考虑更多的因素，这样就有引入多元函数的微分学的必要性．

多元函数微分学是一元函数的微分学的推广，所以多元函数微分学与一元函数微分学有许多相似的地方，学习过程中还要结合多元函数的一些特性．

7.1 多元函数极限及连续

7.1.1 多元函数的概念

1．二元函数的定义

例1 圆柱的体积 V 和它的底面半径 r，高 h 之间的关系为 $V=\pi r^2 h$，其中 V,r,h 是三个变量，当 r,h 在一定范围 $(r>0,h>0)$ 内取定一对数值 (r_0,h_0) 时，根据给定的关系，就有一个确定的值 $V_0=\pi r_0^2 h_0$ 与之相对应，由此可以概括出多元函数的定义．

定义 设 x,y,z 是三个变量，如果当变量 x,y 在一定范围内任意取定一对数值时，变量 z 按照一定的法则 f 总有确定的数值与之对应，则称变量 z 是变量 x,y 的二元函数，记为 $z=f(x,y)$．其中 x,y 称为自变量，z 称为因变量．自变量 x,y 的取值范围称为函数的定义域．

二元函数在点 (x_0,y_0) 所取得的函数值记为 $z\big|_{\substack{x=x_0\\y=y_0}}$，$z\big|_{(x_0,y_0)}$ 或 $f(x_0,y_0)$．

例2 设函数 $z=\sin(xy)+\sqrt{1+y^2}$，试求 $z\big|_{(\frac{\pi}{2},1)}$．

解 $z\big|_{(\frac{\pi}{2},1)}=\sin(\frac{\pi}{2}\cdot 1)+\sqrt{1+1^2}=1+\sqrt{2}$．

类似地，可以定义三元函数 $u=f(x,y,z)$ 以及 n 元函数．二元函数以及二元以上的函数统称为多元函数．若 x 表示数轴上点 P，则一元函数 $y=f(x)$ 可以表示为 $y=f(P)$；数组 (x,y,z) 表示空间一点 P，所以三元函数 $u=f(x,y,z)$ 可以表示为 $u=f(P)$，(x,y,z) 称为点 P 的坐标，以点 P 表示自变量的函数称为点函数．这样不论是一元函数还是多元函数都可以统一地表示为点 P 的函数 $u=f(P)$．

2．二元函数的定义域

与一元函数类似，二元函数的两要素也是定义域和对应法则．其定义域就是使式子有

意义的自变量的取值范围. 二元函数的定义域比较复杂，它可以是一个点，也可以是一条曲线，也可以是几条曲线所围成的部分，也可以是整个平面. 由曲线围成的部分平面或整个平面称为区域；围成区域的曲线称为该区域的边界；其中不包括边界的区域称为开区域，包括边界的区域称为闭区域. 以点 $P_0(x_0,y_0)$ 为中心，δ 为半径的圆内所有点的集合是 $\left\{(x,y)\,\middle|\,\sqrt{(x-x_0)^2+(y-y_0)^2}<\delta\right\}$ 称为点 P_0 的 δ 邻域，记作 $U(P_0,\delta)$.

如果一个区域可以被包含在原点的某个邻域内，则称该区域为有界区域，否则称为无界区域.

例 3 求下列函数的定义域 D，并画出 D 的图形.

(1) $z=\ln\sqrt{4-x^2-y^2}$； (2) $z=\arccos(x+y)$.

解 (1) 要使函数有意义，应有 $4-x^2-y^2>0$，即 $x^2+y^2<4$.

所以函数的定义域为(如图 7-1)：$D=\{(x,y)\,|\,x^2+y^2<4\}$.

(2) 要使函数有意义，应有 $|x+y|\leqslant 1$，即 $-1\leqslant x+y\leqslant 1$.

所以函数的定义域为(如图 7-2)：$D=\{(x,y)\,|\,-1\leqslant x+y\leqslant 1\}$.

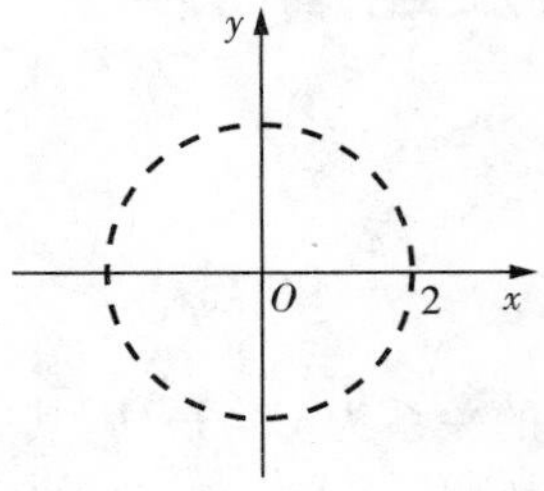

图 7-1

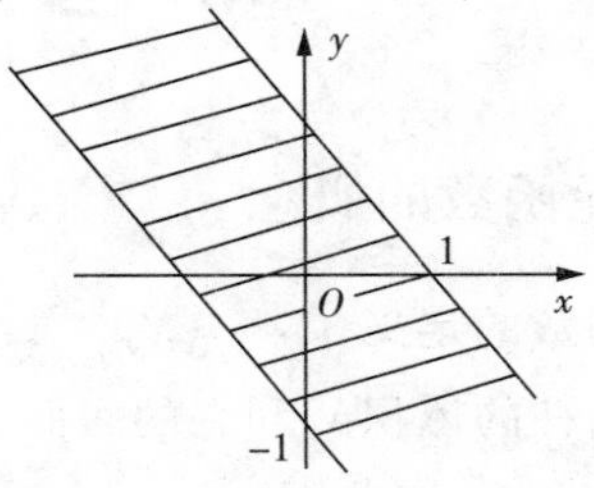

图 7-2

3. 二元函数的几何意义

设 $P(x,y)$ 是二元函数 $z=f(x,y)$ 的定义域 D 内任意一点，则相应的函数值为 $z=f(x,y)$，有序数组 x,y,z 确定了空间内一点 $M(x,y,z)$，称点的集合 $\{(x,y,z)\,|\,z=f(x,y),(x,y)\in D\}$ 为二元函数 $z=f(x,y)$ 的图形，它通常是一张曲面 $\sum$，定义域 D 就是曲面 $\sum$ 在 xOy 面上的投影区域(如图 7-3).

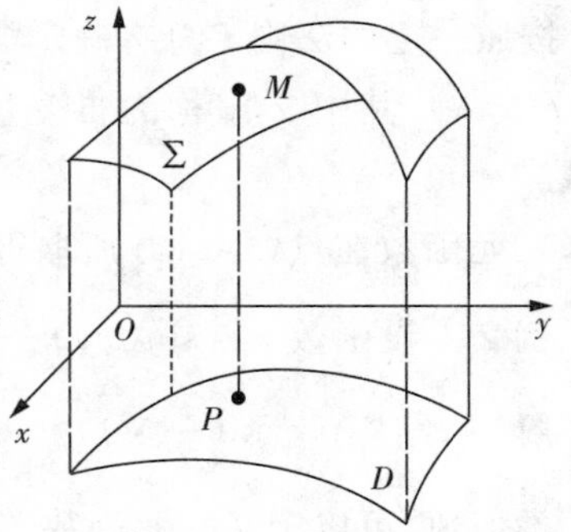

图 7-3

7.1.2 二元函数的极限与连续

1. 二元函数的极限

定义 设二元函数 $z=f(x,y)$ 在点 $P_0(x_0,y_0)$ 的某一邻域内有定义(点 P_0 可以除外)，如果当点 $P(x,y)$ 沿任意路径趋于点 $P_0(x_0,y_0)$ 时，函数 $z=f(x,y)$ 总无限趋于常数 A，则称 A 为函数 $z=f(x,y)$ 当 $(x,y)\to(x_0,y_0)$ 时的

极限，记$\lim\limits_{\substack{x\to x_0\\y\to y_0}}f(x,y)=A$或$\lim\limits_{P\to P_0}f(P)=A$.

例4 求$\lim\limits_{\substack{x\to 0\\y\to 0}}\dfrac{2-\sqrt{xy+4}}{xy}$.

解
$$\lim_{\substack{x\to 0\\y\to 0}}\frac{2-\sqrt{xy+4}}{xy}=\lim_{\substack{x\to 0\\y\to 0}}\frac{(2-\sqrt{xy+4})(2+\sqrt{xy+4})}{xy(2+\sqrt{xy+4})}$$
$$=\lim_{\substack{x\to 0\\y\to 0}}\frac{-xy}{xy(2+\sqrt{xy+4})}=\lim_{\substack{x\to 0\\y\to 0}}\frac{-1}{2+\sqrt{xy+4}}=-\frac{1}{4}.$$

例5 试求$\lim\limits_{\substack{x\to 0\\y\to 0}}\dfrac{xy}{x^2+y^2}$是否存在.

解 设$y=kx(k\neq 0)$，则当$x\to 0$时，有
$$\lim_{\substack{x\to 0\\y\to 0}}\frac{xy}{x^2+y^2}=\lim_{\substack{x\to 0\\y\to 0}}\frac{kx^2}{x^2(1+k^2)}=\frac{k}{1+k^2}.$$
当k取不同的值时，$\dfrac{k}{1+k^2}$的值也不同，故$\lim\limits_{\substack{x\to 0\\y\to 0}}\dfrac{xy}{x^2+y^2}$不存在.

2.二元函数的连续性

定义 设函数$z=f(x,y)$在点$P_0(x_0,y_0)$的某一邻域内有定义.如果$\lim\limits_{\substack{x\to x_0\\y\to y_0}}f(x,y)=f(x_0,y_0)$，则称函数$z=f(x,y)$在$P_0(x_0,y_0)$处连续.如果函数$z=f(x,y)$在区域$D$内每一点都连续，则称函数$z=f(x,y)$在区域内连续；如果函数$z=f(x,y)$在点$P_0(x_0,y_0)$处不连续，则称点$P_0(x_0,y_0)$是函数$z=f(x,y)$的间断点.

二元函数的和、差、积、商(分母不为零)及复合函数仍是连续函数，因此二元初等函数在其定义域内连续.于是，初等函数$f(x,y)$在其定义域范围内总满足：
$$\lim_{\substack{x\to x_0\\y\to y_0}}f(x,y)=f(x_0,y_0).$$

例6 求$\lim\limits_{\substack{x\to 3\\y\to 5}}\dfrac{x+y}{xy}$.

解 因为函数$f(x,y)=\dfrac{x+y}{xy}$是二元初等函数，且函数在点(3,5)处有定义，则
$$\lim_{\substack{x\to 3\\y\to 5}}\frac{x+y}{xy}=f(3,5)=\frac{8}{15}.$$

3.有界闭区域上连续函数的性质

性质1 (最值定理) 在有界闭区域上连续的二元函数，在该区域上一定有最大值和最小值.

性质2 (介值定理) 在有界闭区域上连续的二元函数，必能取得介于函数的最大值与最小值之间的任何值.

以上关于二元函数极限与连续的讨论可以推广到三元及三元以上的函数.

习题 7-1

1. 求下列函数的定义域.

(1) $z=\sqrt{4-x^2}+\sqrt{y^2-1}$；　　(2) $z=\sqrt{1-\frac{x^2}{4}-\frac{y^2}{9}}$；

(3) $z=\ln(x+y)+\ln y$；　　(4) $z=\arcsin\frac{x^2+y^2}{9}$.

2. 已知 $f(x-y,xy)=x^2+y^2$，试求 $f(x,y)$.

3. 求下列函数的极限.

(1) $\lim\limits_{\substack{x\to 0\\ y\to 0}}\frac{1-\sqrt{xy+1}}{xy}$；　　(2) $\lim\limits_{\substack{x\to 0\\ y\to 0}}\frac{\sin(xy)}{x}$.

4. 求下列函数的间断点.

(1) $z=\sin\frac{1}{xy}$；　　(2) $z=\frac{y^2+x}{y^2-2x}$.

7.2 二元函数偏导数与极值

7.2.1 偏导数

1. 偏导数的概念

在一元函数中，我们讨论过函数对自变量的变化率问题. 对于二元函数，也需要研究函数对某一个自变量的变化率问题，从而引入了偏导数的概念.

定义　设函数 $z=f(x,y)$ 在点 (x_0,y_0) 的某领域内有定义，固定 $y=y_0$，而 x 在 x_0 时取得增量 Δx，函数 z 相应取得增量(称为偏增量)：$\Delta_x z=f(x_0+\Delta x,y_0)-f(x_0,y_0)$.

如果极限 $\lim\limits_{\Delta x\to 0}\frac{\Delta_x z}{\Delta x}=\lim\limits_{\Delta x\to 0}\frac{f(x_0+\Delta x,y_0)-f(x_0,y_0)}{\Delta x}$ 存在，则称此极限值为函数 $z=f(x,y)$ 在点 (x_0,y_0) 处对 x 的偏导数，记作

$$\frac{\partial z}{\partial x}\Big|_{\substack{x=x_0\\ y=y_0}},\frac{\partial f}{\partial x}\Big|_{\substack{x=x_0\\ y=y_0}},z'_x\Big|_{\substack{x=x_0\\ y=y_0}}\text{或 } f'_x(x_0,y_0).$$

同理，函数 $z=f(x,y)$ 在点 (x_0,y_0) 处对 y 的偏导数定义为

$$\lim_{\Delta y\to 0}\frac{\Delta_y z}{\Delta y}=\lim_{\Delta y\to 0}\frac{f(x_0,y_0+\Delta y)-f(x_0,y_0)}{\Delta y}.$$

记作 $\frac{\partial z}{\partial y}\Big|_{\substack{x=x_0\\ y=y_0}},\frac{\partial f}{\partial y}\Big|_{\substack{x=x_0\\ y=y_0}},z'_y\Big|_{\substack{x=x_0\\ y=y_0}}$ 或 $f'_y(x_0,y_0)$.

如果对区域 D 内任意一点 (x,y) 极限 $\lim\limits_{\Delta x\to 0}\frac{f(x+\Delta x,y)-f(x,y)}{\Delta x}$ 和 $\lim\limits_{\Delta y\to 0}$

$\dfrac{f(x,y+\Delta y)-f(x,y)}{\Delta y}$ 都存在，则它们都是 x,y 的函数，分别称为函数 $f(x,y)$ 在区域 D 内对 x 和 y 的偏导函数，简称偏导数，记作 $\dfrac{\partial z}{\partial x},\dfrac{\partial f}{\partial x},z'_x$ 或 f'_x，和 $\dfrac{\partial z}{\partial y},\dfrac{\partial f}{\partial y},z'_y$ 或 f'_y.

2. 偏导数的求法

求二元函数对某个变量的偏导数时，只需将其余的变量看作常量，而对该变量求导，因而对二元函数求偏导数的方法与对一元函数求导数的方法基本相同.

例 1 求函数 $\mu=x^2-3xy+2y^3$ 在点 $(2,2)$ 处的两个偏导数.

解 因为 $\dfrac{\partial u}{\partial x}=2x-3y,\dfrac{\partial u}{\partial y}=-3x+6y^2$.

所以 $\dfrac{\partial u}{\partial x}\Big|_{\substack{x=2\\y=2}}=-2,\dfrac{\partial u}{\partial y}\Big|_{\substack{x=2\\y=2}}=18$.

例 2 求函数 $f(x,y)=\arctan\dfrac{x}{y}$ 的偏导数.

解
$$\frac{\partial f}{\partial x}=\frac{1}{1+\left(\frac{x}{y}\right)^2}\cdot\frac{1}{y}=\frac{y}{x^2+y^2},$$
$$\frac{\partial f}{\partial y}=\frac{1}{1+\left(\frac{x}{y}\right)^2}\cdot\left(-\frac{x}{y^2}\right)=-\frac{x}{x^2+y^2}.$$

例 3 设 $u=\sqrt{x^2+y^2+z^2}$，求证 $\left(\dfrac{\partial u}{\partial x}\right)^2+\left(\dfrac{\partial u}{\partial y}\right)^2+\left(\dfrac{\partial u}{\partial z}\right)^2=1$.

证明 因为 $\dfrac{\partial u}{\partial x}=\dfrac{x}{u},\dfrac{\partial u}{\partial y}=\dfrac{y}{u},\dfrac{\partial u}{\partial z}=\dfrac{z}{u}$，

所以 $\left(\dfrac{\partial u}{\partial x}\right)^2+\left(\dfrac{\partial u}{\partial y}\right)^2+\left(\dfrac{\partial u}{\partial z}\right)^2=\dfrac{x^2+y^2+z^2}{u^2}=1$.

3. 高阶偏导数

函数 $z=f(x,y)$ 的两个偏导数 $\dfrac{\partial z}{\partial x}=f'_x(x,y)$、$\dfrac{\partial z}{\partial y}=f'_y(x,y)$ 一般仍是 x,y 的二元函数，如果这两个函数关于 x,y 的偏导数存在，则称它们的偏导数是 $f(x,y)$ 的二阶偏导数.

由于每个一阶偏导数都有两个偏导数，所以 $z=f(x,y)$ 有四个二阶偏导数，分别记作

$$\frac{\partial^2 z}{\partial x^2}=\frac{\partial}{\partial x}\left(\frac{\partial z}{\partial x}\right)=f''_{xx}(x,y)=z''_{xx};\frac{\partial^2 z}{\partial x\partial y}=\frac{\partial}{\partial y}\left(\frac{\partial z}{\partial x}\right)=f''_{xy}(x,y)=z''_{xy};$$

$$\frac{\partial^2 z}{\partial y\partial x}=\frac{\partial}{\partial x}\left(\frac{\partial z}{\partial y}\right)=f''_{yx}(x,y)=z''_{yx};\frac{\partial^2 z}{\partial y^2}=\frac{\partial}{\partial y}\left(\frac{\partial z}{\partial y}\right)=f''_{yy}(x,y)=z''_{yy}.$$

其中 $\dfrac{\partial^2 z}{\partial x\partial y},\dfrac{\partial^2 z}{\partial y\partial x}$ 称为二阶混合偏导数. 类似地，可以定义三阶、四阶以至 n 阶偏导数，二阶及二阶以上的偏导数称为高阶偏导数

例 4 求函数 $z=xy+x^2\sin y$ 的所有二阶偏导数.

解 因为$\frac{\partial z}{\partial x}=y+2x\sin y,\frac{\partial z}{\partial y}=x+x^2\cos y$,

所以 $$\frac{\partial^2 z}{\partial x^2}=\frac{\partial}{\partial x}(y+2x\sin y)=2\cos y;$$

$$\frac{\partial^2 z}{\partial x\partial y}=\frac{\partial}{\partial y}(y+2x\sin y)=1+2x\cos y;$$

$$\frac{\partial^2 z}{\partial y\partial x}=\frac{\partial}{\partial x}(x+x^2\cos y)=1+2x\cos y;$$

$$\frac{\partial^2 z}{\partial y\partial y}=\frac{\partial}{\partial y}(x+x^2\cos y)=-x^2\sin y.$$

例 5 设函数$z=y^2e^x+x^3y^3$,求$\frac{\partial^2 z}{\partial x\partial y},\frac{\partial^2 z}{\partial y\partial x}$.

解 因为$\frac{\partial z}{\partial x}=y^2e^x+3x^2y^3,\frac{\partial z}{\partial x}=2ye^x+3x^3y^2$.

所以$\frac{\partial^2 z}{\partial x\partial y}=2ye^x+9x^2y^2,\frac{\partial^2 z}{\partial y\partial x}=2ye^x+9x^2y^2$.

可以看出,在四个二阶偏导数中,两个混合偏导数相等,与求导次序无关,即有$\frac{\partial^2 z}{\partial x\partial y}=\frac{\partial^2 z}{\partial y\partial x}$.对二元函数来说,不是所有的混合偏导数都相等,要满足混合偏导数在区域内连续.

7.2.2 二元函数的极值

定义 设函数$z=f(x,y)$在点(x_0,y_0)的某一邻域内有定义,若对于该邻域内异于(x_0,y_0)的点(x,y),都有$f(x,y)<f(x_0,y_0)$(或$f(x,y)>f(x_0,y_0)$),则称$f(x_0,y_0)$为函数$f(x,y)$的极大值(极小值).极大值和极小值统称为极值.使函数取得极大值的点(或极小值的点)(x_0,y_0),称为极大值点(或极小值点),极大值点和极小值点统称为极值点.

定理 1 (极值存在的必要条件) 设函数$z=f(x,y)$在点(x_0,y_0)的偏导数$f'_x(x_0,y_0),f'_y(x_0,y_0)$存在,且在点$(x_0,y_0)$处有极值,则在该点的偏导数必为零,即$f'_x(x_0,y_0)=0,f'_y(x_0,y_0)=0$.

同时满足$f'_x(x_0,y_0)=0,f'_y(x_0,y_0)=0$的点$(x_0,y_0)$称为函数$f(x,y)$的驻点.

定理 2 (极值存在的充分条件) 设点(x_0,y_0)是函数$z=f(x,y)$的驻点,且函数在点(x_0,y_0)的某邻域内的二阶偏导数连续,令$A=f''_{xx}(x_0,y_0),B=f''_{xy}(x_0,y_0),C=f''_{yy}(x_0,y_0)$,则

(1) 当$B^2-AC<0$时,函数$f(x,y)$在点(x_0,y_0)处取得极值,且$A<0$时取极大值,$A>0$时取极小值;

(2) 当$B^2-AC>0$时,函数$f(x,y)$在点(x_0,y_0)处没有极值;

(3) 当$B^2-AC=0$时,函数$f(x,y)$在点(x_0,y_0)可能有极值,也可能没有.

例 6 求函数$f(x,y)=x^2+y^2+4x-4y$的极值.

解 (1) 求出函数的偏导数；

$$f'_x(x,y)=2x+4, f'_y(x,y)=2y-4;$$

(2) 解方程组$\begin{cases} f'_x(x,y)=2x+4=0 \\ f'_y(x,y)=2y-4=0 \end{cases}$求得驻点$(-2,2)$；

(3) 求驻点$(-2,2)$处的$A=f''_{xx}(x_0,y_0)=2, B=f''_{xy}(x_0,y_0)=0, C=f''_{yy}(x_0,y_0)=2$及$B^2-AC=-4<0$，所以$(-2,2)$是函数的极小值点，其值为$f(-2,2)=-8$.

例 7 用铁皮做一个容积为 1 的无盖长方形盒子，问盒子的长宽高各是多少是才能最省铁皮？

解 设盒子的长、宽分别为x、y，则高为$\frac{1}{xy}$，所以表面积为

$$S=xy+\frac{1}{xy}(2x+2y)=xy+\frac{2}{x}+\frac{2}{y}.$$

求偏导数得

$$\frac{\partial S}{\partial x}=y-\frac{2}{x^2}, \frac{\partial S}{\partial y}=x-\frac{2}{y^2}.$$

解方程组

$$\begin{cases} y-\dfrac{2}{x^2}=0 \\ x-\dfrac{2}{y^2}=0 \end{cases}$$

得唯一驻点$x=y=\sqrt[3]{2}$.

由题意可知，用料的最小值一定存在，所以当长、宽、高分别为$\sqrt[3]{2}$、$\sqrt[3]{2}$、$\frac{\sqrt[3]{2}}{2}$时用料最省.

习题 7 - 2

1. 已知函数$z=x^2y^2+xy$. 求$f'_x(2,2)$，$f'_y(2,2)$.

2. 求下列函数的偏导数.

(1) $z=e^x\sin(x+y)$；

(2) $z=x^4+y^4-4x^2y^2$.

3. 求下列函数的二阶偏导数.

(1) $z=x^y$；

(2) $z=x^4+y^4+2x^2y^2$.

4. 求下列二元函数的极值.

(1) $f(x,y)=x^3+3xy^2-15x-12y$；

(2) $f(x,y)=e^{x-y}(x^2-2y^2)+3$.

7.3 全微分

7.3.1 全微分

1. 全微分的定义

定义 设函数 $z=f(x,y)$ 在点 (x_0,y_0) 的某邻域内有定义，且 $\frac{\partial z}{\partial x}$，$\frac{\partial z}{\partial y}$ 存在，若 $z=f(x,y)$ 在点 (x_0,y_0) 处的全增量 Δz 可表示为 $\Delta z=A\Delta x+B\Delta y+\omega$，其中 A、B 与 Δx、Δy 无关，ω 是 $\rho=\sqrt{(\Delta x)^2+(\Delta y)^2}$ 的高阶无穷小，即 $\lim\limits_{\rho\to 0}\frac{\omega}{\rho}=0$，则称 $A\Delta x+B\Delta y$ 为函数 $z=f(x,y)$ 在点 (x_0,y_0) 处的全微分，记作 $\mathrm{d}z$，即 $\mathrm{d}z=A\Delta x+B\Delta y$，这时，称函数 $z=f(x,y)$ 在点 (x_0,y_0) 处可微.

定理 3 若函数 $z=f(x,y)$ 在点 (x_0,y_0) 处可微，则函数 $z=f(x,y)$ 在点 (x_0,y_0) 处连续.

定理 4 （可微的必要条件） 若函数 $z=f(x,y)$ 在点 (x_0,y_0) 可微，则函数 $z=f(x,y)$ 在点 (x_0,y_0) 处的偏导数 $\frac{\partial z}{\partial x}$、$\frac{\partial z}{\partial y}$ 存在，且 $A=\frac{\partial z}{\partial x}\Big|_{(x_0,y_0)}$，$B=\frac{\partial z}{\partial y}\Big|_{(x_0,y_0)}$.

定理 5 （可微的充分条件） 若函数 $z=f(x,y)$ 在点 (x_0,y_0) 的某一邻域内偏导数 $\frac{\partial z}{\partial x}$、$\frac{\partial z}{\partial y}$ 连续，则函数 $z=f(x,y)$ 在点 (x_0,y_0) 处可微.

例 1 求函数 $z=\frac{y}{x}$ 在点 $(2,1)$ 处关于自变量的增量 $\Delta x=0.1$、$y=0.2$ 的全微分.

解 因为 $\frac{\partial z}{\partial x}\Big|_{(2,1)}=-\frac{y}{x^2}\Big|_{(2,1)}=-0.25$，$\frac{\partial z}{\partial y}\Big|_{(2,1)}=\frac{1}{x}\Big|_{(2,1)}=0.5$.

所以 $\mathrm{d}z=\frac{\partial z}{\partial x}\Big|_{(2,1)}\Delta x+\frac{\partial z}{\partial y}\Big|_{(2,1)}\Delta y=-0.25\times 0.1+0.5\times 0.2=0.075$.

例 2 求函数 $z=\ln\sqrt{x^2+y^2}$ 全微分.

解 因为 $z=\frac{1}{2}\ln(x^2+y^2)$，

所以
$$\frac{\partial z}{\partial x}=\frac{1}{2}\frac{2x}{x^2+y^2}=\frac{x}{x^2+y^2};$$
$$\frac{\partial z}{\partial y}=\frac{1}{2}\frac{2y}{x^2+y^2}=\frac{y}{x^2+y^2}.$$

则函数的全微分为 $\mathrm{d}z=\frac{1}{x^2+y^2}(x\mathrm{d}x+y\mathrm{d}y)$.

2. 全微分在近似计算中的应用

设函数 $z=f(x,y)$ 在点 (x,y) 处可微，当 x,y 分别取得增量 $\Delta x,\Delta y$ 时，$\Delta z=$

$f(x+\Delta x,y+\Delta y)-f(x,y)\approx dz=f'_x(x,y)\Delta x+f'_y(x,y)\Delta y$

从而 $f(x+\Delta x,y+\Delta y)\approx f(x,y)+f'_x(x,y)\Delta x+f'_y(x,y)\Delta y$.

例 3 求$2.02^{4.01}$的近似值.

解 $2.02^{4.01}$ 可以看作函数 $z=x^y$ 在 $x+\Delta x=2.02, y+\Delta y=4.01$ 的函数值. 则

$$x=2, \Delta x=0.02, y=4, \Delta y=0.01.$$

因为 $f'_x(2,4)=yx^{y-1}=32, f'_y(2,4)=x^y\ln x\approx 11.09$.

所以$2.02^{4.01}\approx f'_x(2,4)\Delta x+f'_y(2,4)\Delta y+f(2,4)$

$\approx 32\times 0.02+11.09\times 0.01+16\approx 16.53$.

7.3.2 二重积分的概念与性质

1. 二重积分的概念

在前面一元函数积分学中我们对曲边梯形面积进行了探究，通过分割、近似、求和、取极限四个步骤归结出一元函数的定积分$\int_a^b f(x)\,dx$. 这种方法同样可以推广到二元函数中，从而引出了二重积分相关的概念.

例 4 求曲顶柱体的体积，曲顶柱体是指以 xOy 坐标平面上有界区域 D 为底，侧面是以 D 的边界为准线，母线平行于 z 轴的柱面，顶部是以 D 为定义域的非负函数 $z=f(x,y)$ 所表示的连续曲面(如图 7-4)，按照求曲边梯形面积的方法，我们将求曲顶柱体体积的方法归纳如下：

(1) 分割

把区域 D 分割成 n 个不同的小块 $\Delta\sigma_1,\Delta\sigma_2,\cdots,\Delta\sigma_n$，用 $\Delta\sigma_i$ 表示第 i 个小块的面积，相应的该曲顶柱体被分割成 n 个小曲顶柱体 $\Delta V_1,\Delta V_2,\cdots,\Delta V_n$，用 ΔV_i 表示第 i 个小曲顶柱体的体积(如图 7-5)，则 $V=\sum_{i=1}^{n}\Delta V_i$.

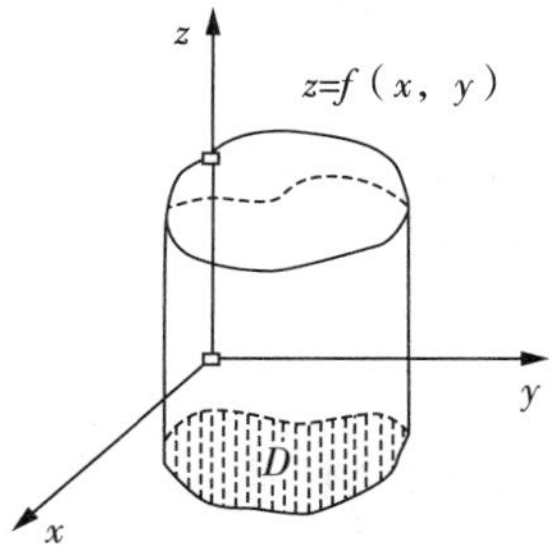

图 7-4

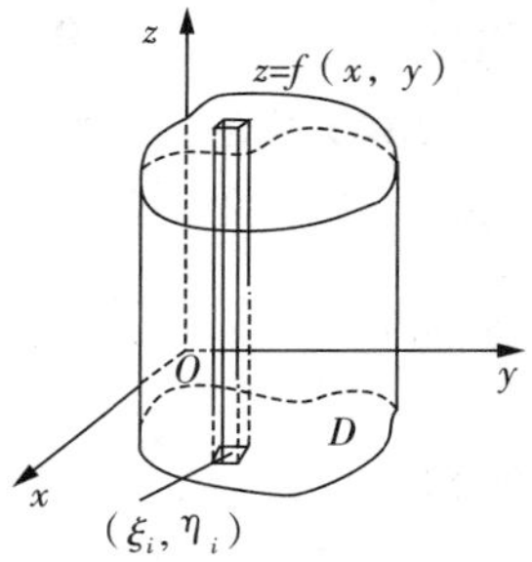

图 7-5

(2) 近似

因为 $f(x,y)$ 是连续的，在分割相当细的情况下，$\Delta\sigma_i$ 很小，于是可以将小曲顶柱体近似看作平顶柱体. 则第 i 个小曲顶柱体的体积就可以看作底面积为 $\Delta\sigma_i$，高为 $f(\xi_i,\eta_i)$ 的平顶

柱体的体积来近似代替,即 $\Delta V_i \approx f(\xi_i,\eta_i)\Delta\sigma_i$.

(3) 求和

曲顶柱体的体积 V 的近似值可以写成 $V=\sum_{i=1}^{n}\Delta V_i \approx \sum_{i=1}^{n} f(\xi_i,\eta_i)\Delta\sigma_i$.

(4) 取极限

若把 D 分得越细,则上述式子就越接近曲顶柱体的体积 V,当把区域 D 无限细分时,即当所有小区域的最大直径 $\lambda\to 0$ 时,上述式子的极限就是所求的曲顶柱体的体积,即

$$V=\lim_{\lambda\to 0}\sum_{i=1}^{n} f(\xi_i,\eta_i)\Delta\sigma_i$$

定义 设 $f(x,y)$ 是定义在有界闭区域 D 上的有界函数,将闭区域 D 任意分割成 n 个小区域 $\Delta\sigma_1,\Delta\sigma_2,\cdots,\Delta\sigma_n$,其中 $\Delta\sigma_i$ 表示第 i 个小区域的面积. 在每个 $\Delta\sigma_i$ 上任取一点 (ξ_i,η_i),作乘积 $f(\xi_i,\eta_i)\Delta\sigma_i(i=1,2,\cdots,n)$,并作和 $\sum_{i=1}^{n} f(\xi_i,\eta_i)\Delta\sigma_i$. 若当各小区域的直径最大值 $\lambda\to 0$ 趋于零时,此和式的极限存在,则称此极限值为函数 $f(x,y)$ 在区域 D 上的二重积分,记作 $\iint\limits_D f(x,y)\mathrm{d}\sigma$,即 $\iint\limits_D f(x,y)\mathrm{d}\sigma=\lim_{\lambda\to 0}\sum_{i=1}^{n} f(\xi_i,\eta_i)\Delta\sigma_i$.

其中 $f(x,y)$ 称为被积函数,$f(x,y)\mathrm{d}\sigma$ 称为被积表达式,$\mathrm{d}\sigma$ 称为面积元素,x,y 称为积分变量,D 为积分区域.

说明:

(1) 若被积函数 $f(x,y)$ 在闭区域 D 上的二重积分存在,则称 $f(x,y)$ 在 D 上可积;$f(x,y)$ 在闭区域 D 上连续时,$f(x,y)$ 在 D 上一定可积;

(2) 二重积分 $\iint\limits_D f(x,y)\mathrm{d}\sigma$ 的几何意义是:当 $f(x,y)\geqslant 0$ 时,二重积分就表示曲顶柱体的体积;当 $f(x,y)\leqslant 0$ 时,二重积分就表示曲顶柱体体积的相反数;$f(x,y)$ 有正有负时,二重积分就等于柱体体积的代数和.

2. 二重积分的性质

二重积分具有与一元函数定积分类似的性质,其基本性质如下:

性质 1 $\iint\limits_D kf(x,y)\mathrm{d}\sigma=k\iint\limits_D f(x,y)\mathrm{d}\sigma$(其中 k 为常数);

性质 2 $\iint\limits_D (f(x,y)\pm g(x,y))\mathrm{d}\sigma=\iint\limits_D f(x,y)\mathrm{d}\sigma\pm\iint\limits_D g(x,y)\mathrm{d}\sigma$,这个性质表示两个函数代数和(差)的积分等于这两个函数积分的代数和(差);

性质 3 $\iint\limits_D f(x,y)\mathrm{d}\sigma=\iint\limits_{D_1} f(x,y)\mathrm{d}\sigma+\iint\limits_{D_2} f(x,y)\mathrm{d}\sigma$(其中区域 $D=D_1+D_2$)这个性质表示二重积分对于积分区域具有可加性;

性质 4 若在 D 上有 $f(x,y)\leqslant g(x,y)$ 成立,则有不等式

$$\iint_D f(x,y)\mathrm{d}\sigma \leqslant \iint_D g(x,y)\mathrm{d}\sigma;$$

性质 5 若在 D 上有 $f(x,y)\equiv 1$，则 $\iint_D f(x,y)\mathrm{d}\sigma=\iint_D 1\mathrm{d}\sigma=\sigma$，$\sigma$ 是 D 的面积；

性质 6 若 M、m 分别是函数 $f(x,y)$ 在 D 上的最大值和最小值，σ 是 D 的面积，则有 $m\sigma \leqslant \iint_D f(x,y)\mathrm{d}\sigma \leqslant M\sigma$；

性质 7 设函数 $f(x,y)$ 在 D 上连续，σ 是 D 的面积，则在 D 上至少存在一点 (ξ,η) 使得 $\iint_D f(x,y)\mathrm{d}\sigma=f(\xi,\eta)\sigma$，成立此性质称为二重积分中值定理.

7.3.3 二重积分的计算

1. 在直角坐标系下计算二重积分

因为二重积分定义中对区域 D 分割是任意的，所以我们通常用平行于 x 轴和 y 轴的直线网格把区域 D 分割成小矩形，小矩形 $\Delta\sigma$ 的边长为 Δx 和 Δy，从而有 $\Delta\sigma=\Delta x\Delta y$，因此，面积元素 $\mathrm{d}\sigma=\mathrm{d}x\mathrm{d}y$，则二重积分可记作 $\iint_D f(x,y)\mathrm{d}x\mathrm{d}y$.

若积分区域 D 可以表示为 $\begin{cases}\varphi_1(x)\leqslant y\leqslant \varphi_2(x)\\ a\leqslant x\leqslant b\end{cases}$，此区域称为 x — 型区域(如图 7-6 所示)，我们利用微元法来计算二重积分 $\iint_D f(x,y)\mathrm{d}x\mathrm{d}y$ 所表示的柱体的体积.

选 x 为积分变量，$x\in[a,b]$，任取子区间 $[x,x+\mathrm{d}x]\subset[a,b]$，设 $A(x)$ 表示过点 x 且垂直于 x 轴的平面与曲顶柱体相交的截面的面积(如图 7-7)，则曲顶柱体 V 的微元 $\mathrm{d}V$ 为 $\mathrm{d}V=A(x)\mathrm{d}x$. 则

$$V=\int_a^b A(x)\mathrm{d}x. \tag{7-1}$$

由图 7-7 可以看出，该截面是一个以区间 $[\varphi_1(x),\varphi_2(x)]$ 为底边、以曲线 $z=f(x,y)$(其中 x 是固定的) 为曲边的曲边梯形，其面积又可以表示为

$$A(x)=\int_{\varphi_1(x)}^{\varphi_2(x)} f(x,y)\mathrm{d}y. \tag{7-2}$$

将(7-2) 代入(7-1) 则曲边柱体的体积为

$$V=\int_a^b\left[\int_{\varphi_1(x)}^{\varphi_2(x)} f(x,y)\mathrm{d}y\right]\mathrm{d}x.$$

于是，二重积分

$$\iint_D f(x,y)\mathrm{d}x\mathrm{d}y=\int_a^b\left[\int_{\varphi_1(x)}^{\varphi_2(x)} f(x,y)\mathrm{d}y\right]\mathrm{d}x.$$

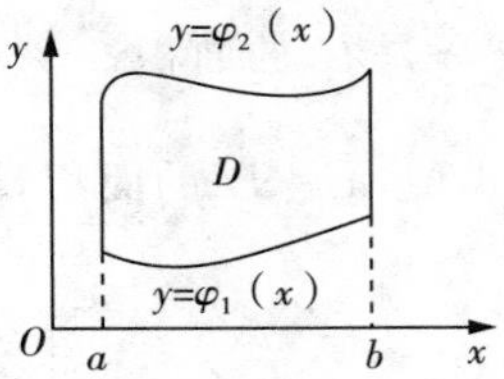

图 7-6

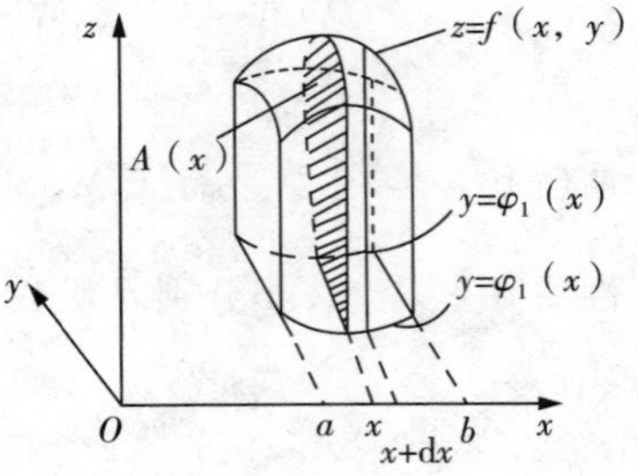

图 7-7

二重积分的计算可化为两次定积分来计算,先把x看作常数,对变量y从$y=\varphi_1(x)$到$y=\varphi_2(x)$积分,然后对x从a到b积分.

同理,若积分区域D可以表示为$\begin{cases}\psi_1(y)\leqslant x\leqslant \psi_2(y)\\ c\leqslant y\leqslant \mathrm{d}\end{cases}$,此区域称为$y$-型区域,如图7-8所示.对于$y$-型区域,二重积分可以化为先对$x$,再对$y$的累次积分.

$$\iint\limits_D f(x,y)\mathrm{d}x\mathrm{d}y=\int_c^{\mathrm{d}}\left[\int_{\psi_1(y)}^{\psi_2(y)}f(x,y)\mathrm{d}x\right]\mathrm{d}y.$$

根据以上讨论,计算二重积分时,关键在于如何根据积分区域D适当地选择积分次序和确定积分的上下限。因此,在决定积分次序之前应将积分区域D的图形画出来,同时寻找边界曲线方程.

例5 计算$\iint\limits_D 2x^2y\mathrm{d}x\mathrm{d}y$,其中$D$是直线$y=x$和曲线$y=x^2$所围成的区域.

解 积分区域D的图形如图7-9所示.

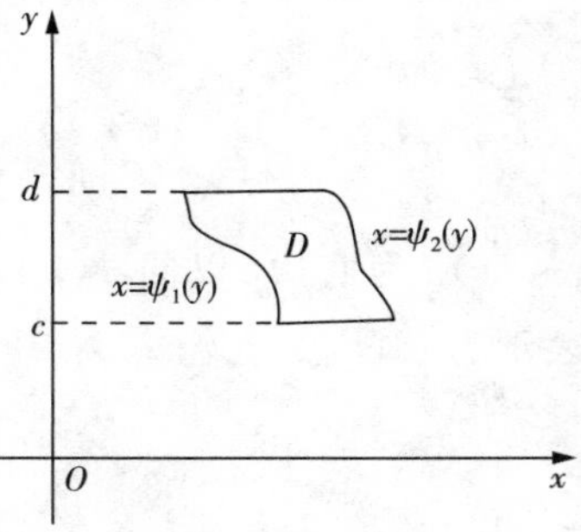

图 7-8

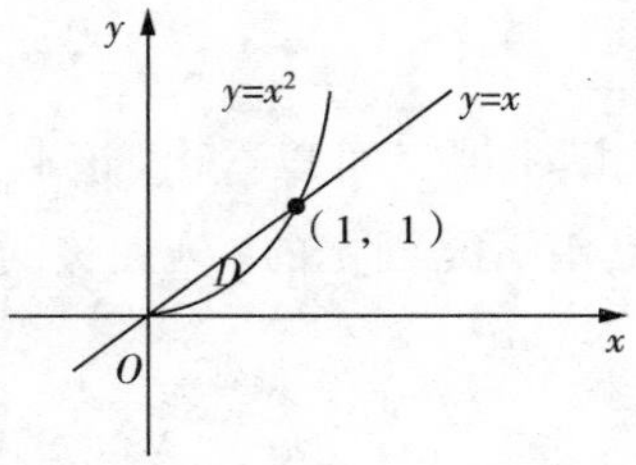

图 7-9

若将D看作x-型区域,则D可表示为$\begin{cases}x^2\leqslant y\leqslant x\\ 0\leqslant x\leqslant 1\end{cases}$,所以

$$\iint\limits_D 2x^2y\mathrm{d}x\mathrm{d}y=\int_0^1\mathrm{d}x\int_{x^2}^{x}2x^2y\mathrm{d}y=\int_0^1(x^2y^2)\Big|_{x^2}^{x}\mathrm{d}x$$

$$=\int_0^1 (x^4-x^6)\mathrm{d}x=\left(\frac{1}{5}x^5-\frac{1}{7}x^7\right)\Big|_0^1=\frac{2}{35}.$$

若将 D 看作 y — 型区域，则 D 可以表示为$\begin{cases} y\leqslant x\leqslant\sqrt{y} \\ 0\leqslant y\leqslant 1\end{cases}$，所以

$$\iint_D 2x^2 y\mathrm{d}x\mathrm{d}y=\int_0^1 \mathrm{d}y\int_y^{\sqrt{y}} 2x^2 y\mathrm{d}x=\int_0^1\left(\frac{2}{3}x^3 y\right)\Big|_y^{\sqrt{y}}\mathrm{d}y$$

$$=\frac{2}{3}\int_0^1 (y^{\frac{5}{2}}-y^4)\mathrm{d}y=\frac{2}{3}(y^{\frac{7}{2}}-y^5)\Big|_0^1=\frac{2}{35}.$$

2. 在极坐标系下计算二重积分

对于某些形式的二重积分，利用直角坐标系计算往往比较困难，而利用极坐标计算则比较简单，下面介绍在极坐标下计算二重积分.

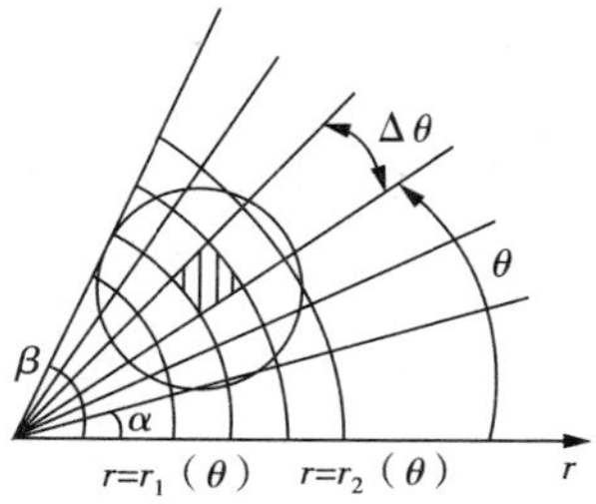

图 7－10

因为极坐标与直角坐标之间的关系为$\begin{cases} x=r\cos\theta \\ y=r\sin\theta\end{cases}$. 在极坐标下，我们对于区域 D 采取另一种分割方法，设通过原点的射线与区域 D 的边界交点不多于两个，我们用一组同心圆和一组过极点的射线将区域 D 分割成若干小区域（如图 7－10 所示）. 将极角为 θ 和 $\theta+\Delta\theta$ 的两条射线与半径为 r 和 $r+\Delta r$ 的两条圆弧所围成的区域记作 $\Delta\sigma$，则

$$\Delta\sigma=\frac{1}{2}(r+\Delta r)^2\Delta\theta-\frac{1}{2}r^2\Delta\theta=r\cdot\Delta r\cdot\Delta\theta+\frac{1}{2}(\Delta r)^2\Delta\theta.$$

因为 $\frac{1}{2}(\Delta r)^2\Delta\theta$ 是高阶无穷小量，所以 $\Delta\sigma\approx r\cdot\Delta r\cdot\Delta\theta$，从而得到极坐标下的面积元素 $\mathrm{d}\sigma\approx r\mathrm{d}r\mathrm{d}\theta$.

于是得到了直角坐标系下的二重积分转换成极坐标系下的二重积分公式 $\iint_D f(x,y)\mathrm{d}\sigma=\iint_D f(r\cos\theta,r\sin\theta)r\mathrm{d}r\mathrm{d}\theta$.

在计算过程中，根据极点 O 与区域 D 的关系，分成以下三种情况：

(1) 极点 O 在区域 D 外（如图 7－11），这时区域 D 可以表示为：

$$\alpha\leqslant\theta\leqslant\beta, r_1(\theta)\leqslant r\leqslant r_2(\theta),$$

从而 $\iint_D f(r\cos\theta,r\sin\theta)r\mathrm{d}r\mathrm{d}\theta=\int_\alpha^\beta \mathrm{d}\theta\int_{r_1(\theta)}^{r_2(\theta)} f(r\cos\theta,r\sin\theta)r\mathrm{d}r$；

(2) 极点 O 在区域 D 边界上（如图 7－12），这时区域 D 可以表示为：

$$\alpha\leqslant\theta\leqslant\beta, 0\leqslant r\leqslant r(\theta),$$

从而 $\iint_D f(r\cos\theta,r\sin\theta)r\mathrm{d}r\mathrm{d}\theta=\int_\alpha^\beta \mathrm{d}\theta\int_0^{r(\theta)} f(r\cos\theta,r\sin\theta)r\mathrm{d}r$；

(3) 极点 O 在区域 D 内(如图 7-13),这时区域 D 可以表示为:

$$0 \leqslant \theta \leqslant 2\pi, 0 \leqslant r \leqslant r(\theta),$$

从而 $\iint\limits_D f(r\cos\theta, r\sin\theta) r \mathrm{d}r\mathrm{d}\theta = \int_0^{2\pi} \mathrm{d}\theta \int_0^{r(\theta)} f(r\cos\theta, r\sin\theta) r \mathrm{d}r.$

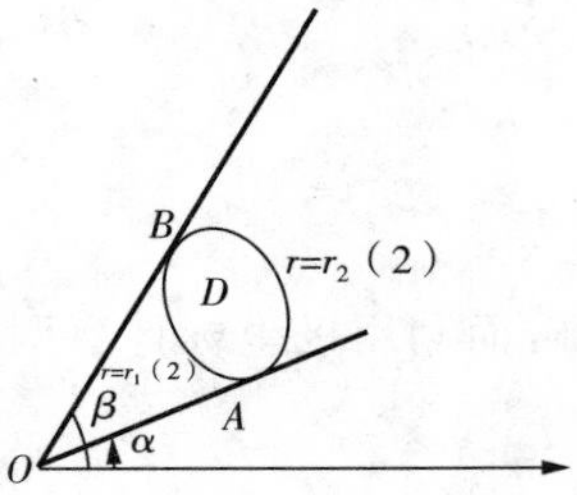

图 7-11

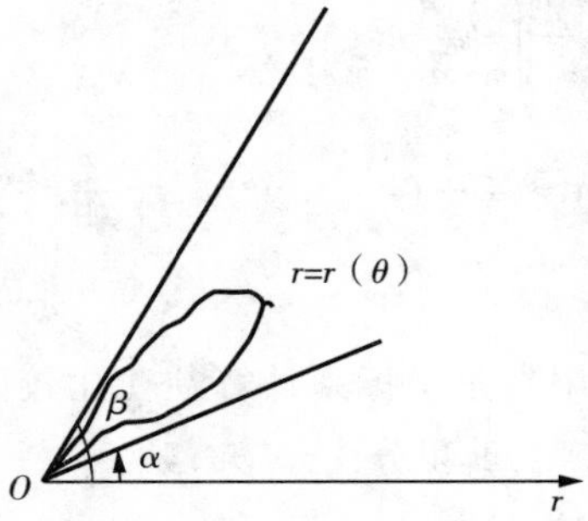

图 7-12

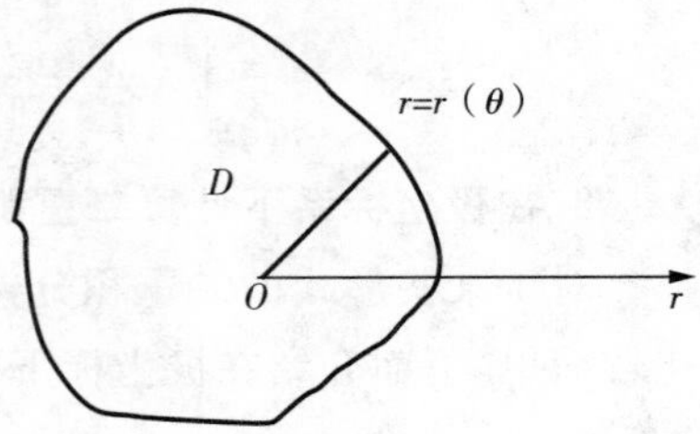

图 7-13

习题 7-3

1. 求函数 $z = x^y$ 在点(2,1)处关于自变量的增量 $\Delta x = 0.1$、$\Delta y = 0.2$ 的全微分.

2. 求 $1.99^{3.02}$ 的近似值.

3. 求下列函数的全微分.

(1) $z = \ln\sqrt{x^2 + y^2}$; (2) $z = \arccos(xy)$;

(3) $z = \sqrt{x^2 + y^2}$; (4) $z = x^a y^b$.

4. 计算下列二重积分.

(1) $\iint\limits_D \mathrm{e}^{x+y} \mathrm{d}x\mathrm{d}y, D: 0 \leqslant x \leqslant 1, 1 \leqslant y \leqslant 2$;

(2) $\iint\limits_D xy^2 \mathrm{d}x\mathrm{d}y, D: 1 \leqslant x \leqslant 2, 0 \leqslant y \leqslant 2$;

(3) $\iint\limits_D (x^2 + y^2) \mathrm{d}x\mathrm{d}y, D: x^2 + y^2 \leqslant 4$;

(4) $\iint\limits_D \sqrt{4 - x^2 - y^2} \mathrm{d}x\mathrm{d}y, D: x^2 + y^2 \leqslant 4, x \geqslant 0, y \geqslant 0$.

7.4 Mathematica 求多元函数微积分

7.4.1 Mathematica 求多元函数微积分常用命令

Mathematica 求多元函数微积分常用命令见表 7-1.

表 7－1

命令	功能
D[f[x1,x2,...,xn],xi]	求函数 f 对 x_i 的偏导数
D[f[x1,x2,...,xn],xi,xk]	求函数 f 对 x_i, x_k 的混合偏导数
D[f[x1,x2,...,xn],{xi,k}]	求函数 f 对 x_i 的 k 阶偏导数
Dt[f]	求函数 f 的全微分
Dt[f,x]	求函数 f 对 x 的全导数

7.4.2 实例

例 1 设 $z=\cos\left[\sqrt{x^2+y^2}\right]$，求$\frac{\partial z}{\partial x}$，$\frac{\partial z}{\partial y}$，$\frac{\partial^2 z}{\partial x\partial y}$.

解 程序与结果如下：

In[1]:=z[x_,y_]:=cos$\left[\sqrt{x^2+y^2}\right]$

zx=D[z[x,y],x]

zy=D[z[x,y],y]

zxy=D[z[x,y],x,y]

Out[2]=$-\frac{x\sin\left[\sqrt{x^2+y^2}\right]}{\sqrt{x^2+y^2}}$

Out[3]=$-\frac{y\sin\left[\sqrt{x^2+y^2}\right]}{\sqrt{x^2+y^2}}$

Out[4]=$-\frac{xy\cos\left[\sqrt{x^2+y^2}\right]}{x^2+y^2}+\frac{xy\sin\left[\sqrt{x^2+y^2}\right]}{(x^2+y^2)^{\frac{3}{2}}}$.

例 2 求由方程 $x\sin y+ye^x=0$ 所确定的隐函数的导数$\frac{dy}{dx}$，$\frac{dy}{dx}\big|_{x=0}$.

解 程序与结果如下：

In[5]:=f[x_,y_]:=x * sin[y]+yExp[x]

Fx=D[f[x,y],x]

Fy=D[f[x,y],y]

Yx=－Fx/Fy

Yx0=－Fx/Fy/. Y→0

Out[6]=e^xy+sin[y]

Out[7]=e^x+xcos[y]

Out[8]=$\frac{-e^x y-\sin[y]}{e^x+x\cos[y]}$

Out[9]=0

例 3 求由方程 $x+2y+z-\sqrt{xyz}=0$ 所确定的隐函数的偏导数$\frac{\partial z}{\partial x}, \frac{\partial z}{\partial y}$.

解 程序与结果如下

```
In[10]:=clear[x,y,z];
    F[x_,y_,z_]:=x+2y+z-Sqrt[x*y*z]
    F[x]=D[F[x,y,z],x]
    F[y]=D[F[x,y,z],y]
    F[z]=D[F[x,y,z],z]
    Zx=-Fx/Fz
    Zy=-Fy/Fz
```

Out[11]= $1-\frac{xy}{2\sqrt{xyz}}$

Out[12]= $2-\frac{xy}{2\sqrt{xyz}}$

Out[13]= $1-\frac{xy}{2\sqrt{xyz}}$

Out[14]= $\frac{-1+\frac{xz}{2\sqrt{xyz}}}{1-\frac{xy}{2\sqrt{xyz}}}$

Out[15]= $\frac{-2+\frac{xz}{2\sqrt{xyz}}}{1-\frac{xy}{2\sqrt{xyz}}}$.

本章小结

1. 二重积分的定义：$\iint\limits_D f(x,y)\,d\sigma=\lim\limits_{\lambda\to 0}\sum\limits_{i=1}^{n} f(\xi_i,\eta_i)\Delta\sigma_i\,(d\sigma=dxdy)$

2. 二重积分的性质(与定积分性质相似)

3. 曲顶柱体的体积

4. 二重积分化为累次积分

$$\iint\limits_D f(x,y)\,d\sigma=\lim_{\lambda\to 0}\sum_{i=1}^{n} f(\xi_i,\eta_i)\Delta\sigma_i\,(d\sigma=dxdy).$$

若积分区域 D 为 $D=\{(x,y)\mid a\leqslant x\leqslant b, f_1(x)\leqslant y\leqslant f_2(x)\}$，则

$$\iint\limits_D f(x,y)\,d\sigma=\int_a^b dx\int_{f_1(x)}^{f_2(x)} f(x,y)\,dy;$$

若积分区域 D 为 $D=\{(x,y)\mid c\leqslant y\leqslant d,g_1(y)\leqslant x\leqslant g_2(y)\}$，则

$$\iint\limits_D f(x,y)\,\mathrm{d}\sigma=\int_c^d \mathrm{d}y\int_{g_1(y)}^{g_2(y)} f(x,y)\,\mathrm{d}x.$$

5. 计算二重积分的思路

(1) 画出函数的积分区域；

(2) 选择合适的坐标系；

(3) 确定自变量的积分顺序；

(4) 写出积分上、下限.

复习题 7

1. 求下列函数的定义域.

(1) $z=\sqrt{x^2-1}+\sqrt{y^2-4}$；　　(2) $z=\sqrt{1-\dfrac{x^2}{9}-\dfrac{y^2}{4}}$；

(3) $z=\ln x-\ln(x-y)$；　　(4) $z=\arccos(\dfrac{x^2}{4}+\dfrac{y^2}{9})$.

2. 已知 $f(x+y,xy)=x^2+y^2$，试求 $f(x,y)$.

3. 求下列函数的极限.

(1) $\lim\limits_{\substack{x\to 0\\ y\to 0}}\dfrac{xy}{x^2+y^2}$；　　(2) $\lim\limits_{\substack{x\to 0\\ y\to 0}}\dfrac{\cos(xy)}{x+1}$.

4. 证明函数 $\lim\limits_{\substack{x\to 0\\ y\to 0}}\dfrac{x+y}{y-x}$ 的极限不存在.

5. 已知函数 $z=2x^2y^2-3xy$，求 $f'_x(3,2)$，$f'_y(3,2)$.

6. 求下列函数的偏导数.

(1) $z=\mathrm{e}^x\sin(2x-3y)$；　　(2) $z=2x^2y^2-3xy+y^3$.

7. 求下列函数的二阶偏导数.

(1) $z=3x^{2y}$；　　(2) $z=x^2y^2-3xy^3+2y^4$.

8. 求二元函数 $f(x,y)=2x^3y-xy^3$ 的极值.

9. 求函数 $z=x^y$ 在点 $(3,2)$ 处关于自变量的增量 $\Delta x=0.1$、$\Delta y=0.2$ 的全微分.

10. 求 $2.01^{2.99}$ 的近似值.

11. 求下列函数的全微分.

(1) $z=\sqrt{x^2+y^2}$；　　(2) $z=-3xy^3+2y^4$.

12. 计算下列二重积分

(1) $\iint\limits_D x\mathrm{e}^{xy}\,\mathrm{d}x\mathrm{d}y$，$D$：$0\leqslant x\leqslant 1$，$0\leqslant y\leqslant 1$；

(2) $\iint\limits_D (x^2+y^2)\,\mathrm{d}x\mathrm{d}y$，$D$：$0\leqslant x^2+y^2\leqslant 1$.

第 8 章 无穷级数

无穷级数作为高等数学另一个重要的工具,它是研究有次序的可数无穷个函数的和的收敛性及其极限值的方法,理论以数项级数为基础,数项级数有发散性和收敛性的区别. 无穷级数收敛时有一个唯一的和;发散的无穷级数没有极限值,但有其他的求和方法,如欧拉和、切萨罗和、博雷尔和等等. 可用无穷级数方法求和的包括:数项级数、函数项级数在函数的性质、积分计算等方面有广泛的应用,是解决工程技术中某些问题的有力工具. 本章主要研究幂级数的基本概念和基本性质,同时简单介绍一下用 Mathematica 求函数的幂级数展开式.

8.1 幂级数的基本概念

8.1.1 函数项级数

定义 设无穷个 $u_1(x),u_2(x),\cdots,u_n(x),\cdots$,定义在数集 $I\subseteq R$ 上的函数,则

$$\sum_{n=1}^{\infty}u_n(x)=u_1(x)+u_2(x)+\cdots+u_n(x)+\cdots \tag{8-1}$$

称为定义在 I 上的无穷级数,简称级数,其中 $u_n(x)$ 称为通项(一般项). 当 $u_n(x)$ 为常数时,级数称为数项级数(或常数项级数);当 $u_n(x)$ 为函数时,级数称为函数项级数.

新的函数序列

$$S_1(x)=u_1(x),S_2(x)=u_1(x)+u_2(x),\cdots,S_n(x)=u_1(x)+u_2(x)+\cdots+u_n(x),\cdots,$$

函数项级数的前 n 项和集合 $\{S_n(x)\}$ 称为级数 $\sum\limits_{n=1}^{\infty}u_n(x)$ 的部分和序列. 若此序列的极限存在,即

$$\lim_{n\to\infty}S_n(x)=S(x),x\in I$$

$S(x)$ 称为函数项级数 $\sum\limits_{n=1}^{\infty}u_n(x)$ 在 I 上的和函数.

8.1.2 幂级数及其收敛性

定义 $\forall x_0\in I$,若数项级数

$$\sum_{n=1}^{\infty} u_n(x_0) = u_1(x_0) + u_2(x_0) + \cdots + u_n(x_0) + \cdots$$

收敛，即部分和序列$\{S_n(x_0)\}$收敛，则称函数项级数在点 x_0 处收敛，x_0 为函数项级数的收敛点.

定义　使函数项级数$\sum\limits_{n=1}^{\infty} u_n(x)$收敛的全体收敛点的集合，称为收敛域；当收敛域是区间时，称为收敛区间.

函数项级数中常见的一类级数就是各项都是幂函数的级数，称为幂级数，它的形式是

$$\sum_{n=1}^{\infty} a_n x^n = a_1 x^1 + a_2 x^2 + \cdots + a_n x^n + \cdots$$

其中常数 $a_1, a_2, \cdots, a_n, \cdots$ 称为幂级数的系数.

幂级数$\sum\limits_{n=1}^{\infty} a_n x^n$的收敛域是以原点为中点，长度为 $2R$ 的区间（或整个数轴，或坐标原点）. 它在$(-R,R)$内收敛；在$[-R,R]$外发散；在 $x=\pm R$ 处，可能收敛可能发散，需要根据题目情况具体分析. 通常称 R 为幂级数$\sum\limits_{n=1}^{\infty} a_n x^n$的收敛半径，区间$(-R,R)$称为幂级数$\sum\limits_{n=1}^{\infty} a_n x^n$的收敛区间或收敛区域. 规定：幂级数只在 $x=0$ 点处收敛，$R=0$，收敛域为 $x=0$；幂级数对于一切 x 都收敛，$R=+\infty$，收敛区间为$(-\infty,+\infty)$.

定理 1　幂级数的比值判别法：

如果$\lim\limits_{x\to\infty}\left|\dfrac{a_{n+1}}{a_n}\right|=l$，其中 a_n, a_{n+1} 是幂级数$\sum\limits_{n=1}^{\infty} a_n x^n$的相邻两项的系数，则

(1) 若 $l\neq 0$，该幂级数在$|x|<\dfrac{1}{l}=R$内绝对收敛，在$|x|>\dfrac{1}{l}=R$内发散；

(2) 若 $l=0$，该幂级数在实数域（即$|x|<+\infty$）内绝对收敛；

(3) 当 $l=+\infty$ 时，该幂级数除原点（即 $x=0$）外处处发散.

注　如果级数$\sum\limits_{n=1}^{\infty} u_n(x)$各项的绝对值所构成的正项级数$\sum\limits_{n=1}^{\infty} |u_n(x)|$收敛，则称级数$\sum\limits_{n=1}^{\infty} u_n(x)$绝对收敛.

例 1　讨论幂级数$\sum\limits_{n=1}^{\infty} x^n$的收敛性并求出相应的收敛域.

解　当$|x|\geqslant 1$时，$\sum\limits_{n=1}^{\infty} x^n$发散；

当$|x|<1$时，$\sum\limits_{n=1}^{\infty} x^n$收敛；

所以幂级数$\sum\limits_{n=1}^{\infty} x^n$的收敛域为$(-1,1)$.

求幂级数的方法：设极限$\lim\limits_{x\to\infty}\left|\dfrac{a_n+1}{a_n}\right|$，若$\rho\neq 0$，则$R=\dfrac{1}{\rho}$；若$\rho\neq 0$，则$R=+\infty$；若$\rho=\infty$，则$R=0$.

例 2 求幂级数$x-\dfrac{x^2}{2}+\dfrac{x^3}{3}+\cdots+(-1)^{n-1}\dfrac{x^n}{n}+\cdots$的收敛半径.

解 因为$\rho=\lim\limits_{x\to\infty}\left|\dfrac{a_n+1}{a_n}\right|=\lim\limits_{x\to\infty}\dfrac{\dfrac{1}{n+1}}{\dfrac{1}{n}}=1$，则幂级数的收敛半径$R=\dfrac{1}{\rho}=1$.

定理 2(阿贝尔定理) 如果幂级数$\sum\limits_{n=1}^{\infty}a_nx^n$在$x=x_0(x_0\neq 0)$时收敛，则满足不等式$|x|<|x_0|$的一切$x$使$\sum\limits_{n=1}^{\infty}a_nx^n$绝对收敛. 如果幂级数$\sum\limits_{n=1}^{\infty}a_nx^n$在$x=x_0(x_0\neq 0)$时发散，则满足不等式$|x|>|x_0|$的一切$x$使$\sum\limits_{n=1}^{\infty}a_nx^n$发散.

例 3 讨论函数项级数$\sum\limits_{n=0}^{\infty}\dfrac{\cos^n x}{n^2}$的收敛域.

解 对$\forall x\in R$，有$\left|\dfrac{\cos^n x}{n^2}\right|\leqslant\dfrac{1}{n^2}$，因为$\sum\limits_{n=0}^{\infty}\dfrac{1}{n^2}$收敛，所以对$\forall x\in R$，函数项级数$\sum\limits_{n=0}^{\infty}\dfrac{\cos^n x}{n^2}$收敛，并且函数项级数$\sum\limits_{n=0}^{\infty}\dfrac{\cos^n x}{n^2}$的收敛域为$R$.

习题 8-1

1. 求下列幂级数的收敛域(或收敛半径).

(1) $\sum\limits_{n=1}^{\infty}nx^n$； (2) $-x-\dfrac{x^2}{2}-\dfrac{x^3}{3}-\dfrac{x^4}{4}\cdots-\dfrac{x^n}{n}-\cdots$；

(3) $\sum\limits_{n=1}^{\infty}(-1)^n\dfrac{x^{2n+1}}{2n+1}$； (4) $\sum\limits_{n=1}^{\infty}\dfrac{(x-2)^n}{n\cdot 2^n}$.

8.2 幂级数的运算性质及函数展开成幂级数

8.2.1 幂级数的运算性质

根据幂级数的定义可以证明幂级数有以下重要性质：

性质 1 设幂级数$\sum\limits_{n=0}^{\infty}a_nx^n$与$\sum\limits_{n=0}^{\infty}b_nx^n$的收敛半径分别为$R_1$与$R_2(R_1,R_2\neq 0)$，记$R=\min\{R_1,R_2\}$，则

$$\sum_{n=0}^{\infty} a_n x^n \pm \sum_{n=0}^{\infty} b_n x^n = \sum_{n=0}^{\infty} (a_n \pm b_n) x^n, x \in (-R, R).$$

性质 2 幂级数 $\sum_{n=0}^{\infty} a_n x^n$ 的和函数 $S(x)$ 在其收敛域上连续.

如果幂级数在 $x=R$(或 $x=-R$) 也收敛,则和函数 $S(x)$ 在区间 $(-R,R]$(或区间 $[-R,R)$) 连续.

性质 3 幂级数 $\sum_{n=0}^{\infty} a_n x^n$ 的和函数 $S(x)$ 在其收敛区间 $(-R,R)$ 内可导,且有逐项求导公式:

$$S'(x) = \left(\sum_{n=0}^{\infty} a_n x^n\right)' = \sum_{n=0}^{\infty} a_n n x^{n-1}, x \in (-R, R).$$

求导后所得到的幂级数和原幂级数有相同的收敛半径.

性质 4 幂级数 $\sum_{n=0}^{\infty} a_n x^n$ 的和函数 $S(x)$ 在其收敛区间 $(-R,R)$ 内可积,且有逐项积分公式:

$$\int_0^x S(x)\mathrm{d}x = \int_0^x \left(\sum_{n=0}^{\infty} a_n x^n\right)\mathrm{d}x = \sum_{n=0}^{\infty}\int_0^x a_n x^n \mathrm{d}x = \sum_{n=0}^{\infty} \frac{a_n}{n+1} x^{n+1}, x \in (-R, R).$$

求积分后所得到的幂级数和原幂级数有相同的收敛半径.

8.2.2 函数展开为幂级数

通过上面的性质可以看到,幂级数在它的收敛区间内可以像多项式一样地进行运算,因此把一个函数表示为幂级数,对于函数的研究有着重要的意义.

1. 麦克劳林级数

微分近似公式

$$f(x) \approx f(x_0) + f'(x_0)(x - x_0) \quad (当 |x - x_0| 很小时)$$

事实上,这个微分近似公式是略掉了一个(当 $x \to x_0$ 时) 比 $(x - x_0)$ 还高阶的无穷小,即

$$f(x) \approx f(x_0) + f'(x_0)(x - x_0) + o(x - x_0).$$

而

$$o(x - x_0) = a_2 (x - x_0)^2 + o (x - x_0)^2,$$

$$o (x - x_0)^2 = a_3 (x - x_0)^3 + o (x - x_0)^3,$$

依次推下去,函数 $f(x)$ 可以由

$$f(x_0) + f'(x_0)(x - x_0) + a_2 (x - x_0)^2 + a_3 (x - x_0)^3 + \cdots + a_n (x - x_0)^n$$

近似表示. 由此我们给出下列定理:

定理 1 若函数 $f(x)$ 在点 x_0 的附近有 1 到 $n+1$ 阶的连续导数，则对点 x_0 附近的任意点 x 处有

$$f(x)=f(x_0)+\frac{f'(x_0)}{1!}(x-x_0)+\frac{f''(x_0)}{2!}(x-x_0)^2+\cdots$$
$$+\frac{f^{(n)}(x_0)}{n!}(x-x_0)^n+R_n(x).$$

其中 $R_n(x)=\frac{f^{(n+1)}(\xi)}{n!}(x-x_0)^{n+1}$(其中 ξ 在 x 与 x_0 之间)，上式称为函数 $f(x)$ 的泰勒公式，余项 $R_n(x)$ 称为拉格朗日余项.

定义特别地，当 $x_0=0$ 时，公式成为

$$f(x)=f(0)+\frac{f'(0)}{1!}x+\frac{f''(0)}{2!}x^2+\cdots+\frac{f^{(n)}(0)}{n!}x^n+R_n(x),$$

其中 $R_n(x)=\frac{f^{(n+1)}(\xi)}{n!}x^{n+1}$，公式称为麦克劳林公式.

如果 $f(x)$ 在泰勒公式中的余项 $R_n(x)\to 0(n\to 0)$，那么 $f(x)$ 可以展开成泰勒级数

$$f(x)=f(x_0)+\frac{f'(x_0)}{1!}(x-x_0)+\frac{f''(x_0)}{2!}(x-x_0)^2+\cdots+\frac{f^{(n)}(x_0)}{n!}(x-x_0)^n+\cdots$$

当 $x_0=0$ 时，上式成为

$$f(x)=f(0)+\frac{f'(0)}{1!}x+\frac{f''(0)}{2!}x^2+\cdots+\frac{f^{(n)}(0)}{n!}x^n+\cdots$$

称为 $f(x)$ 的麦克劳林级数.

函数展开成麦克劳林级数的基本步骤：

(1) 求出函数的各阶导数 $f'(x),f''(x),\cdots,f^{(n)}(x),\cdots$；

(2) 求出其各阶导数在 $x=0$ 处的值 $f'(0),f''(0),\cdots,f^{(n)}(0),\cdots$；

(3) 写出幂级数

$$f(0)+\frac{f'(0)}{1!}x+\frac{f''(0)}{2!}x^2+\cdots+\frac{f^{(n)}(0)}{n!}x^n+\cdots$$

并求出收敛半径 R.

2. 分析 $R_n(x)$ 在区间 $(-R,R)$ 内当 $n\to\infty$ 是否趋向于 0

如果 $\lim\limits_{n\to\infty}R_n(x)=0$，那么函数 $f(x)$ 的幂级数展开式为

$$f(x)=f(0)+\frac{f'(0)}{1!}x+\frac{f''(0)}{2!}x^2+\cdots+\frac{f^{(n)}(0)}{n!}x^n+\cdots(-R,R).$$

例 1 将 $f(x)=\sin x$ 展开成 x 的幂级数.

解 (1) 函数的各阶导数 $f^{(n)}(x)=\sin\left(x+n\cdot\frac{\pi}{2}\right)$， $n=0,1,2,\cdots$；

(2) 函数的各阶导数在 $x=0$ 处的值依次循环取 $0,1,0,-1,\cdots(n=0,1,2,\cdots)$；

(3) $f(x)\sim\sum\limits_{n=0}^{\infty}\frac{f^{(n)}(0)}{n!}x^n=x-\frac{x^3}{3!}+\frac{x^5}{5!}+\cdots+(-1)^{n-1}\frac{x^{2n-1}}{(2n-1)!}+\cdots$，其收敛半径

$$R=\lim_{n\to\infty}\left|\frac{a_n}{a_{n+1}}\right|=\lim_{n\to\infty}\frac{(2n+1)!}{(2n-1)!}=\lim_{n\to\infty}(2n+1)2n=+\infty,$$

对于任何有限的数 x,ξ(ξ 介于 0 与 x 之间)，有

$$\lim_{n\to\infty}|R_n(x)|=\lim_{n\to\infty}\left|\frac{\sin\left[\xi+\frac{(n+1)\pi}{2}\right]}{(n+1)!}x^{n+1}\right|\leqslant\lim_{n\to\infty}\frac{|x|^{n+1}}{(n+1)!}=0.$$

因此 $f(x)=\sin x$ 展开成 x 的幂级数为

$$\sin x=\sum_{n=0}^{\infty}\frac{f^{(n)}(0)}{n!}x^n=x-\frac{x^3}{3!}+\frac{x^5}{5!}+\cdots+(-1)^{n-1}\frac{x^{2n-1}}{(2n-1)!}+\cdots$$

$x\in(-\infty,\infty)$.

上述对函数展开成幂级数的方法称为直接展开法，该方法比较直观，但比较烦琐，需要求出各阶导数 $f^{(n)}(x)$，还要证明余项趋于零. 可以根据函数的幂级数展开式的唯一性，利用一些已知函数幂级数的展开式，再通过幂级数的代数运算或逐项求导、逐项积分运算等性质，求出给定函数的幂级数展开式，这种方法称为间接展开法.

例 2 将 $f(x)=\cos x$ 展开成 x 的幂级数.

解 因为 $(\sin x)'=\cos x$，已知

$$\sin x=x-\frac{x^3}{3!}+\frac{x^5}{5!}-\cdots+(-1)^n\frac{x^{2n+1}}{(2n+1)!}+\cdots(-\infty<x<+\infty),$$

对上式两边逐项求导，得

$$\cos x=1-\frac{x^2}{2!}+\frac{x^4}{4!}-\cdots+(-1)^n\frac{x^{2n}}{2n!}+\cdots(-\infty<x<+\infty).$$

习题 8－2

1. 求下列级数在收敛域上的和函数.

(1) $\sum\limits_{n=0}^{\infty}x^n$；

(2) $\sum\limits_{n=0}^{\infty}(-1)x^{2n}$；

(3) $\sum\limits_{n=1}^{\infty}(-1)^{n-1}\frac{x^{2n-1}}{(2n-1)!}$；

(4) $\sum\limits_{n=0}^{\infty}\frac{x^n}{n!}$；

(5) $\sum\limits_{n=1}^{\infty}nx^n$；

(6) $\sum\limits_{n=0}^{\infty}\frac{x^n}{n+1}$；

(7) $\sum_{n=0}^{\infty}(-1)^n\frac{x^{n+1}}{n+1}$.

2. 将下列函数展开成 x 的幂级数.

(1) $y=e^x$；　　　　(2) $y=\frac{1}{1+x^2}$.

3. 拓展题.

将函数 $f(x)=\frac{1}{x+x^2}$ 展开成 $x-1$ 的幂级数.

8.3 Mathematica 求函数的幂级数展开式

本节从幂级数展开着手研究，借助 Mathematica 的强大功能来实现泰勒和洛朗级数的展开. 利用 Mathematica 内容丰富、功能强大、语法简练、操作方便等优点，可轻易实现对各类函数在不同区域的级数展开.

幂级数展开在函数的近似表达式，常微分方程的求解等方面有重要应用. 不同函数的幂级数展开是一个很烦琐的计算过程，利用 Mathematica 进行幂级数展开，可以使教学更加形象、生动.

Mathematica 能把函数展成级数的形式，还能对级数间进行四则运算及级数开方或取对数值等. 如果函数 $f(x)$ 在 x_0 的某邻域内具有任意阶导数，则函数可以展开为在 x_0 处的幂级数

$$f(x)=\sum_{n=1}^{\infty}a_n(x-x_0)^n=\sum_{n=1}^{\infty}\frac{f^{(n)}(x_0)}{n!}(x-x_0)^n$$

称之为泰勒级数.

在 Mathematica 软件中，用 Series 将一个函数 $f(x)$ 展开成为幂级数. 其调用形式是输入 Series[f,{x,x_0,n}]，把函数 $f(x)$ 在点 x_0 处展开到 x 的 n 次幂. 命令不仅可以展开具体的函数，而且可以展开抽象的函数. 幂级数展开函数的 Series 的一般形式：

Series[expr,{x,x_0,n}] 将 expr 在点 $x=x_0$ 展开到 n 阶的幂级数；

Series[expr,{x,x_0 ,n},{y,y_0,m}] 先对 y 展开到 m 阶再对 x 展开到 n 阶的幂级数，用 Series 展开后，展开项中最后一项为截断误差 $o\,[x]^n$.

例 1　展开下列函数为幂级数：

(1) $y=\sin 2x$ 在 $x_0=0$ 处展开；　(2) $y=f(x)$ 在 $x_0=0$ 处展开.

解　(1) In[1]：=Series[sin[2x]，{x,0,7}]

Out[1]=$2x-\frac{4x^3}{3}+\frac{4x^5}{15}-\frac{8x^5}{315}+o\,[x]^7$；

(2) In[1]：=Series[f[x]，{x,0,3}]

Out[1]=$f(0)+f'(0)x+\frac{1}{2}f''(0)x^2+\frac{1}{6}f'''(0)x^3+o\,[x]^4$.

习题 8-3

1. 将函数 $f(x)=\log(1+x)$ 在 $x_0=0$ 处展开到 x 的 8 次幂.

2. 将函数 $f(x)=\arctan x$ 在 $x_0=0$ 处展开到 x 的 10 次幂.

3. 将函数 $\sin x$ 和 $x\cos x$ 在 $x_0=0$ 处展开到 x 的 5 次幂并分别记作 a 和 b，求出它们的和及 a 的微分.

本章小结

本章的重点是判断函数项级数的敛散性. 知道幂级数函数及和函数的概念，并会求一些常见级数的和函数. 熟练掌握较简单幂级数的收敛域的求法. 知道幂级数在其收敛区间的一些基本性质. 掌握幂级数的展开比如 e^x，$\sin x$，$\cos x$，$\ln(1+x)$ 和 $(1+x)^n$ 的麦克劳林展开式，结合幂级数展开的性质，将一些简单函数展开为幂级数.

1. 幂级数的定义

形如 $\sum\limits_{n=1}^{\infty}a_nx^n$ 的级数称为 x 的幂级数，其中 $a_n(n=1,2,\cdots)$ 称为幂级数的系数. 幂级数的收敛域是以 x_0 为中心，以 R 为半径的区间，收敛半径 R 由公式 $R=\lim\limits_{n\to\infty}\left|\dfrac{a_n}{a_{n+1}}\right|$ 或 $R=\lim\limits_{n\to\infty}\left|\dfrac{1}{\sqrt[n]{|a_n|}}\right|$ 给出，当 $R=0$ 时幂级数仅在 $x=x_0$ 点收敛；当 $0<R<\infty$ 时，幂级数的收敛区间为 (x_0-R,x_0+R)，端点 $x_0=\pm R$ 可能是收敛点；当 $R=\pm\infty$ 时，幂级数在 $(-\infty,+\infty)$ 上都收敛.

2. 五个重要的幂级数展开式

(1) $e^x=\sum\limits_{n=0}^{\infty}\dfrac{x_n}{n!}\quad(-\infty<x<+\infty)$；

(2) $\sin x=\sum\limits_{n=0}^{\infty}(-1)^{n-1}\dfrac{x^{2n-1}}{(2n-1)!}\quad(-\infty<x<+\infty)$；

(3) $\cos x=\sum\limits_{n=0}^{\infty}(-1)^{n}\dfrac{x^{2n}}{(2n)!}\quad(-\infty<x<+\infty)$；

(4) $\ln(1+x)=\sum\limits_{n=1}^{\infty}(-1)^{n}\dfrac{x^{n}}{n}=x-\dfrac{x^2}{2}+\dfrac{x^3}{3}-\cdots\quad(-1<x\leqslant 1)$；

(5) $(1+x)^{\alpha}=\sum\limits_{n=0}^{\infty}\dfrac{\alpha(\alpha-1)\cdots(\alpha-n+1)}{n!}x^n\quad(-1<x<1)$；

特别地 $\dfrac{1}{1+x}=\sum\limits_{n=0}^{\infty}(-1)^nx^n\quad(-1<x<1)\qquad\dfrac{1}{1-x}=\sum\limits_{n=0}^{\infty}x^n\quad(-1<x<1)$.

复习题 8

1. 求下列幂级数的收敛区域.

(1) $\sum_{n=1}^{\infty} nx^{n-1}$;

(2) $\sum_{n=1}^{\infty} (-1)^n \frac{x^n}{n^n}$;

(3) $\sum_{n=1}^{\infty} n!\ x^n$;

(4) $\sum_{n=1}^{\infty} \frac{n^2}{3^n} x^n$;

(5) $\sum_{n=1}^{\infty} \frac{2^n}{n^2+1} x^n$;

(6) $\sum_{n=1}^{\infty} \frac{(x-5)^n}{\sqrt{n}}$.

2. 求下列函数的和函数.

(1) $\sum_{n=1}^{\infty} nx^{n-1}$;

(2) $\sum_{n=1}^{\infty} \frac{1}{2^{n+1}} x^{2n+1}$;

(3) $\sum_{n=1}^{\infty} nx^{2n}$;

(4) $\sum_{n=1}^{\infty} \frac{2n+1}{n!} x^{2n}$;

(5) $\sum_{n=1}^{\infty} n^2 x^n$;

(6) $\sum_{n=1}^{\infty} \frac{x^{2n-1}}{2n-1}$.

3. 将下列函数展开为 x 的幂级数,并写出收敛区间.

(1) $f(x)=\frac{x^2}{x-3}$;

(2) $\mathrm{sh}x=\frac{e^x-e^{-x}}{2}$;

(3) $f(x)=a^x$;

(4) $f(x)=\sin^2 x$.

4. 试将函数 $f(x)=\frac{1}{x}$ 展开成 $(x-3)$ 的幂级数.

第 9 章 常微分方程

300 多年前，牛顿和莱布尼兹所创立的微积分学，它可以建立运动物体（变量）与它的瞬时变化率（导数）之间的关系式，这种关系式在数学称之为微分方程. 通过解微分方程可以得到所要求的函数关系，找到其变化规律. 这一章主要学习微分方程的概念及求一些特殊微分方程的解.

9.1 常微分方程的概念

定义 含有未知函数的导数（或微分）的方程，称为微分方程. 未知函数是一元函数的微分方程，称为常微分方程，如 $a(x)y''+b(x)y'+c(x)=f(x)$；未知函数是多元函数的微分方程，称为偏微分方程，如 $yz'_x+xz'_y+z=0$. 本章只研究常微分方程，为了方便起见，以后出现的"微分方程"均为"常微分方程".

微分方程中出现未知函数的导数（或微分）的最高阶数，称为微分方程的阶. 如自由落体加速度 $\frac{\mathrm{d}^2 S}{\mathrm{d}t^2}=g$ 是二阶常微分方程.

如果一个函数代入微分方程后，方程的两端恒等，则称此函数为该微分方程的一个解，即微分方程的解是函数. 函数 $y=\int 2x\mathrm{d}x=x^2+C$（$C$ 为任意常数）是微分方程 $\mathrm{d}y=2x\mathrm{d}x$ 的解. 如果函数 $y=\int 2x\mathrm{d}x=x^2+C$ 曲线经过原点 $(0,0)$ 时，确定 $C=0$，$y=x^2$ 是微分方程的唯一解.

由此可见，微分方程有两种解：

(1) 如果一个微分方程的解中含有独立任意常数，并且所含独立任意常数的个数等于该微分方程的阶数时，则这个解叫作该微分方程的通解.

(2) 如果从一个微分方程的通解中根据已知条件将任意常数确定下来得到的解，则这个解叫作微分方程的特解. 用来确定通解中任意常数而得到特解的已知条件叫作初始条件.

一般来说，根据不同的初始条件可得到不同的特解.

求微分方程解的过程叫作解微分方程. 微分方程的解所对应的几何图形叫微分方程的积分曲线. 通解的几何图形是一簇积分曲线，特解是几何图形是一簇积分曲线中的一条，这也是微分方程的几何意义.

例 1 验证下列给定的函数是否为方程的解，若是方程的解判断是通解还是特解.

(1)$xy'=3y, y=Cx^3$(C 为常数);

(2)$x\mathrm{d}y-\sin y\mathrm{d}x=0$, $y=\cos x+C$(C 为常数).

解 (1) 求函数的导数

$$y'=3Cx^2.$$

将上式带入原微分方程,得

$$3Cx^3=3y.$$

由此可见,函数 $y=Cx^3$ 是方程 $xy'=3y$ 的通解. 且 $y=Cx^3$ 只含一个任意常数,所以该函数是方程的通解.

(2) 求函数的微分

$$\mathrm{d}y=-\sin x\mathrm{d}x.$$

将上式带入原微分方程,得

$$x(-\sin x\mathrm{d}x)-\sin(\cos x)\,\mathrm{d}x\neq 0.$$

由此可见,函数 $y=\cos x+C$ 不是方程 $x\mathrm{d}y-\sin y\mathrm{d}x=0$ 的解.

习题 9-1

1. 验证下列给定的函数是否为方程的解,若是方程的解判断是通解还是特解.

(1)$xy'=2y, y=5x^2$;

(2)$y''-2y'+y=0, y=\mathrm{e}^x(C_1+C_2x)$.

2. 确定下列各题的未知常数,使函数满足下列的初始条件.

(1)$x^2+y=C, y|_{x=0}=2$;

(2)$y=(C_1+C_2x)\mathrm{e}^{2x}, y|_{x=0}=1, y'|_{x=0}=1$.

9.2 一阶微分方程

一阶微分方程的一般形式是

$$F(x,y,y')=0,$$

有时也可以写成如下形式

$$P(x,y)\,\mathrm{d}x+Q(x,y)\,\mathrm{d}y=0.$$

本节将讨论几种简单一阶微分方程及其解法.

9.2.1 可分离变量的一阶微分方程

定义 形如

$$g(y)\,\mathrm{d}y = f(x)\,\mathrm{d}x \tag{9-1}$$

的一阶微分方程,称为可分离变量的一阶微分方程.

解法:对(9-1)式两边同时积分,得

$$\int g(y)\,\mathrm{d}y = \int f(x)\,\mathrm{d}x.$$

设 $G(y)$ 和 $F(x)$ 分别为 $g(y)$ 和 $f(x)$ 的一个原函数,则

$$G(y) = F(x) + C$$

就是方程(9-1)的通解。

例 1 求微分方程 $\sin y\mathrm{d}y = x^2\mathrm{d}x$ 的通解。

解 该方程为可分离变量的一元微分方程,对 $\sin y\mathrm{d}y = x^2\mathrm{d}x$ 两边同时积分,得该方程的通解为

$$-\cos y = \frac{1}{3}x^3 + C.$$

例 2 某商品的需求量 Q 对价格 P 的弹性为 $-P\ln 3$,若该商品的最大需求量为 1200(即 $P=0$ 时,$Q=1200$),P 的单位为元,Q 的单位为 kg.

(1) 求需要量 Q 与价格 P 的函数关系;

(2) 求当价格为 1 元时,市场对该商品的需求量;

(3) 当 $P\to+\infty$ 时,需求量的变化趋势如何?

解 (1) 由已知条件,得

$$\frac{P}{Q}\cdot\frac{\mathrm{d}Q}{\mathrm{d}P} = -P\ln 3.$$

即

$$\frac{\mathrm{d}Q}{\mathrm{d}P} = -Q\ln 3.$$

这是可分离变量的微分方程,分离变量得

$$\frac{\mathrm{d}Q}{Q} = -\ln 3\mathrm{d}P.$$

两边积分,便得方程的解为

$$Q = C\cdot 3^{-P}(C\text{ 为任意常数}).$$

由条件 $Q|_{P=0}=1200$,得 $C=1200$,所以

$$Q = 1200\cdot 3^{-P}.$$

(2) 当 $P=1$(元)时,$Q=1200\cdot 3^{-1}=400$kg.

(3) 显然 $P\to+\infty$ 时,$Q\to 0$,需求函数为减函数,即随着价格的无限增大,需求量将趋

于零.

9.2.2 齐次微分方程

定义 形如

$$\frac{\mathrm{d}y}{\mathrm{d}x}=f\left(\frac{y}{x}\right) \tag{9-2}$$

的一阶微分方程,称为齐次微分方程,其中 $f\left(\frac{y}{x}\right)$ 是关于 $\frac{y}{x}$ 这个整体变量的一元连续函数.

解法:令 $u=\frac{y}{x}$,即 $y=ux$,于是$\frac{\mathrm{d}y}{\mathrm{d}x}=u+x\frac{\mathrm{d}u}{\mathrm{d}x}$,代入方程(9-2),得

$$u+x\frac{\mathrm{d}u}{\mathrm{d}x}=f(u).$$

整理,得

$$\frac{\mathrm{d}u}{\mathrm{d}x}=\frac{f(u)-u}{x}. \tag{9-3}$$

方程(9-3)变成了可分离变量的微分方程,求出该方程的通解,再将变量 u 还原为$\frac{y}{x}$,所得函数就是方程(9-2)的通解.

例 3 求微分方程 $y^2+x^2\frac{\mathrm{d}y}{\mathrm{d}x}=xy\frac{\mathrm{d}y}{\mathrm{d}x}$ 的通解.

解 原方程可转化为$\frac{\mathrm{d}y}{\mathrm{d}x}=\frac{\left(\frac{y}{x}\right)^2}{\frac{y}{x}-1}$,此方程为齐次微分方程,令 $u=\frac{y}{x}$,则 $f(u)=\frac{u^2}{u-1}$,代入方程(9-3),得

$$\frac{\mathrm{d}u}{\mathrm{d}x}=\frac{\frac{u^2}{u-1}-u}{x}=\frac{u}{x(u-1)}.$$

则原方程的通解为 $\ln|y|=\frac{y}{x}+C$.

9.2.3 一阶线性方程

未知函数及其导数都是一次的微分方程,称为一阶线性微分方程.其一般式为

$$y'+p(x)y=q(x). \tag{9-4}$$

如果 $q(x)\equiv 0$,式(9-4)化为

$$y'+p(x)y=0 \tag{9-5}$$

称为一阶线性齐次微分方程.如果 $q(x)\neq 0$,式(9-4)称为一阶线性非齐次微分方程.

1. 一阶线性齐次微分方程的通解

方程(9－5)是可分离变量的微分方程，通解为

$$y=Ce^{-\int p(x)\mathrm{d}x}.$$

2. 一阶线性非齐次微分方程的通解

方程(9－4)与方程(9－5)有类似的解，利用“常用变易法”：先求出一阶线性非齐次微分方程(9－5)的通解 $y=Ce^{-\int p(x)\mathrm{d}x}$，然后将通解中的常数 C 换为待定函数 $C(x)$. 即设

$$y=C(x)e^{-\int p(x)\mathrm{d}x} \tag{9-6}$$

为求未知函数 $C(x)$，将方程 $y=C(x)e^{-\int p(x)\mathrm{d}x}$ 两边对 x 求导，得

$$y'=C'(x)e^{-\int p(x)\mathrm{d}x}-p(x)C(x)e^{-\int p(x)\mathrm{d}x}.$$

将 y 和 y' 代入方程 $y'+p(x)y=q(x)$ 中，求得

$$C'(x)=q(x)e^{\int p(x)\mathrm{d}x}.$$

两边积分，得

$$C(x)=\int q(x)e^{\int p(x)\mathrm{d}x}\mathrm{d}x+C.$$

于是一阶线性非齐次微分方程的通解为

$$y=\left(\int q(x)e^{\int p(x)\mathrm{d}x}\mathrm{d}x+C\right)e^{-\int p(x)\mathrm{d}x}=\int q(x)e^{\int p(x)\mathrm{d}x}\mathrm{d}x e^{-\int p(x)\mathrm{d}x}+Ce^{-\int p(x)\mathrm{d}x}.$$

通过上式可以看出，一阶线性非齐次微分方程的通解为对应的非齐次微分方程的特解与齐次微分方程的通解之和.

例 4 设有一个由电感 L，电阻 R 及电动势 $E=E_0\sin\omega t$ 组成的串联电路，在 $t=0$ 时接通电路，求电流 i 与时间 t 的函数关系.

解 由基尔霍夫第二定律知，回路中总电动势等于接入回路中各部分电压降(电阻两端产生的电势降低的多少)的代数和.

设时刻 t 的电流为 $i(t)$，则电阻上的电压降为 Ri，电感上的电压降为 $L\dfrac{\mathrm{d}i}{\mathrm{d}t}$，于是有

$$L\frac{\mathrm{d}i}{\mathrm{d}t}+Ri=E_0\sin\omega t. \tag{9-7}$$

初始条件 $i|_{t=0}=0$.

式子(9－7)是一阶线性非齐次微分方程，由

$$L\frac{\mathrm{d}i}{\mathrm{d}t}+Ri=0$$

得通解

$$i(t)=Ce^{-\frac{R}{L}t}.$$

由常数变易法，设 $i(t)=C(t)\mathrm{e}^{-\frac{R}{L}t}$，代入(9-7)式，得

$$C'\mathrm{e}^{-\frac{R}{L}t}=\frac{E_0}{L}\sin\omega t.$$

于是

$$C'=\frac{E_0}{L}\mathrm{e}^{\frac{R}{L}t}\sin\omega t\left[\frac{RL}{\omega^2L^2}\sin\omega t-\frac{\omega L^2}{\omega^2L^2}\cos\omega t\right]+C.$$

所以

$$i(t)=C\mathrm{e}^{-\frac{R}{L}t}+\frac{E_0}{\omega^2L^2+R^2}(R\sin\omega t-\omega L\cos\omega t).$$

初始条件 $i|_{t=0}=0$ 得

$$C=\frac{E_0\omega L}{\omega^2L^2+R^2}.$$

故得电流与时间的关系式

$$C=\frac{E_0\omega L}{\omega^2L^2+R^2}\mathrm{e}^{-\frac{R}{L}t}+\frac{E_0}{\sqrt{\omega L^2+R^2}}\sin(\omega t-\varphi).$$

其中 $\varphi=\arctan\frac{\omega L}{R}$.

从电学上分析，当 t 增大时，第一项很快衰减并趋于零，故称暂态电流；而第二项起着决定作用，称为稳态电流，它是一个与电动势的周期相同，而相角后 φ 角的周期函数.

习题 9-2

1. 求微分方程 $x^2y'=(x+1)y$ 的解.
2. 求微分方程 $y'-\frac{2}{x}y=0$ 的解.
3. 求微分方程 $y'+\frac{1}{x}y=x^2$ 的解.
4. 求微分方程 $yy'+\mathrm{e}^{2x+y^2}=0$ 满足 $y|_{x=0}=\sqrt{\ln 2}$ 的特解.

9.3 二阶常系数线性微分方程

定义 形如

$$y''+py'+q=f(x) \tag{9-8}$$

的微分方程，称为二阶常系数线性微分方程，其中 p,q 为常数，$f(x)$ 为 x 的函数，称为自由项. 当 $f(x)\equiv 0$ 时，方程

$$y'' + py' + q = 0 \tag{9-9}$$

称为二阶常系数线性齐次微分方程；当 $f(x) \neq 0$ 时，方程(9－8)称为二阶常系数线性非齐次微分方程.

9.3.1　二阶常系数线性微分方程解的结构

定理 1　如果 $y_1(x)$ 和 $y_2(x)$ 是二阶常系数线性齐次微分方程(9－9)的两个解，而且 $\frac{y_1(x)}{y_2(x)} \neq C$（$C$ 为常数），则该方程的通解为

$$y = C_1 y_1(x) + C_2 y_2(x). \tag{9-10}$$

如二阶常系数齐次线性微分方程 $y'' + y' - 6y = 0$ 的两个解为 e^{-3x} 和 e^{2x}，而且 $\frac{e^{-3x}}{e^{2x}} = e^{-5x} \neq C$. 因此，方程的通解为 $y = C_1 e^{-3x} + C_2 e^{2x}$，其中 C_1，C_2 为任意常数.

注　如果定理中缺少 $\frac{y_1(x)}{y_2(x)}$ 不等于常数，函数(9－10)就不一定是方程(9－9)的通解. 例如 $y'' - 2y' + y = 0$ 的两个解为 e^x 和 $2e^x$，而 $y = C_1 e^x + C_2 2e^x$ 并不是方程 $y'' - 2y' + y = 0$ 的通解.

9.3.2　二阶常系数线性微分方程的解法

通过定理 1 可知，欲求出方程(9－9)的通解，必须先求出该方程的两个线性无关的特解. 结合指数函数 $e^{\lambda x}$ 的各阶导数与原函数仍是同类型指数函数. 因此，可以猜想，给予 λ 适当的数值，函数 $y = e^{\lambda x}$ 满足方程(9－9).

设函数 $y = e^{\lambda x}$ 是方程(9－9)的解，则 $y' = \lambda e^{\lambda x}$，$y'' = \lambda^2 e^{\lambda x}$，把 y，y'，y'' 代入方程(9－9)，整理得

$$(\lambda^2 + p\lambda + q) e^{\lambda x} = 0.$$

因为 $e^{\lambda x} \neq 0$，所以

$$\lambda^2 + p\lambda + q = 0. \tag{9-11}$$

只要 λ 满足方程(9－11)，函数 $y = e^{\lambda x}$ 就是微分方程(9－9)的解. 方程(9－11)称为方程(9－9)的特征方程. 该特征方程的两个根可用万能公式

$$\lambda_1, \lambda_2 = \frac{-p \pm \sqrt{p^2 - 4q}}{2} \tag{9-12}$$

求出. 根据特征方程特征根的不同情况，确定微分方程通解的方法，称为特征根法.

根据特征根有三种不同的情形，方程(9－11)的通解分三种情况，见表 9－1.

表 9-1

特征根	齐次方程(9-9)的通解
两个不同的实根 $\lambda_1 \neq \lambda_2$	$y=C_1 e^{\lambda_1 x}+C_2 e^{\lambda_2 x}$
两个相同的实根 $\lambda_1=\lambda_2$	$y=e^{\lambda_1 x}(C_1+C_2 x)$
两个共轭复根 $\lambda=\alpha \pm \beta i$	$y=e^{\alpha x}(C_1 \cos\beta x+C_2 \sin\beta x)$

例 1 求微分方程 $y''+2y'+5y=0$ 的通解.

解 所给方程的特征方程为

$$\lambda^2+2\lambda+5=0,$$

$$\lambda_1=-1+2i, \lambda_2=-1-2i,$$

所求通解为

$$y=e^{-x}(C_1 \cos 2x+C_2 \sin 2x).$$

例 2 求微分方程 $\frac{d^2 S}{dt^2}+2\frac{dS}{dt}+S=0$ 满足初始条件 $S|_{t=0}=4, S'|_{t=0}=-2$ 的特解.

解 该微分方程的特征方程为

$$\lambda^2+2\lambda+1=0,$$

$$\lambda_1=\lambda_2=-1,$$

通解为

$$S=(C_1+C_2 t)e^{-t}.$$

将初始条件 $S|_{t=0}=4$ 代入,得 $C_1=4$,于是

$$S=(4+C_2 t)e^{-t}.$$

对其求导得

$$S'=(C_2-4-C_2 t)e^{-t}.$$

将初始条件 $S'|_{t=0}=-2$ 代入上式,得

$$C_2=2.$$

所求特解为

$$S=(4+2t)e^{-t}.$$

例 3 求方程 $y''+2y'-3y=0$ 的通解.

解 所给方程的特征方程为 $\lambda^2+2\lambda-3=0$,

其根为

$$\lambda_1=-3, \lambda_2=1,$$

所以原方程的通解为

$$y=C_1\mathrm{e}^{-3x}+C_2\mathrm{e}^{x}.$$

综上所述，求二阶常系数齐次线性微分方程的通解的步骤：

① 写出方程的特征方程 $\lambda^2+p\lambda+q=0$；

② 求出特征方程的特征根 λ_1,λ_2；

③ 根据特征根的情况，由表 9－1 写出原方程的通解.

9.3.3 二阶常系数非齐次微分方程的解

1.二阶常系数非齐次微分方程解的结构

定理2 设 y^* 是非齐次微分方程 $y''+py'+qy=f(x)$ 的一个特解，$\bar{y}$ 是该式所对应的齐次方程式 $y''+py'+qy=0$ 的通解，则该非齐次微分方程的通解是 $y=\bar{y}+y^*$.

证明 把 $y=\bar{y}+y^*$ 代入方程(9－8)的左端得

$$\begin{aligned}&(\bar{y}''+y^{*''})+p(\bar{y}'+y^{*'})+q(\bar{y}+y^*)\\&=(\bar{y}''+p\bar{y}'+q\bar{y})+(y^{*''}+py^{*'}+qy^*)\\&=0+f(x)=f(x).\end{aligned}$$

$y=\bar{y}+y^*$ 使方程(9－8)的两端恒等，所以 $y=\bar{y}+y^*$ 是方程(9－8)的解.

定理3 设二阶非齐次线性方程(9－8)的右端自由项 $f(x)$ 是几个函数之和，设 $f(x)=f_1(x)+f_2(x)$，则

$$y''+py'+qy=f_1(x)+f_2(x), \tag{9-13}$$

而 y_1^* 与 y_2^* 分别是方程 $y''+py'+qy=f_1(x)$ 与 $y''+py'+qy=f_2(x)$ 的特解，那么 $y_1^*+y_2^*$ 就是方程(9－13)的特解，非齐次线性方程(9－8)的特解也可用上述定理求出.

2.几类特殊二阶常系数非齐次微分方程的解

不是所有的二阶常系数非齐次微分方程都很容易求出解，下面给出两类特殊方程解的结构.

(1) $f(x)=\mathrm{e}^{\lambda x}P_m(x)$ 型

$f(x)=\mathrm{e}^{\lambda x}P_m(x)$，其中 λ 为常数，$P_m(x)$ 是关于 x 的一个 m 次多项式.

方程(9－8)的右端 $f(x)$ 是多项式 $P_m(x)$ 与指数函数 $\mathrm{e}^{\lambda x}$ 乘积的导数仍为同一类型函数，因此方程(9－8)的特解可能为 $y^*=Q(x)\mathrm{e}^{\lambda x}$，其中 $Q(x)$ 是某个多项式函数.

把
$$\begin{aligned}y^*&=Q(x)\mathrm{e}^{\lambda x},\\y^{*'}&=[\lambda Q(x)+Q'(x)]\mathrm{e}^{\lambda x},\\y^{*''}&=[\lambda^2Q(x)+2\lambda Q'(x)+Q''(x)]\mathrm{e}^{\lambda x}\end{aligned}$$

代入方程(9－8)并消去 $\mathrm{e}^{\lambda x}$，得

$$Q''(x)+(2\lambda+p)Q'(x)+(\lambda^2+p\lambda+q)Q(x)=P_m(x). \tag{9-14}$$

以下分三种不同的情形，分别讨论函数 $Q(x)$ 的确定方法：

① 若 λ 不是方程式(9-9)的特征方程 $r^2+pr+q=0$ 的根，即 $\lambda^2+p\lambda+q\neq0$，要使式(9-14)的两端恒等，令 $Q(x)$ 为另一个 m 次多项式 $Q_m(x)$

$$Q_m(x)=b_0+b_1x+b_2x^2+\cdots+b_mx^m$$

代入(9-14)式，并比较两端关于 x 同次幂的系数，就得到关于未知数 $b_0,b_1,\cdots,b_m$ 的 $m+1$ 个方程. 联立方程组可以解出 $b_i(i=0,1,\cdots,m)$，从而得到所求方程的特解为

$$y^*=Q_m(x)e^{\lambda x}.$$

② 若 λ 是特征方程 $r^2+pr+q=0$ 的单根，即 $\lambda^2+p\lambda+q=0$， $2\lambda+p\neq0$，要使式(9-14)成立，则 $Q'(x)$ 必须要是 m 次多项式函数.

令

$$Q(x)=xQ_m(x)$$

用同样的方法来确定 $Q_m(x)$ 的系数 $b_i(i=0,1,\cdots,m)$.

③ 若 λ 是特征方程 $r^2+pr+q=0$ 的重根，即 $\lambda^2+p\lambda+q=0,2\lambda+p=0$.

要使(9-14)式成立，则 $Q''(x)$ 必须是一个 m 次多项式，令

$$Q(x)=x^2Q_m(x)$$

用同样的方法来确定 $Q_m(x)$ 的系数.

综上所述，若方程式(9-8)中的 $f(x)=P_m(x)e^{\lambda x}$，则式(9-8)的特解为

$$y^*=x^kQ_m(x)e^{\lambda x},$$

其中 $Q_m(x)$ 是与 $P_m(x)$ 同次多项式，k 按 λ 不是特征方程的根，是特征方程的单根或是特征方程的重根依次取 0，1 或 2.

(2) $f(x)=A\cos\omega x+B\sin\omega x$ 型的解法

$f(x)=A\cos\omega x+B\sin\omega x$，其中 A、B、ω 均为常数.

此时，方程式(9-8)成为

$$y''+py'+q=A\cos\omega x+B\sin\omega x. \tag{9-15}$$

这种类型的三角函数的导数，与原函数属于同一类型，因此方程式(9-15)的特解 y^* 也应属同一类型，可以证明式(9-15)的特解形式为

$$y^*=x^k(a\cos\omega x+b\sin\omega x).$$

其中 a,b 为待定常数. 如果 $\pm\omega i$ 不是特征方程 $r^2+pr+q=0$ 的根，k 取 0；如果 $\pm\omega i$ 是特征方程 $r^2+pr+q=0$ 的根，k 取 1.

表 9-2 给出二阶常系数非齐次线性方程特解的解构.

表 9 - 2

自由项 $f(x)$	方程 $ay''+by'+cy=f(x)$ 的特解 y^*	
$e^{\alpha x}P_m(x)$	α 不是特征方程的根	$y^*=Q_m(x)e^{\alpha x}$
	α 是特征方程的单根	$y^*=xQ_m(x)e^{\alpha x}$
	α 是特征方程的重根	$y^*=x^2Q_m(x)e^{\alpha x}$
$e^{\alpha x}[P_m(x)\cos\beta x+P_n(x)\sin\beta x]$	$\alpha\pm\beta i$ 不是特征方程的根	$y^*=e^{\alpha x}[R_L^{(1)}(x)\cos\beta x$ $+R_L^{(2)}(x)\sin\beta x]$
	$\alpha\pm\beta i$ 是特征方程的根	$y^*=xe^{\alpha x}[R_L^{(1)}(x)\cos\beta x$ $+R_L^{(2)}(x)\sin\beta x]$ 其中 $L=\max\{m,n\}$

例 4　求方程 $y''+2y'=3e^{-2x}$ 的一个特解.

解　自由项 $f(x)$ 是 $p_m(x)e^{\lambda x}$ 型,由条件 $P_m(x)=3,\lambda=-2$,对应齐次方程的特征方程为 $r^2+2r=0$,特征根为 $r_1=0,r_2=-2$. $\lambda=-2$ 是特征方程的单根,可令

$$y^*=xb_0e^{-2x}$$

代入原方程解得

$$b_0=-\frac{3}{2}.$$

故所求特解为　$y^*=-\frac{3}{2}xe^{-2x}$.

例 5　求方程 $y''-2y'=(x-1)e^x$ 的通解.

解　先求对应齐次方程 $y''-2y'+y=0$ 的通解.

特征方程为

$$r^2-2r+1=0,r_1=r_2=1,$$

齐次方程的通解为

$$y=(C_1+C_2x)e^x.$$

再求所给方程的特解

$$\lambda=1,P_m(x)=x-1.$$

由于 $\lambda=1$ 是特征方程的二重根,所以可设

$$y^*=x^2(ax+b)e^x,$$

把它代入所给方程,并约去 e^x 得

$$6ax+2b=x-1,$$

比较系数，得

$$a=\frac{1}{6},\quad b=-\frac{1}{2},$$

于是

$$y^*=x^2(\frac{x}{6}-\frac{1}{2})e^x,$$

所给方程的通解为

$$y=\bar{y}+y^*=(C_1+C_2x-\frac{1}{2}x^2+\frac{1}{6}x^3)e^x.$$

例 6 求方程 $y''+2y'-3y=4\sin x$ 的一个特解.

解 $\omega=1,\pm\omega i=\pm i$ 不是特征方程为 $r^2+2r-3=0$ 的根，$k=0$. 因此原方程的特解形式为

$$y^*=a\cos x+b\sin x,$$

于是

$$y^{*\prime}=-a\sin x+b\cos x,$$

$$y^{*\prime\prime}=-a\cos x-b\sin x,$$

将 $y^*,y^{*\prime},y^{*\prime\prime}$ 代入原方程 $\begin{cases}-4a+2b=0\\-2a-4b=4\end{cases}$,

解方程组得

$$a=-\frac{2}{5},b=-\frac{4}{5},$$

原方程的特解为

$$y^*=-\frac{2}{5}\cos x-\frac{4}{5}\sin x.$$

例 7 求方程 $y''-2y'-3y=e^x+\sin x$ 的通解.

解 先求对应的齐次方程的通解 $\bar{y}$. 对应的齐次方程的特征方程为 $r^2-2r-3=0$，特征根为 $r_1=-1,r_2=3$，因此

$$\bar{y}=C_1e^{-x}+C_2e^{3x}.$$

再求非齐次方程的一个特解 y^*.

由于 $f(x)=5\cos 2x+e^{-x}$，根据定理 3，分别求出方程对应的右端项为 $f_1(x)=e^x$，$f_2(x)=\sin x$ 的特解 y_1^*、y_2^*，则 $y^*=y_1^*+y_2^*$ 是原方程的一个特解.

由于 $\lambda=1,\pm\omega i=\pm i$ 均不是特征方程的根，故特解为

$$y^*=y_1{}^*+y_2{}^*=ae^x+(b\cos x+c\sin x),$$

代入原方程，得

$$-4a\mathrm{e}^{x}-(4b+2c)\cos x+(2b-4c)\sin x=\mathrm{e}^{x}\sin x,$$

比较系数,得

$$-4a=1,4b+2c=0,2b-4c=1,$$

解之得

$$a=-\frac{1}{4},b=\frac{1}{10},c=-\frac{1}{5},$$

于是所给方程的一个特解为

$$y^{*}=-\frac{1}{4}\mathrm{e}^{x}+\frac{1}{10}\cos x-\frac{1}{5}\sin x,$$

所以所求方程的通解为

$$y=\bar{y}+y*=C_1\mathrm{e}^{-x}+C_2\mathrm{e}^{3x}-\frac{1}{4}\mathrm{e}^{x}+\frac{1}{10}\cos x-\frac{1}{5}\sin x.$$

习题 9-3

1. 求下列微分方程的解:

(1) $y''-6y'+9y=0$;

(2) $y''+2y'+5y=0$.

2. 求微分方程 $16y''-24y'+9y=0$ 满足条件 $y|_{x=0}=4,y'|_{x=0}=2$ 的特解.

3. 求方程 $y''-3y'+2y=x\mathrm{e}^{2x}$ 的通解.

9.4 Mathematica 解常微分方程

9.4.1 常微分方程的通解

利用 Mathematica 解常微分方程,命令语法格式与功能如下:

格式与功能 1:DSolve[微分方程,$y[x]$,x]　　求微分方程的通解(符号形式).

格式与功能 2:DSolve[微分方程,y,x]　　求微分方程的通解(纯函数形式).

例 1　求 $y''-6y'+9y=\mathrm{e}^{3x}$ 的通解.

解　输入

```
DSolve[Y''[X] - 6Y'[X] + 9Y[X] == E^(3X), Y, X]
```

运行后

$$\{\{\mathrm{Y}\rightarrow\mathrm{Function}[\{\mathrm{X}\},\frac{1}{2}\mathrm{e}^{3x}\mathrm{x}^{2}+\mathrm{e}^{3x}\mathrm{C}[1]+\mathrm{e}^{3X}\mathrm{XC}[2]]\}\}$$

或输入

$$\text{DSolve}[Y''[X]-6Y'[X]+9Y[X]==E\hat{}(3X),Y[X],X]$$

运行后

$$\{\{Y[X]\to\frac{1}{2}e^{3X}X^2+e^{3X}C[1]+e^{3X}XC[2]\}\},$$

其中 C[1],C[2] 是两个任意常数.

9.4.2　初始条件求微分方程的特解

利用 Mathematica 有初始条件的微分方程的特解,命令语法格式与功能如下:

格式与功能 1:DSolve[{微分方程,初始条件},$y[x]$,x]

求微分方程满足初始条件的特解.

格式与功能 2:DSolve[{微分方程,初始条件},y,x]

求微分方程满足初始条件的特解.

例 2　求微分方程 $xy'+y-e^x=0$ 满足初始条件 $y|_{x=1}=2e$ 的特解.

解　输入

$$\text{DSolve}[\{X*Y'[X]+Y[X]-E\hat{}X==0,Y[1]==2E\},Y[X],X]$$

输出

$$\{\{Y[X]\to\frac{E+E^X}{X}\}\}.$$

习题 9-4

1. 求一阶线性非齐次微分方程 $y'=ay+1$ 满足初始条件 $y(0)=0$ 的解.
2. 求一阶线性齐次方程 $y'=x+y$ 的通解.
3. 求一阶线性非齐次方程 $y'+y\cos x=e^{-\sin x}$ 的通解.
4. 求二阶常系数线性非齐次方程 $y''-y=4xe^x$ 满足条件 $y(0)=0,y'(0)=1$ 的特解.

本章小结

一、微分方程概念

微分方程:带有未知函数的导数或微分的方程.

微分方程的阶:微分方程中所出现的未知函数的最高阶导数的阶数.

二、微分方程的解

代入方程使得方程两端恒等的函数称为微分方程的解.知道微分方程的通解与特解.

三、几种常见的微分方程

1. 一阶微分方程

(1) 可分离变量的微分方程

形式：$g(y)\,\mathrm{d}y=f(x)\,\mathrm{d}x$.

解法：方程两边同时求积分.

(2) 齐次微分方程

形式：一阶微分方程可以化成$\frac{\mathrm{d}y}{\mathrm{d}x}=f\left(\frac{y}{x}\right)$的形式.

思路：转化为可分离变量的微分方程.

解法：$\frac{\mathrm{d}y}{\mathrm{d}x}=f\left(\frac{y}{x}\right)\xrightarrow{u=\frac{y}{x}}y=ux$,

$\frac{\mathrm{d}y}{\mathrm{d}x}=\frac{\mathrm{d}u}{\mathrm{d}x}x+u\rightarrow\frac{\mathrm{d}u}{\mathrm{d}x}x+u=f(u)\rightarrow\frac{1}{f(u)-u}\mathrm{d}u=\frac{1}{x}\mathrm{d}x$(可分离变量).

(3) 一阶线性微分方程

形式：$\frac{\mathrm{d}y}{\mathrm{d}x}+p(x)y=q(x)$.

若 $q(x)\equiv 0$，即$\frac{\mathrm{d}y}{\mathrm{d}x}+p(x)y=0$ 称为一阶齐次线性微分方程.

若 $q(x)\neq 0$，即$\frac{\mathrm{d}y}{\mathrm{d}x}+p(x)y=q(x)$ 称为一阶非齐次线性微分方程.

解法：一阶齐次线性微分方程$\frac{\mathrm{d}y}{\mathrm{d}x}+p(x)y=0$. 转化为可分离变量的一阶微分方程，

$\frac{\mathrm{d}y}{\mathrm{d}x}+p(x)y=0\rightarrow\frac{1}{y}\mathrm{d}y=-p(x)\mathrm{d}x\rightarrow\ln|y|=-\int p(x)\mathrm{d}x+C_1\rightarrow|y|=C_2\mathrm{e}^{-\int p(x)\mathrm{d}x}$

$\rightarrow y=C\mathrm{e}^{-\int p(x)\mathrm{d}x}$(齐次方程通解)

一阶非齐次线性微分方程$\frac{\mathrm{d}y}{\mathrm{d}x}+p(x)y=q(x)$. 一阶非齐次微分方程的通解等于对应的齐次方程的通解与非齐次方程的一个特解之和. 采用常数变易法. 齐次微分方程的解与非齐次微分方程的解具有相似的结构，把齐次微分方程的通解里的常数 C 变成未知函数 $C(x)$，代入方程求出 $C(x)$，即通解为 $y=C\mathrm{e}^{-\int p(x)\mathrm{d}x}+\mathrm{e}^{-\int p(x)\mathrm{d}x}\int q(x)\mathrm{e}^{\int p(x)\mathrm{d}x}\mathrm{d}x$.

2. 二阶线性微分方程

形式：$\frac{\mathrm{d}^2y}{\mathrm{d}x^2}+p(x)\frac{\mathrm{d}y}{\mathrm{d}x}+q(x)y=f(x)$. 当 $p(x)$，$q(x)$ 均为常数时，即 $y''+py'+qy=f(x)$ 或$\frac{\mathrm{d}^2y}{\mathrm{d}x^2}+p\frac{\mathrm{d}y}{\mathrm{d}x}+qy=f(x)$ 为二阶常系数线性微分方程，特征方程是 $y''+py'+qy=0$ $\rightarrow\lambda^2+p\lambda+q=0$.

若 $f(x)\equiv 0$ 时，$\frac{\mathrm{d}^2y}{\mathrm{d}x^2}+p(x)\frac{\mathrm{d}y}{\mathrm{d}x}+q(x)y=0$ 称为二阶线性齐次微分方程.

若 $f(x) \neq 0$ 时，$\frac{d^2y}{dx^2} + p(x)\frac{dy}{dx} + q(x)y = f(x)$ 称为二阶非齐次微分方程.

解的结构：参见表 9 - 2.

复习题 9

1. 求下列方程的通解.

(1) $(x-4)dx + (y-5)dy = 0$；

(2) $y' = 2xy$；

(3) $\sqrt{1-y^2} = 3x^2yy'$；

(4) $\frac{dy}{dx} = x^2\tan y$；

(5) $\frac{dy}{dx} + p(x)y = 0$.

2. 求下列微分方程的通解.

(1) $y'' - 2y' + y = 0$；

(2) $y'' + 4y = 0$；

(3) $y'' - 4y' + 3y = 0$.

3. 求微分方程 $yy' + e^{2x+y^2} = 0$ 满足初始条件 $y(0) = \sqrt{\ln 2}$ 的一个特解.

4. 已知 $y_1(x) = x$ 是齐次方程 $x^2y'' - 2xy' + 2y = 0$ 的一个解，求非齐次线性方程 $x^2y'' - 2xy' + 2y = 2x^3$ 的通解.

第 10 章　线性代数

线性代数是数学一重要分支，它的研究对象是行列式，矩阵，线性变换和有限维的线性方程组. 它在其他自然学科、工程技术、社会科学，特别在经济学中都有着广泛的应用. 本章将主要介绍一下行列式及矩阵的基本概念，并讨论线性方程组的解.

10.1　行列式

10.1.1　行列式的概念

1. 二阶行列式

二元线性方程组

$$\begin{cases} a_{11}x_1 + a_{12}x_2 = b_1 \\ a_{21}x_1 + a_{22}x_2 = b_2 \end{cases},$$

用消元法求解，得

$$(a_{11}a_{22} - a_{12}a_{21})x_1 = a_{22}b_1 - a_{12}b_2,$$

$$(a_{11}a_{22} - a_{12}a_{21})x_2 = a_{11}b_2 - a_{21}b_1.$$

当 $a_{11}a_{22} - a_{12}a_{21} \neq 0$ 时，求得方程组有唯一解

$$x_1 = \frac{a_{22}b_1 - a_{12}b_2}{a_{11}a_{22} - a_{12}a_{21}}, x_2 = \frac{a_{11}b_2 - a_{21}b_1}{a_{11}a_{22} - a_{12}a_{21}}.$$

记 $D = \det\boldsymbol{A} = a_{11}a_{22} - a_{12}a_{21} = \begin{vmatrix} a_{11} & a_{12} \\ a_{21} & a_{22} \end{vmatrix}$，为 $\boldsymbol{A}$ 的二阶行列式.

$$D_1 = b_1a_{22} - a_{12}b_2 = \begin{vmatrix} b_1 & a_{12} \\ b_2 & a_{22} \end{vmatrix},$$

$$D_2 = a_{11}b_2 - b_1a_{21} = \begin{vmatrix} a_{11} & b_1 \\ a_{21} & b_2 \end{vmatrix}.$$

方程组的解可以写成

$$\begin{cases} x_1 = \dfrac{D_1}{D}, \\ x_2 = \dfrac{D_2}{D}. \end{cases}$$

2. 三阶行列式

$$D = \begin{vmatrix} a_{11} & a_{12} & a_{13} \\ a_{21} & a_{22} & a_{23} \\ a_{31} & a_{32} & a_{33} \end{vmatrix}$$

$$= a_{11}a_{22}a_{33} + a_{12}a_{23}a_{31} + a_{13}a_{21}a_{32} - a_{13}a_{22}a_{31} - a_{11}a_{23}a_{32} - a_{12}a_{21}a_{33}$$

$$= a_{11}\begin{vmatrix} a_{22} & a_{23} \\ a_{32} & a_{33} \end{vmatrix} + (-1)a_{12}\begin{vmatrix} a_{21} & a_{23} \\ a_{31} & a_{33} \end{vmatrix} + a_{13}\begin{vmatrix} a_{21} & a_{22} \\ a_{31} & a_{32} \end{vmatrix}.$$

3. n 阶行列式

由 n^2 个元素 $\sigma_{ij}\ (i,j=1,2,\cdots,n)$ 排成 n 行 n 列并写成

$$\begin{vmatrix} a_{11} & a_{12} & \cdots & a_{1n} \\ a_{21} & a_{22} & \cdots & a_{2n} \\ \vdots & \vdots & \ddots & \vdots \\ a_{n1} & a_{n2} & \cdots & a_{nn} \end{vmatrix} = \sum_{p_1 p_2 \cdots p_n} (-1)^{t(p_1 p_2 \cdots p_n)} a_{1p_1} a_{2p_2} \cdots a_{np_n} \qquad (10-1)$$

的形式，称为 n 阶行列式，简记作 $\det(a_{ij})$. 其中 $a_{ij}\ (i,j=1,2,\cdots,n)$ 为行列式 $\det(a_{ij})$ 的元素，$p_1 p_2 \cdots p_n$ 为自然数 $1,2,\cdots,n$ 的一个排列，t 为这个排列的逆序数.

通过以上的定义可以看出 n 阶行列式的计算可以通过降阶来实现.

4. 余子式与代数余子式

在 n 阶行列式中，把元素 a_{ij} 所在的第 i 行和第 j 列的元素划去后，留下来的 $n-1$ 阶行列式叫作元素 a_{ij} 的余子式，记作 M_{ij}. 记 $A_{ij}=(-1)^{i+j}M_{ij}$，叫作元素 a_{ij} 的代数余子式. 余子式与代数余子式相等或相差一个符号.

注 1. 行列式是一种特定的算式，它是根据求解方程个数和未知量个数相同的一次方程组的需要而定义；

2. n 阶行列式是 $n!$ 项的代数和；

3. n 阶行列式是位于不同行、不同列 n 个元素的乘积；

4. $a_{1p_1} a_{2p_2} \cdots a_{np_n}$ 的符号为 $(-1)^t$.

10.1.2 行列式的性质与计算

性质 1 行列式与它的转置行列式的值相等.

$$D=\begin{vmatrix} a_{11} & a_{12} & \cdots & a_{1n} \\ a_{21} & a_{22} & \cdots & a_{2n} \\ \vdots & \vdots & \ddots & \vdots \\ a_{n1} & a_{n2} & \cdots & a_{nn} \end{vmatrix}=\begin{vmatrix} a_{11} & a_{21} & \cdots & a_{n1} \\ a_{12} & a_{22} & \cdots & a_{n2} \\ \vdots & \vdots & \ddots & \vdots \\ a_{1n} & a_{2n} & \cdots & a_{nn} \end{vmatrix}.$$

上式右端的行列式称为左端行列式 D 的转置行列式，记作 D^{T}.

性质 2　互换行列式的任意两行(列)，行列式仅改变符号.

推论　若行列式中有两行(列)的对应元素相同，则行列式的值等于零.

性质 3　若行列式的某一行(列)中所有的元素都乘以同一数 k，等于此行列式的 k 倍.

推论 1　若行列式中某一行(列)的所有元素全为零，则此行列式的值为零.

推论 2　若行列式有两行(列)的对应元素成比例，则这个行列式等于零.

性质 4　行列式某一行元素加上另一行对应元素的 k 倍，则行列式的值不变.

性质 5　若行列式的某一行(列)的元素都是两元素之和，则其行列式等于两个同阶行列式之和，而且这两个行列式除了这一行(列)以外，其余的元素与原行列式的对应元素相同. 例如，

$$\begin{vmatrix} a_{11} & a_{12} & \cdots & a_{1j} & \cdots & a_{1n} \\ a_{21} & a_{22} & \cdots & a_{2j} & \cdots & a_{2n} \\ \vdots & \vdots & & \vdots & & \vdots \\ a_{i1}+b_{i1} & a_{i2}+b_{i2} & \cdots & a_{ij}+b_{ij} & \cdots & a_{in}+b_{in} \\ \vdots & \vdots & & \vdots & & \vdots \\ a_{n1} & a_{n2} & \cdots & a_{nj} & \cdots & a_{nn} \end{vmatrix}$$

$$=\begin{vmatrix} a_{11} & a_{12} & \cdots & a_{1j} & \cdots & a_{1n} \\ a_{21} & a_{22} & \cdots & a_{2j} & \cdots & a_{2n} \\ \vdots & \vdots & & \vdots & & \vdots \\ a_{i1} & a_{i2} & \cdots & a_{ij} & \cdots & a_{in} \\ \vdots & \vdots & & \vdots & & \vdots \\ a_{n1} & a_{n2} & \cdots & a_{nj} & \cdots & a_{nn} \end{vmatrix}+\begin{vmatrix} a_{11} & a_{12} & \cdots & a_{1j} & \cdots & a_{1n} \\ a_{21} & a_{22} & \cdots & a_{2j} & \cdots & a_{2n} \\ \vdots & \vdots & & \vdots & & \vdots \\ b_{i1} & b_{i2} & \cdots & b_{ij} & \cdots & b_{in} \\ \vdots & \vdots & & \vdots & & \vdots \\ a_{n1} & a_{n2} & \cdots & a_{nj} & \cdots & a_{nn} \end{vmatrix}.$$

性质 6　拉普拉斯定理　行列式等于它的任意一行(列)的各元素与对应于该元素的代数余子式乘积之和.

性质 7　行列式的某一行(列)的元素与另一行(列)的对应元素的代数余子式乘积之和等于零.

10.1.3 Cramer(克莱姆)法则

设含有 n 个未知量 n 个方程的线性方程组的一般形式为

$$\begin{cases} a_{11}x_1 + a_{12}x_2 + \cdots + a_{1n}x_n = b_1 \\ a_{21}x_1 + a_{22}x_2 + \cdots + a_{2n}x_n = b_2 \\ \vdots \\ a_{n1}x_1 + a_{n2}x_2 + \cdots + a_{nn}x_n = b_n \end{cases} \tag{10-2}$$

其中 $x_1,x_2,\cdots,x_n$ 为 n 个未知数，称 $a_{ij}(i,j=1,2,\cdots,n)$ 为方程组的系数，称 $b_i(i=1,2,\cdots,n)$ 为常数项. 称由系数组成的行列式

$$D=\begin{vmatrix} a_{11} & a_{12} & \cdots & a_{1n} \\ a_{21} & a_{22} & \cdots & a_{2n} \\ \vdots & \vdots & \ddots & \vdots \\ a_{n1} & a_{n2} & \cdots & a_{nn} \end{vmatrix}$$

为方程组的系数行列式.

定理 1 Cramer(克莱姆)法则　若线性方程组(10-2)的系数行列式 $D\neq 0$,则这个方程组有唯一的解

$$x_1=\frac{D_1}{D},x_2=\frac{D_2}{D},\cdots,x_n=\frac{D_n}{D},$$

其中 $D_i(i=1,2,\cdots,n)$ 是把系数行列式 D 中第 j 列元素依次换为常数项 $b_1,b_2,\cdots,b_n$ 所得行列式,即

$$D_j=\begin{vmatrix} a_{11} & a_{12} & \cdots & a_{1j-1} & b_1 & a_{1j+1} & \cdots & a_{1n} \\ a_{21} & a_{22} & \cdots & a_{2j-1} & b_2 & a_{2j+1} & \cdots & a_{2n} \\ \vdots & \vdots & & \vdots & \vdots & \vdots & & \vdots \\ a_{n1} & a_{n2} & \cdots & a_{nj-1} & b_n & a_{nj+1} & \cdots & a_{nn} \end{vmatrix}.$$

例 1　用克莱姆法则解方程组

$$\begin{cases} 2x_1 + x_2 - 5x_3 + x_4 = 8 \\ x_1 - 3x_2 - 6x_4 = 9 \\ 2x_2 - x_3 + 2x_4 = -5 \\ x_1 + 4x_2 - 7x_3 + 6x_4 = 0 \end{cases}.$$

解　该方程组所对应的系数行列式为

$$D=\begin{vmatrix}2&1&-5&1\\1&-3&0&-6\\0&2&-1&2\\1&4&-7&6\end{vmatrix}=27\neq 0.$$

所以方程组有唯一解,那么

$$D_1=\begin{vmatrix}8&1&-5&1\\9&-3&0&-6\\-5&2&-1&2\\0&4&-7&6\end{vmatrix}=81,D_2=\begin{vmatrix}2&8&-5&1\\1&9&0&-6\\0&-5&-1&2\\1&0&-7&6\end{vmatrix}=-108,$$

$$D_3=\begin{vmatrix}2&1&8&1\\1&-3&9&-6\\0&2&-5&2\\1&4&0&6\end{vmatrix}=-27,D_4=\begin{vmatrix}2&1&-5&8\\1&-3&0&9\\0&2&-1&-5\\1&4&-7&0\end{vmatrix}=27,$$

则该方程组的解为

$$x_1=\frac{D_1}{D}=\frac{81}{27}=3,x_2=\frac{D_2}{D}=\frac{-108}{27}=-4,x_3=\frac{D_3}{D}=\frac{-27}{27}=-1,x_4=\frac{D_4}{D}=\frac{27}{27}=1.$$

注 ① 克莱姆法则只能用来解方程个数与未知量个数相等且系数行列式 $D\neq 0$ 的线性方程组;如果方程组无解或者有多个解,那么该方程组的系数行列式等于零。

② 理论上克莱姆法则的应用侧重于理论,在实际利用本法计算时会非常烦琐. 当未知量个数 $n>4$ 时,不易采用此法则.

习题 10－1

1. 计算下列行列式的值:

(1) $\begin{vmatrix}5&-1\\3&2\end{vmatrix}$; (2) $\begin{vmatrix}a&b\\-b&a\end{vmatrix}$; (3) $\begin{vmatrix}2&-5&0\\1&3&-3\\4&-1&6\end{vmatrix}$.

2. 求解线性方程组 $\begin{cases}x_1-x_2+x_3-2x_4=2\\2x_1-x_3+4x_4=4\\3x_1+2x_2+x_3=-1\\-x_1+2x_2-x_3+2x_4=-4\end{cases}$.

3. 已知齐次线性方程组$\begin{cases}x+y+z=0\\2x-y+3z=0\\Ax+By+Cz=0\end{cases}$有非零解,问 A,B,C 应满足什么条件?

10.2 矩阵及其运算

矩阵是高等代数中一常见且实用的数学工具,它的一个重要用途是解线性方程组.

10.2.1 矩阵的概念

定义 由 $m\times n$ 个数排成 m 行 n 列的数表

$$\begin{pmatrix}a_{11} & a_{12} & \cdots & a_{1n}\\a_{21} & a_{22} & \cdots & a_{2n}\\\cdots & \cdots & \cdots & \cdots\\a_{m1} & a_{m2} & \cdots & a_{mn}\end{pmatrix}$$

称为 $m\times n$ 矩阵或 m 行 n 列矩阵,记作 $\boldsymbol{A}$. 矩阵一般用大写字母表示,也可记作 $\boldsymbol{A}_{m\times n}$ 或 $(a_{ij})_{m\times n}$,表中任意一个数都称为矩阵 $\boldsymbol{A}_{m\times n}$ 的元素,其中 a_{ij} 为矩阵 $\boldsymbol{A}_{m\times n}$ 的第 i 行第 j 列的元素. 如 $\begin{pmatrix}2 & 2\\4 & 2\\5 & 4\end{pmatrix}$ 是一个 3 行 2 列矩阵.

下面介绍几种特殊形式的矩阵

定义 设 $\boldsymbol{A}=(a_{ij})_{m\times n}$,$\boldsymbol{B}=(b_{ij})_{m\times n}$,若 $a_{ij}=b_{ij}\,(i=1,2,\cdots,m;j=1,2,\cdots,n)$,称矩阵 $\boldsymbol{A}$ 与矩阵 $\boldsymbol{B}$ 相等,记作 $\boldsymbol{A}=\boldsymbol{B}$.

1. 行矩阵(行向量):只有一行($m=1$)的矩阵,如 $(a_1a_2...a_n)$.

2. 列矩阵(列向量):只有一列($n=1$)的矩阵,如 $\begin{pmatrix}a_1\\a_2\\\vdots\\a_m\end{pmatrix}$.

3. 方阵:行数等于列数($m=n$)的矩阵,如 $\begin{pmatrix}a_{11} & a_{12}\\a_{21} & a_{22}\end{pmatrix}$.

4. 零矩阵:所有元素都是 0 的矩阵. 即 $\boldsymbol{O}=\begin{pmatrix}0 & 0 & \cdots & 0\\0 & 0 & \cdots & 0\\\vdots & \vdots & \ddots & \vdots\\0 & 0 & \cdots & 0\end{pmatrix}$.

5. 上三角形矩阵：主对角线以下的元素全为零. 如 $\boldsymbol{A}_n=\begin{bmatrix}a_{11} & a_{12} & \cdots & a_{1n}\\ 0 & a_{22} & \cdots & a_{2n}\\ \vdots & \vdots & \ddots & \vdots\\ 0 & 0 & \cdots & a_{nn}\end{bmatrix}$.

6. 下三角形矩阵：主对角线以上的元素全为零. 如 $\boldsymbol{A}_n=\begin{bmatrix}a_{11} & 0 & \cdots & 0\\ a_{21} & a_{22} & \cdots & 0\\ \vdots & \vdots & \ddots & \vdots\\ a_{n1} & a_{n2} & \cdots & a_{nn}\end{bmatrix}$.

7. 对角矩阵：主对角线以外的元素全为零. 如 $\boldsymbol{A}=\begin{bmatrix}\lambda_1 & 0 & \cdots & 0\\ 0 & \lambda_2 & \cdots & 0\\ \vdots & \vdots & \ddots & \vdots\\ 0 & 0 & \cdots & \lambda_n\end{bmatrix}$.

8. 单位矩阵：主对角线上元素全为 1 的对角矩阵. 如 $\boldsymbol{E}_n=\begin{bmatrix}1 & 0 & \cdots & 0\\ 0 & 1 & \cdots & 0\\ \vdots & \vdots & \ddots & \vdots\\ 0 & 0 & \cdots & 1\end{bmatrix}$.

10.2.2 矩阵的运算

1. 加减运算

定义 对应的行数、对应的列数分别相等的矩阵称为同型矩阵.

定义 设 $\boldsymbol{A}=(a_{ij})_{m\times n}$，$\boldsymbol{B}=(b_{ij})_{m\times n}$ 满足

$$\boldsymbol{A}\pm\boldsymbol{B}=(a_{ij}\pm b_{ij})_{m\times n}=\begin{bmatrix}a_{11}\pm b_{11} & \cdots & a_{1n}\pm b_{1n}\\ \vdots & \ddots & \vdots\\ a_{m1}\pm b_{m1} & \cdots & a_{mn}\pm b_{mn}\end{bmatrix}.$$

称 $\boldsymbol{A}\pm\boldsymbol{B}$ 为矩阵的加减运算. 容易验证矩阵加减运算满足以下规律：

设 $\boldsymbol{A},\boldsymbol{B},\boldsymbol{C}$ 为同阶矩阵，k,l 为常数，则有

(1) 交换律 $\boldsymbol{A}+\boldsymbol{B}=\boldsymbol{B}+\boldsymbol{A}$；

(2) 结合律 $(\boldsymbol{A}+\boldsymbol{B})+\boldsymbol{C}=\boldsymbol{A}+(\boldsymbol{B}+\boldsymbol{C})$；

(3) $\boldsymbol{A}\pm\boldsymbol{O}=\boldsymbol{A}$；

(4) $\boldsymbol{A}+(-\boldsymbol{A})=\boldsymbol{O}$.

2. 数乘运算

设 λ 是一个实数，$\boldsymbol{A}=(a_{ij})_{m\times n}$ 满足 $\lambda\boldsymbol{A}=(\lambda a_{ij})_{m\times n}$，则称 $\lambda\boldsymbol{A}$ 为实数 λ 与矩阵 $\boldsymbol{A}$ 的乘积运算. 由定义可知 $(-1)\boldsymbol{A}=-\boldsymbol{A}$. 容易验证矩阵数乘运算满足下列运算规律

(1) $1\boldsymbol{A}=\boldsymbol{A}$；

(2) $(kl)\boldsymbol{A}=k(l\boldsymbol{A})$；

(3) $(k+l)\boldsymbol{A}=k\boldsymbol{A}+l\boldsymbol{A}$;

(4) $k(\boldsymbol{A}+\boldsymbol{B})=k\boldsymbol{A}+k\boldsymbol{B}$.

3.乘法运算

定义 设 $\boldsymbol{A}=(a_{ij})_{m\times s}$, $\boldsymbol{B}=(b_{ij})_{s\times n}$ 满足

$$\boldsymbol{C}=\boldsymbol{AB}=\begin{bmatrix}a_{11}&\cdots&a_{1s}\\\vdots&\ddots&\vdots\\a_{m1}&\cdots&a_{ms}\end{bmatrix}\begin{bmatrix}b_{11}&\cdots&b_{1n}\\\vdots&\ddots&\vdots\\b_{s1}&\cdots&b_{sn}\end{bmatrix}=\begin{bmatrix}c_{11}&\cdots&c_{1n}\\\vdots&\ddots&\vdots\\c_{m1}&\cdots&c_{mn}\end{bmatrix},$$

矩阵 $\boldsymbol{C}$ 称为矩阵 $\boldsymbol{A}$ 与 $\boldsymbol{B}$ 的乘积, $\boldsymbol{AB}$ 称为 $\boldsymbol{A}$ 左乘 $\boldsymbol{B}$ 或 $\boldsymbol{B}$ 右乘 $\boldsymbol{A}$. $c_{ij}=\begin{bmatrix}a_{i1}&a_{i2}&\cdots&a_{is}\end{bmatrix}\begin{bmatrix}b_{1j}\\b_{2j}\\\vdots\\b_{sj}\end{bmatrix}=a_{i1}b_{1j}+a_{i2}b_{2j}+\cdots+a_{is}b_{sj}$, $(i=1,2,\cdots,m;j=1,2,\cdots,n)$. 容易验证矩阵乘法运算满足下列运算规律:

(1) 结合律 $(\boldsymbol{A}_{m\times s}\boldsymbol{B}_{s\times n})\boldsymbol{C}_{n\times l}=\boldsymbol{A}(\boldsymbol{BC})$;

(2) 分配律 $\boldsymbol{A}_{m\times s}(\boldsymbol{B}_{s\times n}+\boldsymbol{C}_{s\times n})=\boldsymbol{AB}+\boldsymbol{AC}$;

$$(\boldsymbol{A}_{m\times s}+\boldsymbol{B}_{m\times s})\boldsymbol{C}_{s\times n}=\boldsymbol{AC}+\boldsymbol{BC};$$

(3) $k(\boldsymbol{A}_{m\times s}\boldsymbol{B}_{s\times n})=(k\boldsymbol{A})\boldsymbol{B}=\boldsymbol{A}(k\boldsymbol{B})$;

(4) $E_m\boldsymbol{A}_{m\times n}=\boldsymbol{A}$, $\boldsymbol{A}_{m\times n}E_n=\boldsymbol{A}$.

注 ① $\boldsymbol{AB}$ 满足 $\boldsymbol{A}$ 的列数 $=\boldsymbol{B}$ 的行数.

② $\boldsymbol{AB}$ 的行数 $=\boldsymbol{A}$ 的行数; $\boldsymbol{AB}$ 的列数 $=\boldsymbol{B}$ 的列数.

例 5 已知矩阵 $\boldsymbol{A}=\begin{bmatrix}1&2\\1&2\end{bmatrix}$, $\boldsymbol{B}=\begin{bmatrix}1&-1\\-1&1\end{bmatrix}$, 求 $\boldsymbol{AB}$, $\boldsymbol{BA}$.

解 $\boldsymbol{AB}=\begin{bmatrix}-1&1\\-1&1\end{bmatrix}$, $\boldsymbol{BA}=\begin{bmatrix}0&0\\0&0\end{bmatrix}$.

通过这个例子可以看出,矩阵的乘法运算并不满足交换律.

4.方阵的幂

n 个方阵 $\boldsymbol{A}$ 相乘, $\underbrace{\boldsymbol{AA}\cdots\boldsymbol{AA}}_{n}=\boldsymbol{A}^n$ 称为方阵 $\boldsymbol{A}$ 的 n 次幂. 容易验证方阵的幂满足以下性质, k, l 为常数:

(1) $\boldsymbol{A}^k\boldsymbol{A}^l=\boldsymbol{A}^{k+l}$;

(2) $(\boldsymbol{A}^k)^l=\boldsymbol{A}^{kl}$.

例 6 已知矩阵 $\boldsymbol{A}=\begin{bmatrix}1&0&1\\&2&0\\&&1\end{bmatrix}$, 求 $\boldsymbol{A}^k(k=2,3,\cdots)$.

解 本题主要用到数学归纳法去求解

$$A^2=\begin{bmatrix}1&0&1\\&2&0\\&&1\end{bmatrix}\begin{bmatrix}1&0&1\\&2&0\\&&1\end{bmatrix}=\begin{bmatrix}1&0&2\\&2^2&0\\&&1\end{bmatrix};$$

$$A^3=A^2A=\begin{bmatrix}1&0&2\\&2^2&0\\&&1\end{bmatrix}\begin{bmatrix}1&0&1\\&2&0\\&&1\end{bmatrix}=\begin{bmatrix}1&0&3\\&2^3&0\\&&1\end{bmatrix}.$$

可以推导出 $A^k=\begin{bmatrix}1&0&k\\&2^k&0\\&&1\end{bmatrix}$.

10.2.3 矩阵的初等行变换

矩阵的初等行变换是指对矩阵进行下列三种变换：

1. 位置变换：互换矩阵两行的位置(对调 i 行，j 行，记作 $r_i\leftrightarrow r_j$)；

2. 倍法变换：用非零常数遍乘矩阵的某一行(用非零数 k 乘以第 i 行的所有元素，记作 kr_i)；

3. 消去变换：将矩阵的某一行遍乘一个常数 k 加到另一行上(第 j 行的 k 倍加到第 i 行上记作 r_i+kr_j).

类似地可定义矩阵的等列变换.

10.2.4 矩阵的逆运算

定义　对于方阵 $\boldsymbol{A}$，若有方阵 $\boldsymbol{B}$ 满足 $\boldsymbol{AB}=\boldsymbol{BA}=E$，则称 $\boldsymbol{A}$ 为可逆矩阵，并把矩阵 $\boldsymbol{B}$ 称为矩阵 $\boldsymbol{A}$ 的逆矩阵. 可逆矩阵也称为非奇异矩阵. 根据可逆矩阵的定义，不难得出下列性质：

(1) 逆矩阵的唯一性. 若 $\boldsymbol{A}$ 是可逆矩阵，则 $\boldsymbol{A}$ 的逆矩阵唯一；

(2) $(\boldsymbol{A}^{-1})^{-1}=\boldsymbol{A}$；

(3) $(k\boldsymbol{A})^{-1}=\dfrac{1}{k}\boldsymbol{A}^{-1}(k\neq 0)$；

(4) $\boldsymbol{A}$ 与 $\boldsymbol{B}$ 都可逆，则 $\boldsymbol{AB}$ 可逆，且 $(\boldsymbol{AB})^{-1}=\boldsymbol{B}^{-1}\boldsymbol{A}^{-1}$. 推广到若干个矩阵乘积的逆矩阵展开为 $(\boldsymbol{A}_1\boldsymbol{A}_2\cdots\boldsymbol{A}_n)^{-1}=\boldsymbol{A}_n^{-1}\cdots\boldsymbol{A}_2^{-1}\boldsymbol{A}_1^{-1}$.

规定：$\boldsymbol{A}$ 可逆，定义 $\boldsymbol{A}^0=E$，$\boldsymbol{A}^{-k}=(\boldsymbol{A}^{-1})^k(k=1,2,\cdots)$.

例 7　验证矩阵 $\boldsymbol{A}=\begin{pmatrix}0&1&0\\0&0&1\\1&0&0\end{pmatrix}$ 与矩阵 $\boldsymbol{B}=\begin{pmatrix}0&0&1\\1&0&0\\0&1&0\end{pmatrix}$ 互为逆矩阵.

证明　由于 $AB=\begin{pmatrix}0&1&0\\0&0&1\\1&0&0\end{pmatrix}\begin{pmatrix}0&0&1\\1&0&0\\0&1&0\end{pmatrix}=\begin{pmatrix}1&0&0\\0&1&0\\0&0&1\end{pmatrix}=E$，

$$BA=\begin{pmatrix}0&0&1\\1&0&0\\0&1&0\end{pmatrix}\begin{pmatrix}0&1&0\\0&0&1\\1&0&0\end{pmatrix}=\begin{pmatrix}1&0&0\\0&1&0\\0&0&1\end{pmatrix}=E,$$

因此，矩阵 A 与矩阵 B 互为逆矩阵.

下面列举几种常用求逆矩阵的方法与步骤：

方法1　定义法：设 A 是一个 n 阶方阵，如果存在 P 上的 n 阶方阵 B，使得 $AB=BA=E$，则称 A 是可逆的，又称 B 为 A 的逆矩阵. 当矩阵 A 可逆时，逆矩阵由 A 唯一确定，记为 A^{-1}.

方法2　初等变换法：$(A\vdots E)\xrightarrow{\text{初等行变换}}(E\vdots A^{-1})$.

注　① 对于阶数较高($n\geqslant 3$)的矩阵，采用初等行变换法求逆矩阵. 在用上述方法求逆矩阵时，只允许进行初等行变换.

② 也可以利用 $\begin{pmatrix}A\\E\end{pmatrix}\xrightarrow{\text{初等列变换}}\begin{pmatrix}E\\A^{-1}\end{pmatrix}$ 求得 A 的逆矩阵.

利用这一方法求逆矩阵的优点是不需求出 A 的逆矩阵和进行矩阵乘法，仅通过初等变换即可.

方法3　解方程组求逆矩阵：根据可逆的上(下)三角矩阵的逆仍是上(下)三角矩阵，且上(下)三角矩阵逆矩阵主对角元分别为上(下)三角矩阵对应的主对角元的倒数，可设出逆矩阵的待求元素；又由 $A^{-1}A=E$ 两端对应元素相等，依次可得只含有一个待求元素的方程，因而待求元素极易求得，此法常用元素待求上(下)三角矩阵的逆矩阵.

习题 10－2

1. 计算下列矩阵.

(1) $\begin{bmatrix}1&6&4\\-4&2&8\end{bmatrix}+\begin{bmatrix}-2&0&1\\2&-3&4\end{bmatrix}$；　(2) $2\begin{bmatrix}1&0\\0&0\end{bmatrix}+4\begin{bmatrix}0&1\\0&0\end{bmatrix}+6\begin{bmatrix}0&0\\1&0\end{bmatrix}+8\begin{bmatrix}0&0\\0&1\end{bmatrix}$；

(3) $\begin{bmatrix}1&2&3\\-2&1&2\end{bmatrix}\begin{bmatrix}1&2&0\\0&1&1\\3&0&-1\end{bmatrix}$；　(4) $\begin{bmatrix}a&0&0\\0&b&0\\0&0&c\end{bmatrix}^n$.

2. 设 $A=\begin{bmatrix}1&2&1&2\\2&1&2&1\\1&2&3&4\end{bmatrix}$，$B=\begin{bmatrix}4&3&2&1\\-2&1&-2&1\\0&-1&0&-1\end{bmatrix}$，计算：

(1) $3A-B$；

(2) $2A+3B$；

(3) 若 $\boldsymbol{X}$ 满足 $\boldsymbol{A}+\boldsymbol{X}=\boldsymbol{B}$，求 $\boldsymbol{X}$；

(4) 若 $\boldsymbol{Y}$ 满足 $(2\boldsymbol{A}-\boldsymbol{Y})+2(\boldsymbol{B}-\boldsymbol{Y})=0$，求 $\boldsymbol{Y}$.

3. 设矩阵 $\boldsymbol{A}=\begin{bmatrix} x & 0 \\ 7 & y \end{bmatrix}$，$\boldsymbol{B}=\begin{bmatrix} u & v \\ y & 2 \end{bmatrix}$，$\boldsymbol{C}=\begin{bmatrix} 3 & -4 \\ x & v \end{bmatrix}$ 满足 $\boldsymbol{A}+2\boldsymbol{B}-\boldsymbol{C}=0$，求 x,y,u,v 的值.

4. 解下列矩阵方程，求出未知矩阵 $\boldsymbol{X}$.

(1) $\begin{bmatrix} 2 & 5 \\ 1 & 3 \end{bmatrix}\boldsymbol{X}=\begin{bmatrix} 4 & -6 \\ 2 & 1 \end{bmatrix}$；　　(2) $\boldsymbol{X}\begin{bmatrix} 1 & 1 & -1 \\ 2 & 1 & 0 \\ 1 & -1 & 1 \end{bmatrix}=\begin{bmatrix} 1 & 1 & 3 \\ 4 & 3 & 2 \\ 1 & 2 & 5 \end{bmatrix}$.

5. 设矩阵 $\boldsymbol{A}=\begin{bmatrix} 1 & 1 \\ 0 & 3 \end{bmatrix}$，$\boldsymbol{B}=\begin{bmatrix} 1 & 0 \\ 2 & 1 \end{bmatrix}$，试验证 $(\boldsymbol{AB})^{\mathrm{T}}=\boldsymbol{B}^{\mathrm{T}}\boldsymbol{A}^{\mathrm{T}}$.

6. 设 $\boldsymbol{A},\boldsymbol{B}$ 均为 n 阶方阵，且 $\boldsymbol{A}=\dfrac{1}{2}(\boldsymbol{B}+\boldsymbol{E})$，证明 $\boldsymbol{A}^2=\boldsymbol{A}$，当且仅当 $\boldsymbol{B}^2=\boldsymbol{E}$.

7. 设 $f(x)=ax^2+bx+c$，$\boldsymbol{A}$ 为 n 阶矩阵，$\boldsymbol{E}$ 为 n 阶单位矩阵. 定义 $f(\boldsymbol{A})=a\boldsymbol{A}^2+b\boldsymbol{A}+c\boldsymbol{E}$，已知 $f(x)=x^2-5x+3$，$\boldsymbol{A}=\begin{bmatrix} 2 & -1 \\ -3 & 3 \end{bmatrix}$，求 $f(\boldsymbol{A})$.

8. 用逆矩阵解下列矩阵方程：

(1) $\boldsymbol{X}\begin{bmatrix} 2 & 1 & -1 \\ 2 & 1 & 0 \\ 1 & -1 & 1 \end{bmatrix}=\begin{bmatrix} 1 & -1 & 3 \\ 4 & 3 & 2 \end{bmatrix}$； (2) $\begin{bmatrix} 1 & 4 \\ -1 & 2 \end{bmatrix}\boldsymbol{X}\begin{bmatrix} 2 & 0 \\ -1 & 1 \end{bmatrix}=\begin{bmatrix} 3 & 1 \\ 0 & -1 \end{bmatrix}$.

9. 利用逆矩阵解下列线形方程组：

(1) $\begin{cases} x_1+2x_2+3x_3=1 \\ 2x_1+2x_2+5x_3=2 \\ 3x_1+5x_2+x_3=3 \end{cases}$；　　(2) $\begin{cases} x_1-x_2-x_3=2 \\ 2x_1-x_2-3x_3=1 \\ 3x_1+2x_2-5x_3=0 \end{cases}$.

10. 设方阵 $\boldsymbol{A}$ 满足 $\boldsymbol{A}^2-\boldsymbol{A}-2\boldsymbol{E}=0$，证明 $\boldsymbol{A}$ 与 $\boldsymbol{A}+2\boldsymbol{E}$ 都可逆.

11. 设 $\boldsymbol{A}=\begin{bmatrix} 1 & 0 & 1 \\ 0 & 2 & 0 \\ 1 & 0 & 1 \end{bmatrix}$，$\boldsymbol{AB}+\boldsymbol{E}=\boldsymbol{A}^2+\boldsymbol{B}$，求 $\boldsymbol{B}$.

12. 设 n 阶矩阵 $\boldsymbol{A},\boldsymbol{B}$ 满足 $\boldsymbol{A}+\boldsymbol{B}=\boldsymbol{AB}$，

(1) 证明：$\boldsymbol{A}-\boldsymbol{E}$ 为可逆矩阵；(2) 已知 $\boldsymbol{B}=\begin{bmatrix} 1 & -3 & 0 \\ 2 & 1 & 0 \\ 0 & 0 & 2 \end{bmatrix}$，求矩阵 $\boldsymbol{A}$.

13. 设 $\boldsymbol{A}=\begin{bmatrix} 3 & 4 & 0 & 0 \\ 4 & -3 & 0 & 0 \\ 0 & 0 & 2 & 0 \\ 0 & 0 & 2 & 2 \end{bmatrix}$，求 $\boldsymbol{A}^4$.

14. 已知 $\alpha=(1,2,3)$，$\beta=(1,\frac{1}{2},\frac{1}{3})$，设 $\boldsymbol{A}=\alpha^{\mathrm{T}}\beta$，其中 α^{T} 是 α 的转置，求 $\boldsymbol{A}^n$.

15. 设矩阵 $\boldsymbol{A}=\begin{bmatrix}3&0&0\\1&4&0\\0&0&3\end{bmatrix}$，$\boldsymbol{E}=\begin{bmatrix}1&0&0\\0&1&0\\0&0&1\end{bmatrix}$，求逆矩阵 $(\boldsymbol{A}-2\boldsymbol{E})^{-1}$.

16. 设矩阵 $\boldsymbol{A}$ 满足 $\boldsymbol{A}^2+\boldsymbol{A}-4\boldsymbol{E}=0$. 其中 $\boldsymbol{E}$ 为单位矩阵求 $(\boldsymbol{A}-\boldsymbol{E})^{-1}$.

17. 已知 $\boldsymbol{AP}=\boldsymbol{PB}$，其中 $\boldsymbol{B}=\begin{bmatrix}1&0&0\\0&0&0\\0&0&-1\end{bmatrix}$，$\boldsymbol{P}=\begin{bmatrix}1&0&0\\2&-1&0\\2&1&1\end{bmatrix}$，求 $\boldsymbol{A}$ 及 $\boldsymbol{A}^5$.

10.3 矩阵的秩与初等变换

10.3.1 阶梯形矩阵

定义 满足下列条件的矩阵称为行阶梯形矩阵：

(1) 各个非 0 行(元素不全为 0 的元素)的第一个非 0 元素的列标随着行标的递增而严格增大；

(2) 如果矩阵有元素全为零的行，该位于矩阵的最下方.

例如 $\begin{pmatrix}4&5&8\\0&2&4\\0&0&2\end{pmatrix}$ 就是一个阶梯形矩阵.

定义 满足下列条件的矩阵称为简化行阶梯形矩阵：

(1) 非零行的首非零元素都是 1；

(2) 首非零元素，所在列的其余元素都是 0.

定理 1 任意一个矩阵经过若干次初等行变换都可以转化成阶梯形矩阵.

10.3.2 矩阵的秩

矩阵 $\boldsymbol{A}$ 的阶梯形矩阵非 0 行的行数称为矩阵 $\boldsymbol{A}$ 的秩，记作秩 $(\boldsymbol{A})$ 或 $r(\boldsymbol{A})$. 如矩阵

$\begin{pmatrix}1&-2&3&1\\0&2&9&-4\\0&0&0&0\end{pmatrix}$，$\begin{pmatrix}-1&0&2\\0&8&-9\\0&0&1\end{pmatrix}$，$\begin{pmatrix}-2&0&0&3&1\\0&3&8&-7&0\\0&0&1&0&-3\\0&0&0&0&5\end{pmatrix}$ 的秩分别为 2,3,4.

例 1 求矩阵

$$A=\begin{pmatrix}3&-3&0&7&0\\1&-1&0&2&1\\1&-1&2&3&2\\2&-2&2&5&3\end{pmatrix}.$$

秩及秩(A^T).

解

$$A=\begin{pmatrix}3&-3&0&7&0\\1&-1&0&2&1\\1&-1&2&3&2\\2&-2&2&5&3\end{pmatrix}\xrightarrow{r_1\leftrightarrow r_2}\begin{pmatrix}1&-1&0&2&1\\3&-3&0&7&0\\1&-1&2&3&2\\2&-2&2&5&3\end{pmatrix}\longrightarrow\begin{pmatrix}1&-1&0&2&1\\0&0&0&1&-3\\0&0&2&1&1\\0&0&2&1&1\end{pmatrix}$$

$$\xrightarrow{r_4+(-1)r_3}\begin{pmatrix}1&-1&0&2&1\\0&0&0&1&-3\\0&0&2&1&1\\0&0&0&0&0\end{pmatrix}\xrightarrow{r_2\leftrightarrow r_3}\begin{pmatrix}1&-1&0&2&1\\0&0&2&1&1\\0&0&0&1&-3\\0&0&0&0&0\end{pmatrix},$$

所以,秩 $r(A)=3$.

$$A^T=\begin{pmatrix}3&1&1&2\\-3&-1&-1&-2\\0&0&2&2\\7&2&3&5\\0&1&2&3\end{pmatrix}\longrightarrow\begin{pmatrix}3&1&1&2\\0&0&0&0\\0&0&2&2\\1&0&1&1\\0&1&2&3\end{pmatrix}\longrightarrow\begin{pmatrix}1&0&1&1\\0&1&2&3\\0&0&2&2\\3&1&1&2\\0&0&0&0\end{pmatrix}$$

$$\xrightarrow{r_4+(-3)r_1}\begin{pmatrix}1&0&1&1\\0&1&2&3\\0&0&2&2\\0&1&-2&-1\\0&0&0&0\end{pmatrix}\xrightarrow{r_4+(-1)r_2}\begin{pmatrix}1&0&1&1\\0&1&2&3\\0&0&2&2\\0&0&-4&-4\\0&0&0&0\end{pmatrix}\xrightarrow{r_4+2r_3}\begin{pmatrix}1&0&1&1\\0&1&2&3\\0&0&2&2\\0&0&0&0\\0&0&0&0\end{pmatrix}.$$

$r(A^T)=3$. 所以对于任意矩阵 A, $r(A)=r(A^T)$;矩阵的秩是唯一的.

定义 设 A 是 n 阶矩阵,若 $r(A)=n$,则称 A 为满秩矩阵(非奇异矩阵、非退化矩阵).

定理 2 任何满秩矩阵都能经过初等行变换化成单位矩阵.

注:初等变换不改变矩阵的秩.

例如 $A=\begin{pmatrix}0&2&-1\\1&1&2\\-1&-1&-1\end{pmatrix}\xrightarrow{r_1\leftrightarrow r_2}\begin{pmatrix}1&1&2\\0&2&-1\\-1&-1&-1\end{pmatrix}\xrightarrow{r_3+r_1}\begin{pmatrix}1&1&2\\0&2&-1\\0&0&1\end{pmatrix}$, $r(A)=3$,所以 A 是满秩矩阵.

$$\begin{pmatrix}1&1&2\\0&2&-1\\0&0&1\end{pmatrix}\longrightarrow\begin{pmatrix}1&1&0\\0&2&0\\0&0&1\end{pmatrix}\xrightarrow{\frac{1}{2}r_2}\begin{pmatrix}1&1&0\\0&1&0\\0&0&1\end{pmatrix}\xrightarrow{r_1+(-1)r_2}\begin{pmatrix}1&0&0\\0&1&0\\0&0&1\end{pmatrix}.$$

例 2 设 $\boldsymbol{A}=\begin{pmatrix}1&2&4\\2&\lambda&1\\1&1&0\end{pmatrix}$ 求满足使秩($\boldsymbol{A}$)有最小值的 λ.

解 对 $\boldsymbol{A}$ 进行初等行变换,化为阶梯形矩阵

$$\boldsymbol{A}=\begin{pmatrix}1&2&4\\2&\lambda&1\\1&1&0\end{pmatrix}\xrightarrow{r_2\leftrightarrow r_3}\begin{pmatrix}1&2&4\\1&1&0\\2&\lambda&1\end{pmatrix}\longrightarrow\begin{pmatrix}1&2&4\\0&-1&-4\\0&\lambda-4&-7\end{pmatrix}$$

$$\xrightarrow{r_3+(\lambda-4)r_2}\begin{pmatrix}1&2&4\\0&-1&-4\\0&0&-4\lambda+9\end{pmatrix},$$

令 $-4\lambda+9=0$,得 $\lambda=\dfrac{9}{4}$ 时,秩($\boldsymbol{A}$)$=2$ 最小.

习题 10 - 3

1. 利用矩阵行初等变换把下列矩阵转化成行阶梯形矩阵.

(1)$\boldsymbol{A}=\begin{pmatrix}0&2&4&1\\3&2&7&-3\\2&4&10&-3\end{pmatrix}$;

(2)$\boldsymbol{B}=\begin{pmatrix}2&-1&-1&1&2\\1&1&-2&1&4\\4&-6&2&-2&4\\3&6&-9&7&9\end{pmatrix}$.

2. 求下列矩阵的秩

(1)$\boldsymbol{A}=\begin{pmatrix}1&2&3\\2&3&-5\\4&7&1\end{pmatrix}$; (2)$\boldsymbol{B}=\begin{pmatrix}2&-1&0&3&-2\\0&3&1&-2&5\\0&0&0&4&-3\\0&0&0&0&0\end{pmatrix}$;

(3)$\boldsymbol{A}=\begin{pmatrix}3&2&0&5&0\\3&-2&3&6&-1\\2&0&1&5&-3\\1&6&-4&-1&4\end{pmatrix}$.

3. 设 $\boldsymbol{A}=\begin{pmatrix}1 & -2 & 2 & -1\\2 & -4 & 8 & 0\\-2 & 4 & -2 & 3\\3 & -6 & 0 & -6\end{pmatrix}$，$\boldsymbol{b}=\begin{pmatrix}1\\2\\3\\4\end{pmatrix}$，求矩阵 $\boldsymbol{A}$ 及矩阵 $\boldsymbol{B}=(\boldsymbol{A},\boldsymbol{b})$ 的秩.

4. 设 $\boldsymbol{A}=\begin{pmatrix}1 & -1 & 1 & 2\\3 & \lambda & -1 & 2\\5 & 3 & \mu & 6\end{pmatrix}$，已知 $r(\boldsymbol{A})=2$，求 λ 与 μ 的值.

10.4 线性方程组

10.4.1 线性方程组与矩阵

对线性方程组

$$\begin{cases}a_{11}x_1+a_{12}x_2+\cdots+a_{1n}x_n=b_1\\a_{21}x_1+a_{22}x_2+\cdots+a_{2n}x_n=b_2\\\cdots\cdots\cdots\cdots\cdots\cdots\cdots\cdots\cdots\cdots\\a_{m1}x_1+a_{m2}x_2+\cdots+a_{mn}x_3=b_m\end{cases}\tag{10-1}$$

其系数可用 $\begin{pmatrix}a_{11} & a_{12} & \cdots & a_{1n}\\a_{21} & a_{22} & \cdots & a_{2n}\\\cdots & \cdots & \ddots & \cdots\\a_{m1} & a_{m2} & \cdots & a_{mn}\end{pmatrix}$ 表示.

定义 对线性方程组(10－1)，$\boldsymbol{A}=\begin{pmatrix}a_{11} & a_{12} & \cdots & a_{1n}\\a_{21} & a_{22} & \cdots & a_{2n}\\\cdots & \cdots & \ddots & \cdots\\a_{m1} & a_{m2} & \cdots & a_{mn}\end{pmatrix}$ 称为(10－1) 的系数矩阵，$\overline{\boldsymbol{A}}=\begin{bmatrix}a_{11} & \cdots & a_{1n} & b_1\\\vdots & \vdots & \vdots & \vdots\\a_{m1} & \cdots & a_{mn} & b_m\end{bmatrix}$ 称为(10－1) 的增广矩阵.

1. 等价矩阵

定义 将矩阵 $\boldsymbol{A}$ 经有限次初等变换可化为 $\boldsymbol{B}$，称 $\boldsymbol{A}$ 与 $\boldsymbol{B}$ 等价，记作 $\boldsymbol{A}\sim\boldsymbol{B}$.

2. 用初等变换求线性方程组的解

(1) 将(10－1) 的增广矩阵 $\overline{\boldsymbol{A}}$ 用行初等变换化为最简形行阶梯形矩阵；

(2) 由最简形行阶梯形矩阵对应的方程组得到解.

例 1 求解下列齐次线性方程组

$$\begin{cases}x_1+x_2+2x_3-x_4=0\\2x_1+x_2+x_3-x_4=0\\2x_1+2x_2+x_3+2x_4=0\end{cases}.$$

解　对系数矩阵实施行变换：$\begin{pmatrix}1&1&2&-1\\2&1&1&-1\\2&2&1&2\end{pmatrix}\sim\begin{pmatrix}1&0&-1&0\\0&1&3&-1\\0&0&1&-\frac{4}{3}\end{pmatrix}$，即得

$\begin{cases}x_1=\frac{4}{3}x_4\\x_2=-3x_4\\x_3=\frac{4}{3}x_4\\x_4=x_4\end{cases}$，故方程组的解为 $\begin{pmatrix}x_1\\x_2\\x_3\\x_4\end{pmatrix}=k\begin{pmatrix}\frac{4}{3}\\-3\\\frac{4}{3}\\1\end{pmatrix}$.

例 2　求解下列非齐次线性方程组

(1) $\begin{cases}4x_1+2x_2-x_3=2\\3x_1-1x_2+2x_3=10\\11x_1+3x_2=8\end{cases}$；　(2) $\begin{cases}2x+3y+z=4\\x-2y+4z=-5\\3x+8y-2z=13\\4x-y+9z=-6\end{cases}$.

解　(1)　对系数的增广矩阵施初等行变换

$$\begin{pmatrix}4&2&-1&2\\3&-1&2&10\\11&3&0&8\end{pmatrix}\sim\begin{pmatrix}1&3&-3&-8\\0&-10&11&34\\0&0&0&-6\end{pmatrix}$$

故方程组无解；

(2) 对系数的增广矩阵施初等行变换

$\begin{pmatrix}2&3&1&4\\1&-2&4&-5\\3&8&-2&13\\4&-1&9&-6\end{pmatrix}\sim\begin{pmatrix}1&0&2&-1\\0&1&-1&2\\0&0&0&0\\0&0&0&0\end{pmatrix}$，得 $\begin{cases}x=-2z-1\\y=z+2\\z=z\end{cases}$，

令 $z=k$ 亦得方程组的解为 $\begin{pmatrix}x\\y\\z\end{pmatrix}=k\begin{pmatrix}-2\\1\\1\end{pmatrix}+\begin{pmatrix}-1\\2\\0\end{pmatrix}$.

10.4.2　线性方程组的解

设有齐次线性方程组

$$\begin{cases} a_{11}x_1 + a_{12}x_2 + \cdots + a_{1n}x_n = 0 \\ a_{21}x_1 + a_{22}x_2 + \cdots + a_{2n}x_n = 0 \\ \cdots\cdots\cdots\cdots\cdots\cdots\cdots\cdots \\ a_{m1}x_1 + a_{m2}x_2 + \cdots + a_{mn}x_n = 0 \end{cases} \tag{10-2}$$

若记

$$\boldsymbol{A} = \begin{pmatrix} a_{11} & a_{12} & \cdots & a_{1n} \\ a_{21} & a_{22} & \cdots & a_{2n} \\ \cdots & \cdots & \cdots & \cdots \\ a_{m1} & a_{m2} & \cdots & a_{mn} \end{pmatrix}, \boldsymbol{X} = \begin{pmatrix} x_1 \\ x_2 \\ \vdots \\ x_n \end{pmatrix}.$$

则上述方程组(10－2)可写成方程 $\boldsymbol{AX} = \boldsymbol{O}$.

定义　齐次线性方程组(10－2)的一组解 $\boldsymbol{\eta}_1, \boldsymbol{\eta}_2, \cdots, \boldsymbol{\eta}_t$ 称为(10－2)的一个基础解系，如果满足：

(1) 方程组(10－2)的任何一个解都能表示成 $\boldsymbol{\eta}_1, \boldsymbol{\eta}_2, \cdots, \boldsymbol{\eta}_t$ 的线性组合；

(2) $\boldsymbol{\eta}_1, \boldsymbol{\eta}_2, \cdots, \boldsymbol{\eta}_t$ 线性无关.

一、齐次线性方程组的解法

定理 1　齐次线性方程组一定有解，需满足以下两个条件：

(1) 若齐次线性方程组 $r(\boldsymbol{A}) = n$，则只有零解；

(2) 齐次线性方程组有非零解的充要条件是 $r(\boldsymbol{A}) < n$.（当 $m=n$ 时，齐次线性方程组有非零解的充要条件是它的系数行列式 $|\boldsymbol{A}| = 0$.）

由定理可知，若 m 是系数矩阵的行数，n 是未知量的个数，则有：(1) 当 $m < n$ 时，$r(\boldsymbol{A}) \leqslant m < n$，此时齐次线性方程组一定有非零解；

(2) 当 $m = n$ 时，齐次线性方程组有非零解的充要条件是它的系数行列式 $|\boldsymbol{A}| = 0$；

(3) 当 $m = n$ 且 $r(\boldsymbol{A}) = n$ 时，此时系数矩阵的行列式 $|\boldsymbol{A}| \neq 0$，故齐次线性方程组只有零解；

(4) 当 $m > n$ 时，此时 $r(\boldsymbol{A}) \leqslant n$，故存在齐次线性方程组的同解方程组，使“$m \leqslant n$”.

例 3　解线性方程组 $\begin{cases} 2x_1 + 3x_2 - x_3 + 5x_4 = 0 \\ 3x_1 + x_2 + 2x_3 - x_4 = 0 \\ 4x_1 + x_2 - 3x_3 + 6x_4 = 0 \\ x_1 - 2x_2 + 4x_3 - 7x_4 = 0 \end{cases}$.

解 1　将系数矩阵 $\boldsymbol{A}$ 化为阶梯形矩阵

$$A=\begin{bmatrix}2&3&-1&5\\3&1&2&-1\\4&1&-3&6\\1&-2&4&-7\end{bmatrix}\to\cdots\to\begin{bmatrix}1&-2&4&-7\\0&7&-10&14\\0&0&-\frac{43}{7}&16\\0&0&0&7\frac{26}{43}\end{bmatrix}.$$

显然有 $r(A)=4=n$,则方程组仅有零解,即 $x_1=x_2=x_3=x_4=0$.

解 2 由于方程组的个数等于未知量的个数(即 $m=n$)[注意:方程组的个数不等于未知量的个数(即 $m\neq n$),不可以用行列式的方法来判断],从而可计算系数矩阵 A 的行列式:

$$|A|=\begin{vmatrix}2&3&-1&5\\3&1&2&-1\\4&1&-3&6\\1&-2&4&-7\end{vmatrix}=327\neq 0,$$知方程组仅有零解,即 $x_1=x_2=x_3=x_4=0$.

例 4 解线性方程组$\begin{cases}x_1+x_2+x_3+x_4+x_5=0\\3x_1+2x_2+x_3+x_4-3x_5=0\\x_2+2x_3+2x_4+6x_5=0\\5x_1+4x_2+3x_3+3x_4-x_5=0\end{cases}$.

解 将系数矩阵 A 化为简化阶梯形矩阵

$$A=\begin{bmatrix}1&1&1&1&1\\3&2&1&1&-3\\0&1&2&2&6\\5&4&3&3&-1\end{bmatrix}\xrightarrow[r_1\times(-3)+r_2]{r_1\times(-5)+r_4}\begin{bmatrix}1&1&1&1&1\\0&-1&-2&-2&-6\\0&1&2&2&6\\0&-1&-2&-2&-6\end{bmatrix}$$

$$\to\begin{bmatrix}1&0&-1&-1&-5\\0&1&2&2&6\\0&0&0&0&0\\0&0&0&0&0\end{bmatrix}.$$

可得 $r(A)=2<n$,则方程组有无穷多解,其同解方程组为

$$\begin{cases}x_1=x_3+x_4+5x_5\\x_2=-2x_3-2x_4-6x_5\end{cases}$$(其中 x_3,x_4,x_5 为自由未知量).

令 $x_3=1,x_4=0,x_5=0$,得 $x_1=1,x_2=-2$;令 $x_3=0,x_4=1,x_5=0$,得 $x_1=1,x_2=-2$;令 $x_3=0,x_4=0,x_5=1$,得 $x_1=5,x_2=-6$,于是得到原方程组的一个基础解系为

$$\xi_1=\begin{bmatrix}1\\-2\\1\\0\\0\end{bmatrix},\xi_2=\begin{bmatrix}1\\-2\\0\\1\\0\end{bmatrix},\xi_3=\begin{bmatrix}5\\-6\\0\\0\\1\end{bmatrix}.$$

所以,原方程组的通解为

$$X=k_1\xi_1+k_2\xi_2+k_3\xi_3(k_1,k_2,k_3\in R).$$

注　方程不同解相同的方程称为同解方程.

二、非齐次线性方程组的解法

(1) 唯一解:$r(\bar{\boldsymbol{A}})=r(\boldsymbol{A})=n\Leftrightarrow$ 线性方程组有唯一解

例 3　求线性方程组$\begin{cases}x_1+x_2+2x_3=1\\2x_1-x_2+2x_3=-4\\4x_1+x_2+4x_3=-2\end{cases}$的解.

解　$\bar{\boldsymbol{A}}=(\boldsymbol{A}|\boldsymbol{B})=\begin{bmatrix}1&1&2&1\\2&-1&2&-4\\4&1&4&-2\end{bmatrix}\xrightarrow[r_1+(-4)+r_3]{r_1\times(-2)+r_2}\begin{bmatrix}1&1&2&1\\0&-3&-2&-6\\0&-3&-4&-6\end{bmatrix}$

$\xrightarrow[r_3\times(-\frac{1}{2})]{}\begin{bmatrix}1&0&0&-1\\0&-3&0&-6\\0&0&1&0\end{bmatrix}\xrightarrow{r_2\times(-\frac{1}{3})}\begin{bmatrix}1&0&0&-1\\0&1&0&2\\0&0&1&0\end{bmatrix}.$

可见 $r(\bar{\boldsymbol{A}})=r(\boldsymbol{A})=3$,则方程组有唯一解,所以方程组的解为$\begin{cases}x_1=-1\\x_2=2\\x_3=0\end{cases}$.

(2) 无解:$r(\bar{\boldsymbol{A}})\neq r(\boldsymbol{A})$(系数矩阵的秩与增广矩阵的秩不相等)$\Leftrightarrow$ 线性方程组无解.

例 4　求线性方程组$\begin{cases}-2x_1+x_2+x_3=1\\x_1-2x_2+x_3=-2\\x_1+x_2-2x_3=4\end{cases}$的解.

解　$\bar{\boldsymbol{A}}=(\boldsymbol{A}|\boldsymbol{B})=\begin{bmatrix}-2&1&1&1\\1&-2&1&-2\\1&1&-2&4\end{bmatrix}\xrightarrow[r_1\leftrightarrow r_2]{}\begin{bmatrix}1&-2&1&-2\\0&-3&3&-3\\0&3&-3&6\end{bmatrix}$

$\xrightarrow{r_2+r_3}\begin{bmatrix}1&-2&1&-2\\0&-3&3&-3\\0&0&0&3\end{bmatrix}$,可见 $r(\bar{\boldsymbol{A}})=3\neq r(\boldsymbol{A})=2$,所以原方程组无解.

(3) 无穷多解:$r(\bar{\boldsymbol{A}})=r(\boldsymbol{A})<n\Leftrightarrow$ 线性方程组有无穷多解.

习题 10-4

1. 设线性方程组

$$\begin{cases}ax_1+x_2+x_3=4\\x_1+bx_2+x_3=3\\x_1+2bx_2+x_3=4\end{cases}.$$

讨论参数 a,b 的取值不同,方程组的解的情况.

2. 设齐次线性方程组 $\begin{cases}x_1+kx_2+x_3=0\\2x_1+x_2+x_3=0\\kx_2+3x_3=0\end{cases}$ 只有零解,k 应该满足什么条件?

3. 求矩阵 $\boldsymbol{A}=\begin{pmatrix}0&0&0&1\\1&1&0&1\\2&2&0&1\\1&1&0&0\end{pmatrix}$ 的秩.

4. 求解下列线性方程组

(1) $\begin{cases}3x_1+x_2-6x_3-4x_4+2x_5=0\\2x_1+2x_2-3x_3-5x_4+3x_5=0\\x_1-5x_2-6x_3+8x_4-6x_5=0\end{cases}$;

(2) $\begin{cases}x_1+3x_2+3x_3-2x_4+x_5=3\\2x_1+6x_2+x_3-3x_4=2\\x_1+3x_2-2x_3-x_4-x_5=-1\\3x_1+9x_2+4x_3-5x_4+x_5=5\end{cases}$.

10.5 线性经济模型

本节先介绍线性经济模型的一些基本概念,再给出两个例子来加以说明.

定义 线性经济模型就是一个联立线性方程组.这些方程可分为两类:第一类为定义方程,其所表达的变量之间的关系根据定义而成立.第二类为行为方程,其旨在表述关于某些“经济实体”行为的某种信息.

两类变量:内生变量和外生变量.内生变量是模型所要决定的变量,模型的焦点.构建模型的全部目的首先是深入了解:内生变量值的决定因素以及这些内生变量如何随给定环境变化而变化;外生变量可视为给定的变量,分为三类:①非经济变量;②非经济力量确定的经济变量;③由其他经济力量所决定的经济变量,不是本模型所决定.

线性规划所探讨的问题是在有限资源的约束条件下,把资源进行合理分配,制订最优的实施方案.

线性规划研究主要有两类:第一类是对于一项确定的任务,如何统筹安排,才能用最少的资源去完成.第二类是对于已有的资源,如何安排使用它们,使得完成任务最多.在实际生活中,这类问题很多,如运输问题,生产的组织与计划问题,时间和人员安排问题等,它们有着相同的数学模型.

数学模型把现实问题转化为抽象的数学表达式.它有助于找出问题的共性并寻找解决问题的途径.

例 1 (生产计划的问题)某工厂在计划期内要安排生产Ⅰ,Ⅱ的两种产品,已知生产单位产品所需的设备台时,A,B两种原材料的消耗以及每件产品可获的利润如下表所示.问应如何安排生产计划使该工厂获利最多?

	Ⅰ	Ⅱ	资源限量
设备	1	2	8(台时)
原材料 A	4	0	16(kg)
原材料 B	0	4	12(kg)
单位产品利润(万元)	2	3	

解 设 x_1, x_2(称为决策变量)分别表示在计划期内产品 Ⅰ,Ⅱ 的产量.由于资源有限,就得到一些约束条件:

$$\text{变量所满足的条件}\begin{cases} x_1 + 2x_2 \leqslant 8, & \text{机器台限制} \\ 4x_1 \leqslant 16, & \text{原材料 } A \text{ 的限制} \\ 4x_2 \leqslant 12, & \text{原材料 } B \text{ 的限制} \end{cases}$$

同时,产品 Ⅰ,Ⅱ 的产量不能是负数,所以有 $x_1 \geqslant 0, x_2 \geqslant 0$(称为变量的非负约束)

显然,在满足上述约束条件下的每一组变量的取值,均能构成可行方案,称为可行解.

例 2 (投资问题)某公司有一批资金用于投资 4 个工程项目,其投资各项目时所得的净收益如下表:

工程项目	A	B	C	D
收益(%)	15	10	8	12

由于某种原因,决定用于项目 A 的投资不大于其他各项投资之和而用于项目 B 和 C 的投资要大于项目 D 的投资.试建立该公司收益最大的投资分配方案的数学模型.

解 设 x_1, x_2, x_3, x_4 分别代表用于项目 A,B,C,D 的投资百分数,则有

$$\max f = 0.15x_1 + 0.1x_2 + 0.08x_3 + 0.12x_4$$

$$\text{s.t.}\begin{cases}x_1+x_2-x_3-x_4\leqslant 0\\x_2+x_3-x_4\geqslant 0\\x_1+x_2+x_3+x_4=1\\x_j\geqslant 0(j=1,2,3,4)\end{cases}.$$

上面两个例子具有如下共同特征：

(1) 每个问题的解决方案都可用一组决策变量 $x_1,x_2,\cdots,x_n$（称为决策变量）的值表示，其具体的值代表一个具体方案. 通常可根据决策变量的实际意义，对变量的取值加以约束，如产量需大于等于零.

(2) 存在一组线性等式或不等式（称为约束条件）.

(3) 有一个用决策变量组成的线性函数（称为目标函数）. 按问题的不同，分别求目标函数的最大值或最小值.

满足以上三个条件的数学模型称为线性规划数学模型(LP)，其一般形式为：

$$\max(\text{或 }\min)f=c_1x_1+c_2x_2+\cdots+c_nx_n$$

$$\text{s.t.}\begin{cases}a_{11}x_1+a_{12}x_2+\cdots+a_{1n}x_n\leqslant(=,\geqslant)b_1\\a_{21}x_1+a_{22}x_2+\cdots+a_{2n}x_n\leqslant(=,\geqslant)b_2\\\cdots\cdots\\a_{m1}x_1+a_{m2}x_2+\cdots+a_{mn}x_n\leqslant(=,\geqslant)b_m\\x_1,x_2,\cdots,x_n\geqslant 0\end{cases}$$

$$\max(\text{或 }\min)f=\sum_{j=1}^{n}c_jx_j\text{ 或}\begin{cases}\sum_{j=1}^{n}a_{ij}x_j\leqslant(=,\geqslant)b_i(i=1,2,\cdots,m)\\x_j\geqslant 0(j=1,2,\cdots,n)。\end{cases}.$$

满足所有约束条件的决策变量的值，称为 LP 问题的可行解. 使目标函数达到最大值的可行解，称为最优解.

一个 LP 问题可能没有可行解，也可能有有限个或无穷多个可行解. 同样一个 LP 问题可能没有最优解，或只有一个最优解，也可能有无穷多个最优解. 从制定生产计划的角度来看，可行解就是一个生产安排的方案，最优解就是一个最好的生产安排方案.

习题 10－5

1. 某工厂拥有 A、B、C 三种类型的设备，生产甲、乙两种产品. 每件产品在生产中需要占用的设备机时数，每件产品可以获得的利润以及三种设备可利用的时数如下表所示：

	产品甲	产品乙	设备能力(h)
设备 A	3	2	65
设备 B	2	1	40
设备 C	0	3	75
利润(元/件)	1500	2500	

请问工厂应如何安排生产可获得最大的总利润?

2. 设有 A_1,A_2 两个砖厂,产量分别为 23 万块和 27 万块砖,供应三个工地 B_1,B_2,B_3,其需求量分别为 17 万块、18 万块和 15 万块,而自产地到各工地的运价见表,问应如何调运,才能使总运费最小?

工地 / 运价(元/万块) / 砖厂	B_1	B_2	B_3
A_1	50	60	70
A_2	60	110	160

10.6 Mathematica 与线性代数

本节介绍用 Mathematica 实现线性代数运算的各种专用函数,它们基本上满足了线性代数计算的需求.

10.6.1 矩阵的输入与输出

在 Mathematica 中向量和矩阵就是一个表. $\{a_1, a_2, \cdots, a_n\}$ 表示一个向量.

$\{\{a_{11}, a_{12}, \cdots, a_{1n}\}, \{a_{21}, a_{22}, \cdots, a_{2n}\}, \cdots, \{a_{m1}, a_{m2}, \cdots, a_{mn}\}\}$ 表示一个 m 行 n 列的矩阵,其中每一个子表表示矩阵的一行.

1. 直接输入矩阵　直接输入矩阵的方法有 3 种:

(1)按表的形式输入矩阵

表的一般操作对于矩阵和向量仍然适用. 但是,按表的格式键入矩阵和向量,会让人很不习惯. 因此,Mathematica 也提供了矩阵和向量的常规形式的输入、输出方法.

(2)由模板输入矩阵

基本输入模板中有输入 2 阶方阵的模板,单击该模板输入一个空白的 2 阶方阵. 按"Ctrl+"使矩阵增加一列,按"Ctrl+Enter"使矩阵增加一行. 此方法适合矩阵的行列数不多的情形.

(3)由菜单输入矩阵

如果矩阵的输入行、列数较多时，可以点开主菜单的 Input 项，其中 Create Table/Matrix/Palette 可用于建立一个矩阵，单击该项出现一个对话框. 选择 Make：Matrix，再输入行数和列数，单击 OK 按钮，于是一个空白矩阵被输入到工作区窗口.

空白矩阵的每个小方块代表一个元素的位置，光标所在的小方块与众不同，可以用 Tab 键将光标从一个方块跳到下一个方块，也可以用鼠标选中一个方块.

2. 以矩阵形式输出矩阵

不管用何种方法输入矩阵，矩阵总是按表的形式输出，这既违背常规，又难于阅读. 因此，Mathematica 提供了以矩阵形式输出矩阵的函数：

MatrixForm[list]将表 list 按矩阵的形式输出.

例 1 观察下面矩阵的输出.

解 In[1]：=a={{1,2,3},{4,5,6}}

Out[1]={{1,2,3},{4,5,6}}

In[2]：=MatrixForm[a]

Out[2]//MatrixForm=

$$\begin{pmatrix}1 & 2 & 3\\4 & 5 & 6\end{pmatrix}$$

In[3]：=a={{1,2,3},{4,5,6}}//MatrixForm

Out[3]//MatrixForm=

$$\begin{pmatrix}1 & 2 & 3\\4 & 5 & 6\end{pmatrix}$$

In[4]：= $\begin{pmatrix}1 & 2\\3 & 4\\5 & 6\end{pmatrix}$

Out[4]={{1,2},{3,4},{5,6}}

In[5]：=%//MatrixForm

Out[5]//MatrixForm=

$$\begin{pmatrix}1 & 2\\3 & 4\\5 & 6\end{pmatrix}$$

注 由上例可以看出，不管输入的形式是否为矩阵，必须使用 MatrixForm 才能使输出为矩阵形式，导致输入不方便，良好的解决方法是自制一个模板：//MatrixForm，以便快速输入.

使用函数 MatrixForm 又会出现另一个问题，可以通过以下例子来说明.

例 2 观察下面矩阵的输出.

解 In[1]:=a= $\begin{pmatrix}1 & 2\\3 & 4\end{pmatrix}$

Out[1]={{1,2},{3,4}}

In[2]:=b= $\begin{pmatrix}1 & 2\\3 & 4\end{pmatrix}$ //MatrixForm

Out[2]//MatrixForm=

$\begin{pmatrix}1 & 2\\3 & 4\end{pmatrix}$

In[3]:=Inverse[a]//MatrixForm

Out[3]//MatrixForm=

$\begin{pmatrix}-2 & 1\\\frac{3}{2} & -\frac{1}{2}\end{pmatrix}$

In[4]:=Inverse[b]//MatrixForm

Out[4]//MatrixForm=

Inverse $\left[\begin{pmatrix}1 & 2\\3 & 4\end{pmatrix}\right]$

注 以上 In[3]和 In[4]是求逆矩阵,Mathematica 求出 a 的逆矩阵,对 b 却失败! 变量 a 形式上是表,但能被 Mathematica 作为矩阵处理. 而变量 b 虽然表示常规形式的矩阵,但不能对 b 进行各种矩阵计算,务必注意.

例 3 观察下面矩阵的输出

In[1]:= $\left(b=\begin{pmatrix}1 & 2\\3 & 4\end{pmatrix}\right)$ //MatrixForm

Out[1]//MatrixForm=

$\begin{pmatrix}1 & 2\\3 & 4\end{pmatrix}$

In[2]:=Inverse[b]//MatrixForm

Out[2]//MatrixForm=

$\begin{pmatrix}-2 & 1\\\frac{3}{2} & -\frac{1}{2}\end{pmatrix}$

应该特别注意 Mathematica 不区分行向量与列向量,在运算时会自动处理. 可以通过函数 ColumnForm[list]将一个向量显示成列向量.

也可以通过函数建立一些有规律的矩阵,除了在讲表时已经介绍过的函数 Table 外,还有以下专用函数:

Array[a,{m,n}] 创建一个 m 行、n 列的矩阵,元素为 $a[i,j]$.

IdentityMatrix[n]创建一个 n 阶单位矩阵.

DiagonalMatrix[list]创建一个对角线上为表 list 的元素的方阵.

例 4　观察下面矩阵的输出.

解　In[1]:=Array[a,{2,3}]//MatrixForm

Out[1]//MatrixForm=

$$\begin{pmatrix} a[1,1] & a[1,2] & a[1,3] \\ a[2,1] & a[2,2] & a[2,3] \end{pmatrix}$$

In[2]:=Array[a,{2,3},{0,0}]//MatrixForm

Out[2]//MatrixForm=

$$\begin{pmatrix} a[0,0] & a[0,1] & a[0,2] \\ a[1,0] & a[1,1] & a[1,2] \end{pmatrix}$$

In[3]:=IdentityMatrix[3]//MatrixForm

Out[3]//MatrixForm=

$$\begin{pmatrix} 1 & 0 & 0 \\ 0 & 1 & 0 \\ 0 & 0 & 1 \end{pmatrix}$$

In[4]:=DiagonalMatrix[{1,2,3}]//MatrixForm

Out[4]//MatrixForm=

$$\begin{pmatrix} 1 & 0 & 0 \\ 0 & 2 & 0 \\ 0 & 0 & 3 \end{pmatrix}$$

注　函数 Array 加上第三个参数用于规定起始下标,起始下标可以取任何整数.

此外 Array 可以类似创建有任意层数的表,其调用格式如下:

Array[a,n]　创建一个元素为 $a[i]$的有 n 个元素的表(向量).

Array[a,{n_1,n_2,n_3}]　创建一个元素为 $a[i_1,i_2,i_3]$的有 $n_1\times n_2\times n_3$ 个元素的 3 层表.

例 5　观察下面矩阵的输出.

解　In[1]:=Array[a,5]

Out[1]={a[1],a[2],a[3],a[4],a[5]}

In[2]:=Array[a,{2,2,2}]

Out[2]={{{a[1,1,1],a[1,1,2]},{a[1,2,1],a[1,2,2]}},

{{a[2,1,1],a[2,1,2]},{a[2,2,1],a[2,2,2]}}}

提取或引用矩阵的元素的方法与函数,都已经在表的操作中介绍过,只要注意矩阵是一个 2 层表而每行是一个子表.还有三个矩阵专用的函数,如下所示:

M[[All,j]]　提取矩阵 $\boldsymbol{M}$ 的第 j 列元素组成一个表.

Tr[M,List]　提取矩阵 $\boldsymbol{M}$ 的主对角线元素组成一个表.

Dimensions[M]求矩阵 $\boldsymbol{M}$ 的行列数.

例 6 观察下面矩阵运算.

解 In[1]:=a= $\begin{pmatrix}1 & 2\\3 & 4\end{pmatrix}$;

b= $\begin{pmatrix}1 & 2 & 3\\4 & 5 & 6\end{pmatrix}$;

In[3]:=b[[All,3]]//MatrixForm

Out[3]//MatrixForm=

$\begin{pmatrix}3\\6\end{pmatrix}$

In[4]:=Tr[a,List]

Out[4]={1,4}

In[5]:=Dimensions[a]

Out[5]={2,2}

In[6]:=Dimensions[b]

Out[6]={2,3}.

10.6.2 矩阵、向量的运算

1. 加法与数乘

除两个矩阵相加外,还有一个数与矩阵相加,都使用加号.一个数与矩阵相加就是矩阵的每个元素都加上该数,一个数与矩阵相乘就是矩阵的每个元素都乘上该数.

例 7 已知 $\boldsymbol{A}=\begin{pmatrix}1 & 2 & 3\\4 & 5 & 6\end{pmatrix}$,$\boldsymbol{B}=\begin{pmatrix}-1 & -2 & -3\\-4 & -5 & -6\end{pmatrix}$,求(1)$\boldsymbol{A}+\boldsymbol{B}$;(2)$2+\boldsymbol{A}$;(3)$2\boldsymbol{A}$.

解 In[1]:=a= $\begin{pmatrix}1 & 2 & 3\\4 & 5 & 6\end{pmatrix}$;

b= $\begin{pmatrix}-1 & -2 & -3\\-4 & -5 & -6\end{pmatrix}$;

a+b//MatrixForm

Out[3]//MatrixForm=

$\begin{pmatrix}0 & 0 & 0\\0 & 0 & 0\end{pmatrix}$

In[4]:=2+a//MatrixForm

Out[4]//MatrixForm=

$\begin{pmatrix}3 & 4 & 5\\6 & 7 & 8\end{pmatrix}$

In[5]:=2a//MatrixForm

Out[5]//MatrixForm=

$$\begin{pmatrix} 2 & 4 & 6 \\ 8 & 10 & 12 \end{pmatrix}.$$

2. 乘法

实点作为两个矩阵相乘或两个向量内积的运算符.

例 8 已知 $\boldsymbol{A}=\begin{pmatrix} 1 & 2 & 3 \\ 4 & 5 & 6 \end{pmatrix}$, $\boldsymbol{B}=\begin{pmatrix} 1 & 2 \\ 3 & 4 \\ 5 & 6 \end{pmatrix}$, $\boldsymbol{C}=(1,2,3)$, $\boldsymbol{D}=(1,-1,1)$, 求(1)$\boldsymbol{AB}$,(2)$\boldsymbol{CD}$,(3)$\boldsymbol{AD}$.

解 In[1]:=a= $\begin{pmatrix} 1 & 2 & 3 \\ 4 & 5 & 6 \end{pmatrix}$;

b= $\begin{pmatrix} 1 & 2 \\ 3 & 4 \\ 5 & 6 \end{pmatrix}$;

a. b//MatrixForm

Out[3]//MatrixForm=

$$\begin{pmatrix} 22 & 28 \\ 49 & 64 \end{pmatrix}$$

In[4]:=c={1,2,3};

d={1,−1,1};

c. d//MatrixForm

Out[6]//MatrixForm=2

In[7]:=a. d//MatrixForm

Out[7]//MatrixForm= $\begin{pmatrix} 2 \\ 5 \end{pmatrix}$

注 上例中求 $a \cdot d$ 时,Mathematica 会自动将 d 理解为列向量.

下面是求两个向量的向量积的函数,其调用格式如下:

Cross[a,b] 求 $a\times b$.

例 9 已知向量 a={2,1,−1},b={1,−1,2},求 a×b.

解 In[1]:=a={2,1,−1};

b={1,−1,2};

Cross[a,b]

Out[1]={1,−5,−3}

In[4]:=a×b

Out[4]={1,−5,−3}

注 求向量积也可以使用基本输入模板上的小乘号.模板上有两个乘号,容易搞错,大乘号是将对应的元素相乘.

3. 矩阵的转置

矩阵的转置操作使用函数:

Transpose[M]将矩阵 $\boldsymbol{M}$ 转置.

提示:可以将此函数自制成模板.

4. 求行列式

求一个方阵的行列式使用函数:

Det[A]求方阵 $\boldsymbol{A}$ 的行列式.

例 10 计算行列式:(1) $\begin{vmatrix} 1 & 2 & 3 \\ 2 & 3 & 1 \\ 3 & 1 & 2 \end{vmatrix}$;(2) $\begin{vmatrix} 1-\lambda & 2 & 2 \\ 2 & 1-\lambda & 2 \\ 2 & 2 & 1-\lambda \end{vmatrix}$.

解 In[1]:$=\mathrm{a}=\begin{pmatrix} 1 & 2 & 3 \\ 2 & 3 & 1 \\ 3 & 1 & 2 \end{pmatrix}$;

Det[a]

Out[2]$=-18$

In[3]:$=\mathrm{b}=\begin{pmatrix} 1-\lambda & 2 & 2 \\ 2 & 1-\lambda & 2 \\ 2 & 2 & 1-\lambda \end{pmatrix}$;

Det[b]

Out[3]$=5+9\lambda+3\lambda^2-\lambda^3$

5. 求逆矩阵

求一个方阵的逆矩阵使用函数:

Inverse[A]求 $\boldsymbol{A}$ 的逆矩阵,并判断是否可逆.

例 11 已知 $\boldsymbol{A}=\begin{pmatrix} 1 & 2 \\ 3 & 4 \end{pmatrix}$,求 $\boldsymbol{A}$ 的逆矩阵.

解 In[1]:$=\mathrm{a}=\begin{pmatrix} 1 & 2 \\ 3 & 4 \end{pmatrix}$;

b=Inverse[a]

Out[2]$=\left\{\{-2,1\},\left\{\frac{3}{2},-\frac{1}{2}\right\}\right\}$

In[3]:=a. b//MatrixFormVOut[3]//MatrixForm=

$\begin{pmatrix} 1 & 0 \\ 0 & 1 \end{pmatrix}$

In[4]:$=\mathrm{a}^{-1}$

Out[4]$=\left\{\left\{1,\frac{1}{2}\right\},\left\{\frac{1}{3},\frac{1}{4}\right\}\right\}$.

注 a^{-1}不表示逆矩阵.

还有函数:MatrixPower[A,n] 求 $\boldsymbol{A}^n$(其中 n 为整数),当 $n=-1$ 时即求逆矩阵.

6.解线性方程组

专门用于解线性方程组的函数有 3 个:

RowReduce[M]消元得到矩阵 $\boldsymbol{M}$ 的行最简形矩阵.

NullSpace[M]求齐次线性方程组 $Mx=0$ 的一个基础解系.

LinearSolve[M,b] 求线性方程组 $Mx=\mathrm{b}$ 的一个特解.

例 12 求解线性方程组:

$$\begin{cases} x_1-x_2-x_3+x_4=0 \\ x_1-x_2+x_3-3x_4=1 \\ x_1-x_2-2x_3+3x_4=-\dfrac{1}{2} \end{cases}.$$

解 In[1]:$=\mathrm{ab}=\begin{pmatrix} 1 & -1 & -1 & 1 & 0 \\ 1 & -1 & 1 & -3 & 1 \\ 1 & -1 & -2 & 3 & -1/2 \end{pmatrix}$;

a=Take[ab,{1,3},{1,4}];

b=ab[[All,5]];

RowReduce[ab]//MatrixForm

Out[1]//MatrixForm=

$$\begin{pmatrix} 1 & -1 & 0 & -1 & \dfrac{1}{2} \\ 0 & 0 & 1 & -2 & \dfrac{1}{2} \\ 0 & 0 & 0 & 0 & 0 \end{pmatrix}$$

In[5]:=NullSpace[a]

Out[5]={{1,0,2,1},{1,1,0,0}}

In[6]:=LinearSolve[a,b]

Out[6]=$\left\{\dfrac{1}{2},\ 0,\ \dfrac{1}{2},\ 0\right\}$

习题 10-6

1.已知 $\boldsymbol{a}=\{4,-2,4\}$,$\boldsymbol{b}=\{6,-3,2\}$,试求:

(1)$\boldsymbol{a}\cdot\boldsymbol{b}$;(2)$(3\boldsymbol{a}-2\boldsymbol{b})\cdot(\boldsymbol{a}+2\boldsymbol{b})$.

2.求下列行列式的值:

(1) $\begin{vmatrix} 3 & 2 & 1 \\ 2 & 3 & 2 \\ 1 & 2 & 3 \end{vmatrix}$;　(2) $\begin{vmatrix} -1 & 2 & -2 & 1 \\ 2 & 3 & 1 & -1 \\ 2 & 0 & 0 & 3 \\ 4 & 1 & 0 & 1 \end{vmatrix}$.

3. 已知 $\boldsymbol{A}=\begin{bmatrix} 1 & 3 & 1 \\ 2 & 0 & 4 \\ 1 & 2 & 3 \end{bmatrix}$, $\boldsymbol{B}=\begin{bmatrix} 2 & 1 & 0 \\ 1 & -1 & 2 \\ 3 & 2 & 1 \end{bmatrix}$, 求 $\boldsymbol{AB}$ 和 $\boldsymbol{BA}$.

4. 已知 $\boldsymbol{A}=\begin{bmatrix} 1 & 1 & 2 \\ 1 & 3 & 1 \\ 4 & 1 & 1 \end{bmatrix}$, $\boldsymbol{I}=\begin{bmatrix} 1 & 0 & 0 \\ 0 & 1 & 0 \\ 0 & 0 & 1 \end{bmatrix}$, 求 $2\boldsymbol{A}^2+3\boldsymbol{A}+5\boldsymbol{I}$.

5. 求下列矩阵的秩.

(1) $\begin{bmatrix} 3 & 2 & 2 \\ 1 & 3 & 1 \\ 5 & 3 & 4 \end{bmatrix}$;　(2) $\begin{bmatrix} 1 & -1 & 1 & 1 \\ -1 & 0 & -1 & 0 \\ 1 & -1 & 1 & 0 \\ 1 & 0 & 0 & 2 \end{bmatrix}$.

6. 解下列方程组.

(1) $\begin{cases} x_1-3x_2+5x_3-7x_4=12 \\ 3x_1-5x_2+7x_3-x_4=0 \\ 5x_1-7x_2+x_3-3x_4=4 \\ 7x_1-5x_2+3x_3-5x_4=16 \end{cases}$;　(2) $\begin{cases} x_1+2x_2=5 \\ 3x_2+4x_3=18 \\ 5x_3+6x_4=39 \\ 7x_4+8x_5=68 \\ 9x_5=45 \end{cases}$.

本章小结

一、行列式

1. 行列式的性质

① 行列式行列互换，其值不变(转置行列式 $D=D^T$).

② 行列式中某两行(列) 互换，行列式变号.

推论　若行列式中某两行(列) 对应元素相等，则行列式等于零.

③ 常数 k 乘以行列式的某一行(列)，等于 k 乘以此行列式.

推论　若行列式中两行(列) 成比例，则行列式值为零.

推论　行列式中某一行(列) 元素全为零，行列式为零.

④ 行列式具有分行(列) 可加性

⑤ 将行列式某一行(列) 的 k 倍加到另一行(列) 上，值不变.

行列式依行(列) 展开：余子式 M^{ij}. 代数余子式 $A_{ij}=(-1)^{i+j}M_{ij}$

定理　行列式中某一行的元素与另一行元素对应余子式乘积之和为零.

2.克莱姆法则

非齐次线性方程组:当系数行列式 $D\neq 0$ 时,有唯一解:$x_j=\dfrac{D_j}{D}(j=1,2,\cdots,n)$

齐次线性方程组:当系数行列式 $D=1\neq 0$ 时,则只有零解.逆否命题:若方程组存在非零解,则 D 等于零.

二、矩阵

1.矩阵的概念:$\boldsymbol{A}_{m*n}$(零矩阵、负矩阵、行矩阵、列矩阵、n 阶方阵、相等矩阵)

2.矩阵的运算:加法(同型矩阵)—— 交换、结合律

数乘 $k\boldsymbol{A}=(ka_{ij})_{m*n}$—— 分配、结合律

乘法 $\boldsymbol{A}*\boldsymbol{B}=(a_{ik})_{m*1}*(b_{kj})_{l*n}=(\sum\limits_{1}^{l}a_{ik}b_{kj})_{m*n}$ 注意什么时候有意义

转置 $(\boldsymbol{A}^{\mathrm{T}})^{\mathrm{T}}=\boldsymbol{A}$　　$(\boldsymbol{A}+\boldsymbol{B})^{\mathrm{T}}=\boldsymbol{A}^{\mathrm{T}}+\boldsymbol{B}^{\mathrm{T}}$

$(k\boldsymbol{A})^{\mathrm{T}}=k\boldsymbol{A}^{\mathrm{T}}$　　$(\boldsymbol{AB})^{\mathrm{T}}=\boldsymbol{B}^{\mathrm{T}}\boldsymbol{A}^{\mathrm{T}}$(反序定理)

方幂:$\boldsymbol{A}^{k_1}\boldsymbol{A}^{k_2}=\boldsymbol{A}^{k_1+k_2}$

$(\boldsymbol{A}^{k_1})^{k_2}=\boldsymbol{A}^{k_1+k_2}$

3.逆矩阵:设 $\boldsymbol{A}$ 是 n 阶方阵,若存在 n 阶矩阵 $\boldsymbol{B}$ 的 $\boldsymbol{AB}=\boldsymbol{BA}=\boldsymbol{I}$ 则称 $\boldsymbol{A}$ 是可逆的,$\boldsymbol{A}^{-1}=\boldsymbol{B}$(非奇异矩阵.奇异矩阵 $|\boldsymbol{A}|=0$).

初等变换:① 交换两行(列).② 非零.k 乘某一行(列).③ 将某行(列)的 K 倍加到另一行,初等变换不改变矩阵的秩.

逆矩阵满足的运算律:

1.可逆矩阵 $\boldsymbol{A}$ 的逆矩阵也是可逆的,且 $(\boldsymbol{A}^{-1})^{-1}=\boldsymbol{A}$;

2.可逆矩阵 $\boldsymbol{A}$ 的数乘矩阵 $k\boldsymbol{A}$ 也是可逆的,且 $(k\boldsymbol{A})^{-1}=\dfrac{1}{k}\boldsymbol{A}^{-1}$;

3.可逆矩阵 $\boldsymbol{A}$ 的转置 $\boldsymbol{A}^{\mathrm{T}}$ 也是可逆的,且 $(\boldsymbol{A}^{\mathrm{T}})^{-1}=(\boldsymbol{A}^{-1})^{\mathrm{T}}$;

4.两个可逆矩阵 $\boldsymbol{A}$ 与 $\boldsymbol{B}$ 的乘积 $\boldsymbol{AB}$ 也是可逆的,且 $\begin{pmatrix}0&0&1\\0&1&1\\1&1&1\end{pmatrix}$;

5.若 $\boldsymbol{A}$ 可逆,则 $\begin{pmatrix}1\\1\\-2\end{pmatrix}$.

求逆矩阵的方法:

1.定义法 $\boldsymbol{AA}^{-1}=\boldsymbol{I}$;

2.初等变换法 $(\boldsymbol{A}\mid\boldsymbol{I}_n)=(\boldsymbol{I}_n\mid\boldsymbol{A}^{-1})$(只能进行行变换).

三、线性方程组

1.非齐次线性方程组:增广矩阵 → 简化阶梯型矩阵.

$r(\boldsymbol{AB}) = r(\boldsymbol{B}) = r$ 当 $r = n$ 时，有唯一解；当 $r \neq n$ 时，有无穷多解；

$r(\boldsymbol{AB}) \neq r(\boldsymbol{B})$，无解.

2. 齐次线性方程组：仅有零解充要条件 $r(\boldsymbol{A}) = n$；有非零解充要条件 $r(\boldsymbol{A}) < n$.

当齐次线性方程组方程个数 $<$ 未知量个数，一定有非零解；

当齐次线性方程组方程个数 $=$ 未知量个数，有非零解充要 $|\boldsymbol{A}| = 0$；

齐次线性方程组若有零解，一定是无穷多个

定理 设 $\boldsymbol{A}$ 为 $m \times n$ 矩阵，则 $r(\boldsymbol{A}) = r$ 的充要条件是：$\boldsymbol{A}$ 的列（行）秩为 r.

齐次线性方程组(10-2)解的结构：解为 $\alpha_1, \alpha_2, \cdots$

(10-2)的两个解的和 $\alpha_1 + \alpha_2$ 仍是它的解；

(10-2)解的任意倍数 $k\alpha$ 还是它的解；

(10-2)解的线性组合 $c_1\alpha_1 + c_2\alpha_2 + \cdots + c_s\alpha_s$ 也是它的解，$c_1, c_2, \cdots, c_s$ 是任意常数.

非齐次线性方程组(10-1)解的结构：解为 $\mu_1, \mu_2, \cdots$

(10-1)的两个解的差 $\mu_1 - \mu_2$ 仍是它的解；

若 μ 是非齐次线性方程组 $\boldsymbol{AX} = \boldsymbol{B}$ 的一个解，v 是其导出组 $\boldsymbol{AX} = \boldsymbol{O}$ 的一个解，则 $u + v$ 是(10-1)的一个解.

复习题 10

1. 计算行列式 $\begin{vmatrix} 1 & 2 & 3 \\ 4 & 5 & 9 \\ 6 & 7 & 13 \end{vmatrix}$ 的值.

2. 已知行列式 $\begin{vmatrix} a_1 + b_1 & a_1 - b_1 \\ a_2 + b_2 & a_2 - b_2 \end{vmatrix} = -4$，求行列式 $\begin{vmatrix} a_1 & b_1 \\ a_2 & b_2 \end{vmatrix}$ 的值.

3. 设线性方程组 $\begin{bmatrix} a & 1 & 1 \\ 1 & a & 1 \\ 1 & 1 & a \end{bmatrix} \begin{bmatrix} x_1 \\ x_2 \\ x_3 \end{bmatrix} = \begin{bmatrix} 1 \\ 1 \\ -2 \end{bmatrix}$ 有无穷多个解，求 a 的值.

4. 设矩阵 $\boldsymbol{A} = \begin{pmatrix} 0 & 0 & 1 \\ 0 & 1 & 1 \\ 1 & 1 & 1 \end{pmatrix}$，求 $\boldsymbol{A}^{-1}$.

5. 设矩阵 $\boldsymbol{A} = \begin{pmatrix} 1 & 2 & 2 \\ 2 & t & 3 \\ 3 & 4 & 5 \end{pmatrix}$，若齐次线性方程组 $\boldsymbol{A}x = 0$ 有非零解，求数 t 的值.

6. 已知向量组 $\alpha_1 = \begin{pmatrix} 1 \\ 1 \\ -2 \end{pmatrix}$，$\alpha_2 = \begin{pmatrix} 1 \\ -2 \\ 1 \end{pmatrix}$，$\alpha_3 = \begin{pmatrix} t \\ 1 \\ 1 \end{pmatrix}$ 的秩为 2，求数 t 的值.

7. 已知 $\lambda=0$ 为矩阵 $\boldsymbol{A}=\begin{pmatrix}0 & -2 & -2\\ 2 & t & -2\\ -2 & -2 & 2\end{pmatrix}$ 的 2 重特征值，试求矩阵 $\boldsymbol{A}$ 的另一特征值.

8. 设 $\boldsymbol{A}$ 为 n 阶实矩阵，且 $\boldsymbol{A}^{\mathrm{T}}\boldsymbol{A}^{-1}$，$|\boldsymbol{A}|<0$，则行列式 $|\boldsymbol{A}+\boldsymbol{E}|=0$.

9. 设方阵 $\boldsymbol{A}$ 满足 $\boldsymbol{A}^3-2\boldsymbol{A}+\boldsymbol{E}=0$，试求 $(\boldsymbol{A}^2-2\boldsymbol{E})^{-1}$.

10. 设 $\boldsymbol{A}$ 是 $m\times n$ 矩阵，若 $r(\boldsymbol{A}^{\mathrm{T}}\boldsymbol{A})=5$，试求矩阵 $\boldsymbol{A}$ 的秩.

11. 设 n 阶矩阵 $\boldsymbol{A}$ 有一个特征值 3，试求 $|-3\boldsymbol{E}+\boldsymbol{A}|$.

12. 设行列式 $\boldsymbol{D}=\begin{vmatrix}a_{11} & a_{12} & a_{13}\\ a_{21} & a_{22} & a_{23}\\ a_{31} & a_{32} & a_{33}\end{vmatrix}=3$，求行列式 $\boldsymbol{D}_1=\begin{vmatrix}a_{11} & 5a_{11}+2a_{12} & a_{13}\\ a_{21} & 5a_{21}+2a_{22} & a_{23}\\ a_{31} & 5a_{31}+2a_{32} & a_{33}\end{vmatrix}$ 的值.

13. 设矩阵 $\boldsymbol{A}=\begin{vmatrix}1 & -1 & 1\\ 1 & 3 & -1\\ 1 & 1 & 1\end{vmatrix}$ 的三个特征值分别为 $\lambda_1,\lambda_2,\lambda_3$，试求 $\lambda_1+\lambda_2+\lambda_3$.

14. 已知 $\boldsymbol{A}+\boldsymbol{B}=\boldsymbol{AB}$，且 $\boldsymbol{A}=\begin{vmatrix}1 & 2 & 1\\ 3 & 4 & 2\\ 1 & 2 & 2\end{vmatrix}$，求矩阵 $\boldsymbol{B}$.

第 11 章 数学建模简介

现在随着计算机语言技术和应用的迅速发展，加强了数学在工程技术、自然科学等领域的作用，而且以空前的广度和深度向经济、管理、金融、生物、交通等新的领域渗透.

数学模型(Mathmatical Model)是一种对现实生活的模拟，是用数学符号、数学式子、程序、图形等对实际课题本质属性的抽象而又简洁的刻画，用于解释某些客观现象，或预测未来的发展规律，或为控制某一现象的发展提供某种意义下的最优策略. 而数学模型并非一般现实问题的直接反映，它的建立常常既需要人们对现实问题的各个方面进行深入细致地观察和分析，又需要人们灵活巧妙地利用各种数学知识. 这种应用知识从实际课题中抽象、提炼出数学模型的过程就称为数学建模(Mathmatical Modeling).

用数学模型解决现实问题，首先关键的一步是建立分析研究对象，尽量充分地考虑相关因素，建立合适的模型，并利用计算机软件加以计算得出结果.

11.1 Matlab 软件安装与使用

数学建模是建立模型的过程. 为了更好地促进数学建模的应用，世界各地举办了很多数学建模竞赛，比如全国大学生数学建模竞赛，美国大学生数学建模竞赛，研究生数学建模竞赛，数学中国数学建模网络挑战赛，中国电机工程学(电工)杯建模竞赛等.

数学建模常用数学软件有 Matlab，Mathematica，lingo，SAS. 其中 MATLAB 在建模比赛最常用，它是 matrix&laboratory 两个词的组合，意为矩阵实验室(Matrix Laboratory). 它在数值计算方面首屈一指，它还提供了专业水平的符号计算，文字处理，可视化建模仿真和实时控制等功能.

1. Matlab 软件安装

Matlab 软件安装与其他普通软件一样，只要按照提示，一步步安装就搞定了.

Matlab(Matrix & Laboratory)是美国 MathWorks 公司自 20 世纪 80 年代中期推出的数学软件，优秀的数值计算能力和卓越的数据可视化能力使其很快在数学软件中脱颖而出。到目前为止，其最高版本 7.0 版已经推出。随着版本的不断升级，它在数值计算及符号计算功能上得到了进一步完善. Matlab 已经发展成为多学科、多种工作平台的功能强大的大型软件. 如今，Matlab 已经成为线性代数、自动控制理论、概率论及数理统计、数字信号处理、时间序列分析、动态系统仿真等高级课程的基本教学工具.

Matlab 具有用法简易、可灵活运用、程式结构强和延展性等特性，又具有强大的数值计算和工程运算功能、先进的资料视觉化功能、高阶但简单的程式环境、开放及可延伸的架构等特点.

2. Matlab 的基本功能与运行方式

Matlab 可以进行数学计算、算法开发、数据采集；建模、仿真、原型；数据分析、开发和可视化；科学和工程图形应用程序的开发，包括图形用户界面的创建.

Matlab 被广泛地应用于数值计算、数学建模、图形处理、小波分析、系统辨识、实时控制、动态仿真、符号运算等领域.

Matlab 界面包括：命令窗口、图形窗口、编辑窗口、帮助窗口.

Matlab 的运行方式：

(1)命令行运行方式

演算纸式的科学计算语言

对于 Matlab 来说，在命令窗口中直接输入命令来实现计算或绘图功能是它的最基本、最简单的应用. 最简单的方式是将 Matlab 的命令窗口看作计算器，通过输入数学算式直接计算.

Matlab 命令行的一般形式为：

变量＝表达式

或：

表达式

(赋值语句)

具体例子：

```
>>1+2+3+4+5↙
    ans=
        15
```

如果在表达式后面跟上逗号","或什么都不跟，运行后会马上显示该表达式的运算结果. 但是如果在输入的语句后面加上分号";"，那么运行后就不会直接显示运算的结果，必须键入输出变量后才能显示运算结果. 用分号关闭不必要的输出会大大提高程序运行速度，提高效率.

```
>>1+2+3+4+5;
```

不会直接显示运算结果，如果想到运算结果并显示出来，必须加一个变量

```
>>ans↙
```

则显示结果为

```
ans=
    15
```

如果一个表达式很长，可以用续行号"…"将其延续到下一行.

```
>>1+2+3+4+5+… %注意加号写在本行.
  6+7+8+9+10↙
```

则输出结果为

ans=

    55

如果续行号前面是数字，直接使用续行号会出现错误，有三种解决办法，一是设法使续行号前面是一个运算符号，二是先空一格再加续行号，三是再加一个点.

在一行中也可以写几个语句，它们之间用逗号“,”或分号“;”隔开.

```
>>A=[1,2,3.3,sin(4)],X=1966/310+1 ↙
```

则输出结果为

```
A=
    1.0000   2.0000   3.3000,-0.7568
X=
    7.3419.
```

(2)m 文件运行方式

定义 用 MATLAB 语言编写的、可以在 MATLAB 中运行的程序称为 m 文件. 它是以普通文本格式存放的，故可以用任何文本编辑软件进行编辑. MATLAB 提供的 m 文件编辑器就是程序编辑器.

在 File 菜单中选择 NEW，再选择 M-file，或点击新建图标，就可以调出 m 文件编辑器，用户可以用此编辑器编写 m 文件.

m 文件有两种形式，一种称为命令文件（Script File），另一种称为函数文件（Function File），两种文件的扩展名都是 m.

① 命令文件

a. 如果要输入较多的命令，或者要经常对某些命令进行重复的输入，则可以将这些命令按执行顺序存放在一个 m 文件中，以后只要在 MATLAB 的命令窗口中输入该文件的文件名，系统就会调入该文件并执行其中的全部命令。这种形式就是 MATLAB 的命令文件.

b. 命令文件中的语句可以访问 MATLAB 工作空间的所有变量；而在命令文件执行过程中创建的变量也会一直保留在工作空间中，其他命令或 m 文件都可以访问这些变量.

c. 命令文件相当于 DOS 批处理文件.

如求满足 $1+2+3+\cdots n<100$ 的最大正整数 n 的 MATLAB 程序为：

```
sum=0;n=0;                %赋初始值
while sum<100             %判断当前的和是否小于 100
    n=n+1;                %如果没有超过 100，则对 n 加 1
    sum=sum+n;            %计算最新的和
end
sum=sum-n;                %当循环结束时有 sum>=100，故应对 sum 减 n
n=n-1;                    %当循环结束时有 sum>=100，故应对 n 减 1
n,sum                     %显示最大正整数 n 以及和 sum
```

将上述程序存入文件 fl.m，然后在命令窗口键入

```
>>fl↙
```

显示结果为

```
n=
    13
sum=
    91
```

需要指出的是程序中由符号“%”开始的文字都是注释文字，用来对程序或程序行进行注释说明，符号“%”称为注释符，MATLAB 在执行时将忽略“%”后的内容.

② 函数文件

a. 函数文件是另一类 m 文件，可以像库函数一样方便地被调用，MATLAB 提供的许多工具箱，是由函数文件组成的.

b. 对于某一类特殊问题，用户可以建立系统的函数文件，形成专用工具箱.

c. 函数文件的第一行有特殊的要求，它必须遵循如下的形式：

function＜因变量＞=＜函数名＞(＜自变量＞)

d. 其他各行都是程序运行语句，没有特别要求.

e. 函数文件的文件名必须是＜函数名＞.m.

如实现符号函数运算功能的函数 m 文件为：

```
function y=sgn(x)   %这是一个定义符号函数 y=sgn(x)的函数文件.
if x<0
    y1=-1;
elseif x==0
    y1=0;
else
    y1=1;
end
    y=y1;
```

将上述程序存为文件 sgn.m，便可以将其作为普通的 MATLAB 函数来使用：

```
>>x=4/3*pi;↙
y=3*sgn(sin(x))↙
```

显示结果为：

```
y=
    -3.
```

3.Matlab 的数值计算

Matlab 运算的基本数据对象是矩阵，标量可以看作是 1×1 的矩阵，向量可以看作是 1

$\times n$ 或 $n\times 1$ 的矩阵. 因此,可以说 MATLAB 的数据结构就是矩阵,以矩阵运算为代表的基本运算功能一直是 MATLAB 引以为豪的核心与基础.

(1)矩阵的创建

矩阵是线性代数的基本运算单元.

通常矩阵是指含有 m 行 n 列数值的矩形结构. 矩阵中的元素可以是实数也可以是复数,由此可以将矩阵划分为实矩阵和复矩阵.

Matlab 支持线性代数所定义的全部矩阵运算.

在 Matlab 中创建矩阵应遵循以下原则:矩阵的元素必须在方括号"[]"中. 同行元素之间用空格或逗号","分隔. 行与行之间用分号";"或回车符分隔. 矩阵的尺寸不必预先定义. 元素可以是数值、变量、表达式或函数。如果矩阵元素是表达式,系统将自动计算出结果.

(2)矩阵的运算

Matlab 对于矩阵与矩阵之间的运算的处理方法与线性代数中的相同:矩阵也可以和一个数之间进行运算;线性代数没有定义除法运算,MATLAB 为了便于计算,定义了矩阵的除法,并有左除和右除之分。矩阵左除使用"\"运算符,右除使用"/"运算符。X=A\B 是解方程组 A * X=B;X=B/A 则是解方程组 X * A=B。一般地说,A\B≠B/A。在算法上,A\B=inv(A) * B,inv 是求某一个矩阵的逆矩阵;而 B/A=B * inv(A). 指出:如果 A * B=B * A=I(单位矩阵),称 A 和 B 互为逆矩阵;如果矩阵中有复数元素,那么转置后得到它的复数共轭矩阵.

4. Matlab 的符号运算

数值运算中的变量需要事先赋值,才能出现在表达式中参与运算. 但人们经常需要对含有字符的矩阵和函数进行处理和运算,如求函数的微分、积分等,这就需要进行符号运算.

Matlab 的符号运算利用符号数学工具箱进行,符号工具箱的功能主要包括符号表达式的创建、符号矩阵的运算、符号表达式的化简和替换、符号微积分、符号代数方程、符号微分方程、符号函数绘图等.

5. Matlab 的图形处理

(1) 二维图形的绘制

数据绘图命令——plot

① plot(y)当 y 为向量时,以 y 的分量为纵坐标,以元素序号为横坐标,用直线依次连接数据点,绘制曲线. 若 y 为实数矩阵,按列绘制每一列所对应的曲线,图中曲线数等于矩阵的列数.

② plot(x,y)若 y 和 x 为同维向量,以 x 为横坐标,以 y 为纵坐标绘制连线图。若 x 是向量,y 是行数或列数与 x 的长度相等的矩阵,则绘制多条不同色彩的连线图,x 被作为这些曲线的共同坐标。若 x 和 y 是同型的矩阵,则以 x 和 y 的对应列元素为横纵坐标分别绘制曲线,曲线条数等于矩阵的列数.

③ plot(x,y1,x,y2,…)以公共的 x 元素为横坐标,以 $y_1, y_2, y_3, \cdots$ 元素为纵坐标值绘

制多条曲线.

函数绘图命令

解析函数绘图命令 fplot

使用格式：

fplot('fun',lims,'s',tol)

其中，用单引号界定的输入参数 fun，是解析函数字符串表达式、内联函数或 m－函数文件名. fun 可以是一个函数，也可以是元素是函数的向量. 输入参数 lims 规定了绘图区间，lims=[a,b,c,d]表示，自变量 x 和函数 y 的取值范围分别是 $x\in[a,b]$，$y\in[c,d]$。通常 c,d 被省略. 输入参数 s 用于修饰曲线，后面介绍. 输入参数 tol 规定函数取值的相对误差，常省略. 默认 2e－3. fun 是函数向量时，绘出的几条曲线的取值区间和线型是相同的.

隐函数绘图命令－ezplot

使用格式：

ezplot('func',lims)

其中输入参数'func'可以是字符表达式，内联函数或 m－函数文件名. 输入参数 func 为一元函数 $f(x)$时，输出 $y=f(x)$的几何图形。这时命令后面可以不用括号和引号。但函数的第一个符号不得是括号，不能加写输入参数 lims，默认绘图范围是$[-2\pi,2\pi]$. 输入参数 func 是二元函数表达式 $f(x,y)$时，输出方程 $f(x,y)=0$ 的几何图形，即绘制隐函数曲线。变量的范围由输入参数 lims 规定，lims=[a,b,c,d]表示 x 和 y 的取值范围分别是 $x\in[a,b]$，$y\in[c,d]$。省略$[c,d]$时默认 x、y 取值区间相同. 输入参数 func 是参数方程时，func 写成'x(t)','y(t)'，按参数方程绘出 $t\in[a,b]$的函数曲线. 输入参数 lims 规定自变量取值范围，默认范围是 $x\in[-2\pi,2\pi]$. 该命令一次只能绘制一条曲线，在绘出函数图形的同时自动在图的上侧加注函数解析式，下侧加注自变量名称，曲线的色型、线型无法控制。

绘图控制命令

① 曲线控制命令　在使用 plot 等命令绘制曲线时可以指定曲线的颜色、线型和数据点图标. 基本的调用格式为

plot(x,y,'color line－style marker')

② 图形的标注命令

③ 图形的比较显示命令.

(2)三维图形的绘制

和二维图形相对应，MATLAB 提供了一个三维曲线绘制命令 plot3，它的应用和 plot 类似，只是多了 z 方向的数据.

绘制三维曲面的命令则有 mesh(x,y,z)或 surf(x,y,z)。它们的区别在于，前者绘制出的是一个用网格近似的曲面，后者绘制出的是一个真正表面图.

6. Matlab 程序设计

(1)Matlab 运算

① 关系运算.

② 逻辑运算.

(2)Matlab 控制结构

① 顺序结构　顺序结构是由两个程序模块串接而成的,一个程序模块可以是一条语句、一段程序、一个函数等.顺序结构的两个程序模块按其在程序中的先后顺序依次执行.

在用 MATLAB 编写程序时,只要将两个模块按顺序排列组织进程序就实现了顺序结构.

② 选择结构　执行 MATLAB 结构的基本过程是,首先根据规定条件进行逻辑判断,如果条件成立,执行后续程序模块,否则执行备选程序模块.

③ 循环结构

for 语句

```
    for   x=表达式 1:表达式 2:表达式 3
          程序模块
end
```

其中表达式 1 的值是循环初值,表达式 2 的值为步长,表达式 3 的值为循环的终值.如果省略表达式 2,则默认步长为 1.

该循环的执行过程是:

a.将表达式 1 的值赋给 x.

b.对于正的步长,当 x 的值大于表达式 3 的值时,结束循环;对于负的步长,当 x 的值小于表达式 3 的值时,结束循环。否则,执行 for 和 end 之间的程序模块,然后执行下面的第三步.

c.x 加上一个步长后,返回第二步继续执行.

while 语句

```
    while 表达式
          程序模块
    end
```

只要表达式的值为 1(真),就执行 while 和 end 之间的程序模块,直到表达式的值为 0(假)时终止该循环.

指出:

a.对于逻辑表达式来说,一般地只要表达式的值不是 0,就认为表达式为真.

b.在设计 while 循环时,要注意防止死循环的出现,也就是确保循环一定次数后一定可以退出循环.

c.相对于 while 循环,for 循环更直观、简单,因此大多数程序员更喜欢用 for 循环.

例 1　求下面线性方程组 $\begin{cases}2x_1+x_2-3x_3=5\\3x_1-2x_2+2x_3=5\\5x_1-3x_2-x_3=16\end{cases}$ 的根.

解　解线性方程组,可以使用矩阵的左除“\”,即 X=A\B.

```
>>A=[2,1,-3;3,-2,2;5,-3,-1];
>>B=[5;5;16];%列向量
>>X=A\B
X=
    1
    -3
    -2
```

指出:

① 线性方程组 A * X=B 有两种解法:X=A\B 或 X=inv(A) * B,但一般用第一种解法,在 MATLAB 中,第二种解法所用时间是第一种解法的 50 倍.

② 可以看出,同样解线性方程组,不同的算法的效率是有极大差距的,可见优化和选择算法是非常重要的.

③ 求逆运算 inv(**A**)是重要的代数运算.

例 2 若 $f(x)=ax^2+bx+c$,求 $f(x)$的微分和积分.

解

```
>>syms a b c x
    >>f=sym('a * x^2+b * x+c')
        f=
            a * x^2+b * x+c
    >>diff(f,a)
        ans=
            x^2
>>int(f)
        ans=
            1/3 * a * x^3+1/2 * b * x^2+c * x
 >>int(f,x,0,2)
        ans=
            8/3 * a+2 * b+2 * c.
```

例 3 请用 Matlab 画出一条正弦曲线和一条余弦曲线.

解

```
>>x=0:pi/10:2 * pi;          %构造向量
>>y1=sin(x);                 %构造对应的 y1 坐标
>>y2=cos(x);                 %构造对应的 y2 坐标
>>plot(x,y1,x,y2)            %画出一个以 x 为横坐标,y1,y2 为纵坐标的图形
```

指出:

① 构造向量采用了所谓的冒号法,格式为

向量名=初值:步长:终值　%步长为 1 时可以省略.

② plot 是针对向量或矩阵的列来绘制曲线的,也就是说,使用 plot 之前必须首先定义

好曲线上每一点的 x 坐标和 y 坐标.

③ 在上述的格式中,x 和 y 都可以是表达式.

④ 如果自变量的间隔取得比较大,光滑的曲线就会显示出折线的本来面貌.

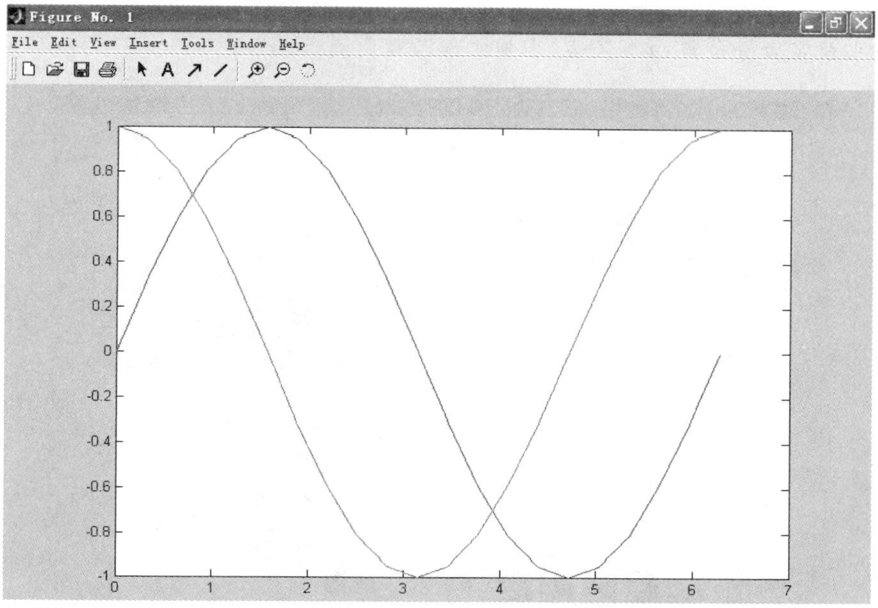

例 4 某次某个班级考试学生成绩优秀的占 8%,良好的占 20%,中等的占 36%,及格的占 24%,不及格的占 12%。请分别用饼图和条形图表示.

解

```
>>x=[8 20 36 24 12];
>>subplot(221);pie(x,[1 00 0 1]);
>>title('饼图');
>>subplot(222);bar(x,'group');
>>title('垂直条形图');
>>subplot(223);bar(x,'stack');
>>title('累加值为纵坐标的垂直条形图');
>>subplot(224);barh(x,'group');
>>title('水平条形图');
```

注 subplot(m,n,p)或者 subplot(mnp)此函数最常用:subplot 是将多个图画到一个平面上的工具.其中,m 表示是图排成 m 行,n 表示图排成 n 列,也就是整个 figure 中有 n 个图是排成一行的,一共 m 行,如果第一个数字是 2 就是表示 2 行图.p 是指你现在要把曲线画到 figure 中哪个图上,最后一个如果是 1 表示是从左到右第一个位置.)subplot(m,n,p,'replace')如果所指定的坐标系已存在,那创建新坐标.

习题 11-1

1. 求满足 $1+2+3+\cdots n<100$ 的最大正整数 n.

2. 把当前窗口分割成四个区域,绘制四条函数曲线.

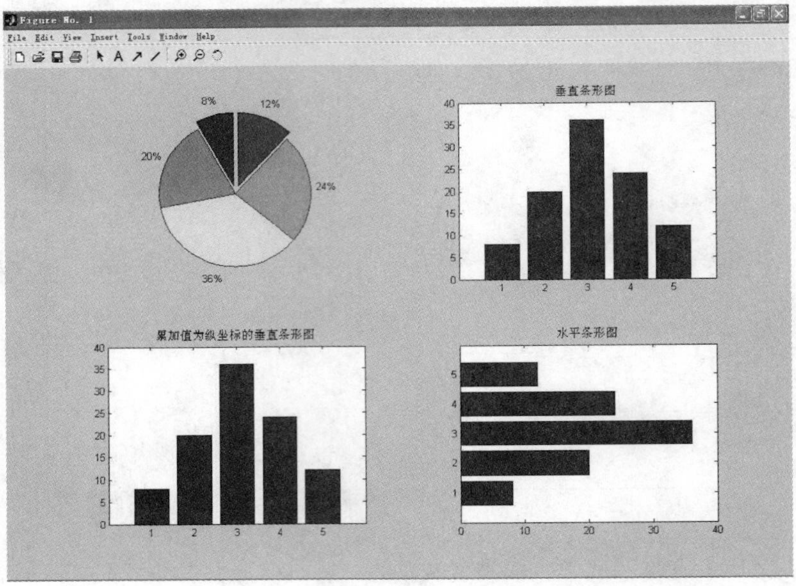

11.2 数学建模实例

某厂生产的某产品的销售量与竞争对手的价格 x_1 和本厂的价格 x_2 有关

下表是该产品在 10 个城市的销售记录.

x_1	120	140	190	130	155	175	125	145	180	150
x_2	100	110	90	150	210	150	250	270	300	250
y(个)	102	100	120	77	46	93	26	69	65	85

试建立关系 $y(x_1,x_2)$,对结果进行检验。若某城市本厂产品售价 160(元),对手售价 170(元),预测此产品在该城市的销售量.

解 这是一个多元回归问题.若设回归模型是线性的,即设 $y=\beta_0+\beta_1 x_1+\beta_2 x_2$.

那么依然用 regress(y,x,alpha)求回归系数.输入

```
x1=[120,140,190,130,155,175,125,145,180,150];
x2=[100,110,90,150,210,150,250,270,300,250];
y=[102,100,120,77,46,93,26,69,65,85]';
```

x=[ones(10,1),x1′,x2′];

[b,bint,r,rint,stats]=regress(y,x);b,bint,stats,

得 b=66.5176

0.4139

−0.2698

bint=−32.5060　165.5411

−0.2018　1.0296

−0.4611　−0.0785

stats=0.6527　6.5786　0.0247

p=0.0247,若显著水平取0,01,则模型不能用;R2=0.6527 较小;β0,β1 的置信区间包含零点.因此结果不理想.于是设模型为二次函数.此题设模型为纯二次函数:

MATLAB 提供的多元二项式回归命令为 rstool(x,y,model,alpha).其中 alpha 为显著水平、model 在下列模型中选一个:

linear(线性)

purequadratic(纯二次)

interaction(交叉)

quadratic(完全二次)

对此例,在命令窗中键入

x(:,1)=[];

rstool(x,y,′purequadratic′)

得到一个对话窗:

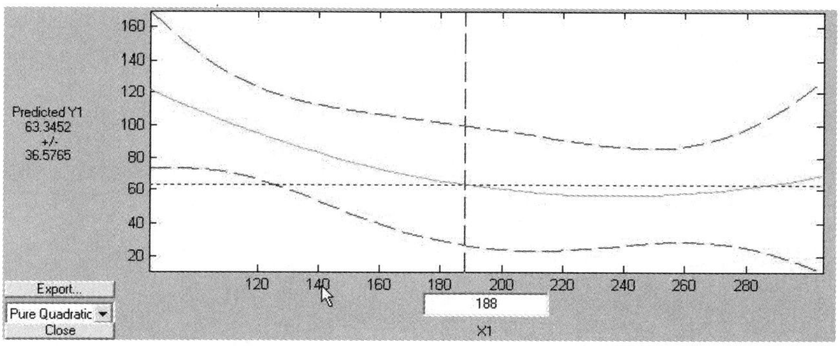

本章小结

本章的重点是介绍数学建模的概念与思想,在说明数学建模的概念的同时介绍了 Matlab 的应用,通过对 Matlab 软件的学习更好地将数学与计算机处理数据的能力结合起来.

附录 1 基本积分表

1. $\int k\mathrm{d}x = kx + C$

2. $\int x^a \mathrm{d}x = \frac{x^{a+1}}{a+1} + C$　a 可以是负数

补充：$\int \frac{1}{x^b}\mathrm{d}x = \int x^{-b}\mathrm{d}x = \frac{x^{-b+1}}{-b+1} + C$

3. $\int \frac{1}{x}\mathrm{d}x = \ln|x| + C$

4. $\int \frac{1}{1+x^2}\mathrm{d}x = \arctan x + C$

5. $\int \frac{1}{\sqrt{1-x^2}}\mathrm{d}x = \arcsin x + C$

6. $\int \cos x\mathrm{d}x = \sin x + C$

7. $\int \sin x\mathrm{d}x = -\cos x + C$

8. $\int \frac{1}{\cos^2 x}\mathrm{d}x = \int \sec^2 x\mathrm{d}x = \tan x + C$

9. $\int \frac{1}{\sin^2 x}\mathrm{d}x = \int \csc^2 x\mathrm{d}x = -\cot x + C$

10. $\int \sec x\tan x\mathrm{d}x = \sec x + C$

11. $\int \csc x\cot x\mathrm{d}x = -\csc x + C$

12. $\int \mathrm{e}^x \mathrm{d}x = \mathrm{e}^x + C$

13. $\int a^x \mathrm{d}x = \frac{a^x}{\ln a} + C$

14. $\int \mathrm{sh}x\mathrm{d}x = \mathrm{ch}x + C$　其中 $\mathrm{sh}x = \frac{\mathrm{e}^x - \mathrm{e}^{-x}}{2}$ 为双曲正弦函数

15. $\int \mathrm{ch}x\mathrm{d}x = \mathrm{sh}x + C$　其中 $\mathrm{ch}x = \frac{\mathrm{e}^x + \mathrm{e}^{-x}}{2}$ 为双曲余弦函数

基本积分表的扩充

16. $\int \tan x\mathrm{d}x = -\ln|\cos x| + C$

17. $\int \cot x \mathrm{d}x = \ln|\sin x| + C$

18. $\int \sec x \mathrm{d}x = \ln|\sec x + \tan x| + C$

19. $\int \csc x \mathrm{d}x = \ln|\csc x - \cot x| + C = \ln\left|\tan\frac{x}{2}\right| + C$

20. $\int \frac{1}{a^2 + x^2}\mathrm{d}x = \frac{1}{a}\arctan\frac{x}{a} + C$

21. $\int \frac{1}{x^2 - a^2}\mathrm{d}x = \frac{1}{2a}\ln\left|\frac{x-a}{x+a}\right| + C$

22. $\int \frac{1}{a^2 - x^2}\mathrm{d}x = \frac{1}{2a}\ln\left|\frac{a+x}{a-x}\right| + C$

23. $\int \frac{1}{\sqrt{a^2 - x^2}}\mathrm{d}x = \arcsin\frac{x}{a} + C$

24. $\int \frac{1}{\sqrt{x^2 + a^2}}\mathrm{d}x = \ln\left|x + \sqrt{x^2 + a^2}\right| + C$

25. $\int \frac{1}{\sqrt{x^2 - a^2}}\mathrm{d}x = \ln\left|x + \sqrt{x^2 - a^2}\right| + C$

附录 2 常用数学公式

1. 和差公式

(1) $\sin(\alpha \pm \beta) = \sin\alpha\cos\beta \pm \cos\alpha\sin\beta$

(2) $\cos(\alpha \pm \beta) = \cos\alpha\cos\beta \pm \sin\alpha\sin\beta$

(3) $\tan(\alpha \pm \beta) = \dfrac{\tan\alpha \pm \tan\beta}{1 \pm \tan\alpha \cdot \tan\beta}$

(4) $\cot(\alpha \pm \beta) = \dfrac{\cot\alpha\cot\beta \pm 1}{\cot\beta \pm \cot\alpha}$

(5) $\sin\alpha + \sin\beta = 2\sin\dfrac{\alpha+\beta}{2}\cos\dfrac{\alpha-\beta}{2}$

(6) $\sin\alpha - \sin\beta = 2\cos\dfrac{\alpha+\beta}{2}\sin\dfrac{\alpha-\beta}{2}$

(7) $\cos\alpha + \cos\beta = 2\cos\dfrac{\alpha+\beta}{2}\cos\dfrac{\alpha-\beta}{2}$

(8) $\cos\alpha - \cos\beta = -2\sin\dfrac{\alpha+\beta}{2}\sin\dfrac{\alpha-\beta}{2}$

(9) $\sin\alpha\cos\beta = \dfrac{1}{2}[\sin(\alpha+\beta) + \sin(\alpha-\beta)]$

(10) $\cos\alpha\sin\beta = \dfrac{1}{2}[\sin(\alpha+\beta) - \sin(\alpha-\beta)]$

(11) $\cos\alpha\cos\beta = \dfrac{1}{2}[\cos(\alpha+\beta) + \cos(\alpha-\beta)]$

(12) $\sin\alpha\sin\beta = -\dfrac{1}{2}[\cos(\alpha+\beta) - \cos(\alpha-\beta)]$

2. 倍角和半角公式

(1) $\sin 2\alpha = 2\sin\alpha\cos\alpha$ (2) $\cos 2\alpha = \cos^2\alpha - \sin^2\alpha$

(3) $\tan 2\alpha = \dfrac{2\tan\alpha}{1-\tan^2\alpha}$ (4) $\cot 2\alpha = \dfrac{\cot^2\alpha - 1}{2\cot\alpha}$

(5) $\sin\dfrac{\alpha}{2} = \pm\sqrt{\dfrac{1-\cos\alpha}{2}}$ (6) $\cos\dfrac{\alpha}{2} = \pm\sqrt{\dfrac{1+\cos\alpha}{2}}$

(7) $\tan\dfrac{\alpha}{2} = \pm\sqrt{\dfrac{1-\cos\alpha}{1+\cos\alpha}}$ (8) $\cot\dfrac{\alpha}{2} = \pm\sqrt{\dfrac{1+\cos\alpha}{1-\cos\alpha}}$

3. 求导公式

(1) $(C)' = 0$（C 为常数）

(2)$(x^n)'=nx^{n-1}$;一般地,$(x^\alpha)'=\alpha x^{\alpha-1}$.

特别地:$(x)'=1$,$(x^2)'=2x$,$(\frac{1}{x})'=-\frac{1}{x^2}$,$(\sqrt{x})'=\frac{1}{2\sqrt{x}}$.

(3)$(e^x)'=e^x$;一般地,$(a^x)'=a^x\ln a(a>0,a\neq 1)$.

(4)$(\ln x)'=\frac{1}{x}$;一般地,$(\log_a x)'=\frac{1}{x\ln a}(a>0,a\neq 1)$.

(5)$(\sin x)'=\cos x$,$(\cos x)'=-\sin x$,$(\tan x)'=\sec^2 x$,

$(\cot x)'=-\csc^2 x$,$(\sec x)'=\tan x\sec x$,$(\csc x)'=-\cot x\csc x$.

(6)$(\arcsin x)'=\frac{1}{\sqrt{1-x^2}}$,$(\arccos x)'=-\frac{1}{\sqrt{1-x^2}}$,

$(\arctan x)'=\frac{1}{1+x^2}$,$(\operatorname{arccot} x)'=-\frac{1}{1+x^2}$,

$(\operatorname{arcsec} x)'=\frac{1}{x\sqrt{x^2-1}}$,$(\operatorname{arccsc} x)'=-\frac{1}{x\sqrt{x^2-1}}$.

参考答案

习题 1.1

1.(1) 不同；(2) 不同；(3) 不同；(4) 相同.

2.(1) $\left[-\sqrt{5},\sqrt{5}\right]$；(2) $(-\infty,-2)\cup(-2,2)\cup(2,+\infty)$；(3) $(0,2)$；(4) $(-1,+\infty)$.

3.(1) $\log_2 \dfrac{1}{x-1},x\in(1,2)$；(2) $f^{-1}(x)=\begin{cases}-1+\sqrt{1+x}\,(x\geqslant 0)\\ 1-\sqrt{1-x}\,(x<0)\end{cases}$.

4.(1) $y=\sin u,u=2x+5$；(2) $y=u^2,u=\cos x$；

(3) $y=\ln u,u=\sqrt{v},v=1-x$；(4) $y=f(u),u=2^v,v=x+1$.

5. -2.

习题 1.2

1. 总成本为 $C(Q)=C_1+C_2(Q)=10+0.8Q$

平均成本函数 $\bar{C}=\bar{C}(Q)=\dfrac{C(Q)}{Q}=\dfrac{10}{Q}+0.8$

平均成本函数是单调递减的.

2. $L=L(Q)=R(Q)-C(Q)=Q^2-24Q-20(Q>0)$.

习题 1.3

1.(1) 不存在；(2) 存在，2；(3) 存在，0；(4) 不存在.

2.(1)5；(2)4.

3.(1)1；(2) 不存在.

4.(1)2；(2) $\dfrac{4}{5}$；(3) $\dfrac{3}{2}$；(4) $\dfrac{3}{5}$；(5)0；(6)0.

习题 1.4

1.(1) 等阶；(2) 同阶；(3) 高阶.

习题 1.5

1. 略.
2. (1) $x=-3$ 可去间断点, $x=2$ 第二类间断点;
   (2) $x=0$ 第二类间断点.
3. $a=2, b=0$.

复习题 1

1. 略.
2. (1) -8; (2) $\frac{1}{2}$; (3) 0; (4) 1; (5) 2; (6) e^2; (7) e^2; (8) e^2.
3. $2x$.
4. (1) 连续区间 $(-\infty,-1)$、$(-1,1)$、$(1,\infty)$, $x=-1$ 可去间断点, $x=1$ 第二类间断点.
   (2) 连续区间 $(-\infty,\pi)$、$(\pi,+\infty)$, $x=\pi$ 跳跃间断点.
5. $a=4, b=4$.
6. $a=2, b=2$.

习题 2.1

1. 略.
2. (1) $x-ey=0$; (2) $y-\frac{\sqrt{3}}{2}=-\frac{1}{2}(x-\frac{2}{3}\pi)$.
3. $C(q)=0.02q^2+5q=10000$, $\frac{dC}{dq}=0.04q+5$.

习题 2.2

1. (1) $y'=\sqrt{2}$; (2) $y'=e^x(\cos x-\sin x)$;
   (3) $y'=3x^2+\frac{2}{x^2}$; (4) $y'=\frac{1}{\cos x+1}$;
   (5) $y'=3x^2\ln x\sin x+x^2\sin x+x^3\ln x\cos x$; (6) $y'=\frac{7}{8}x^{-\frac{1}{8}}$.
2. (1) $y''=4-\frac{1}{x^2}$; (2) $y''=2\sec^2 x\tan x$;

(3) $y^{(n)}=(-1)^{n+1}(n-1)!\ x^{-n}$；　　(4) $y^{(n)}=(-1)^{n}e^{-x}$.

习题 2.3

1. (1) $y'=5\sin(4-5x)$；　　(2) $y'=3(2x-5)(x-4)^2(x-1)^2$；

(3) $y'=2e^{2x+3}$；　　(4) $y'=af'(ax+b)$；

(5) $y'=\cot x$；　　(6) $y'=3\sin^2 x\cos x\sin 3x+3\sin^3 x\cos 3x$；

(7) $y'=-\dfrac{ay+x}{ax+y}$；　　(8) $y'=-\dfrac{b^2x}{a^2y}$；

(9) $y'=\dfrac{e^{x-y}-y}{e^{x-y}+x}$；　　(10) $y'=\dfrac{y^2}{1-xy}$；

(11) $y'=-\dfrac{3}{2}e^{2t}$；　　(12) $y'=\tan t$.

习题 2.4

1. $\Delta y=0.2x+0.21$, 0.6.

2. 略.

3. (1) $dy=(\dfrac{1}{2\sqrt{x}}-\dfrac{1}{x^2})dx$；　　(2) $dy=(5\cos 5x-2x)dx$；

(3) $dy=(\sin x+x\cos x)dx$；　　(4) $dy=x^{\sin x}(\cos x\ln x+\dfrac{\sin x}{x})dx$；

(5) $dy=6(x+1)(x^2+2x+3)^2dx$；　　(6) $dy=\dfrac{-x}{1-x^2}dx$；

(7) $dy=-\tan\theta dx$；　　(8) $dy=-\dfrac{y}{x+e^y}dx$.

4. 略.

5. 略.

习题 2.5

答案略

复习题 2

一. 1. B　2. D　3. D　4. C　5. A

二. 1. $dy=(3x^2+\dfrac{1}{1+x})dx$；　　2. $y'=\dfrac{y-2x}{2y-x}$；

3. $\frac{2}{3}$；　　4. $\frac{1}{2}$；　　5. $2\cos x - x\sin x$.

三. 1. $y'' = 20(x^2 - 2x + 5)^8(19x^2 - 38x + 23)$；　　2. $\frac{(x-1)\cot x - \ln\sin x}{(x-1)^2}$；

3. $6 \cdot 10^{6x}\ln 10 + \frac{1}{x^2}(1 - \ln x)x^{\frac{1}{x}}$；　　4. $-\frac{1}{2}$.

四. $\mathrm{d}y = (4x^3\sin x + x^4\cos x)\mathrm{d}x$.

五. $y' = \frac{1}{2+\sin y}, y'' = \frac{-\cos y}{(2+\sin y)^3}$.

六. $\frac{\cos t}{4t}$.

习题 3.1

1. 略.

2. 2 个.

3. (1) $\xi = 0$；　(2) $\xi = \frac{1}{\ln 2}$.

4. 略.

习题 3.2

1. (1) 1；　(2) ∞；　(3) 3；　(4) 0；　(5) 0；　(6) 0.

2. 略.

习题 3.3

1. (1) 增区间 $(1,\infty)$，减区间 $(-\infty,1)$，(2) 增区间 $(-\infty,0)$，减区间 $(0,+\infty)$

2. (1) 极大值点 $x=0$，极大值 0；极小值点 $x=1$，极小值 -1；

(2) 极大值点 $x=\frac{3}{4}$，极大值 $\frac{5}{4}$；

(3) 极小值点 $x=0$，极小值 0；(4) 极大值点 $x=\frac{\pi}{4}$，极大值 $\sqrt{2}$；极小值点 $x=\frac{5\pi}{4}$，极小值 $-\sqrt{2}$.

3. (1) 最大值 $\frac{5}{4}$，最小值 $\sqrt{6}-5$；　　(2) 最大值 13，最小值 4；

(3) 最大值 $\frac{\pi}{2}$，最小值 $-\frac{\pi}{2}$；　　(4) 最大值 6，最小值 0.

4. $\frac{L}{4}$.

5. 略.

6. (1)$\bar{R}(Q)=10-\frac{1}{5}Q, R'(Q)=10-\frac{2}{5}Q$;

(2)120,6,2.

7. (1)$C'(x)=5+4x, R'(x)=200+2x, L'(x)=195-2x$;(2)145.

8. 100.

9. (1)$2<Q<12$ 千袋;　　(2)7 千袋.

10. $P=19$ 时,利润最大,46.98 万元. 三年后还本金和利息共 133.1(万元),故可以还完.

习题 3.4

1. $a=-\frac{3}{16}, b=-\frac{9}{8}$.

2. (1) 凹区间$(-\infty,+\infty)$;　　(2) 凹区间$(\frac{5}{3},+\infty)$,凸区间$(-\infty,\frac{5}{3})$;

(3) 凹区间$(-\infty,+\infty)$;　　(4) 凹区间$(\frac{3\pi}{4},\pi)$,凸区间$(0,\frac{3\pi}{4})$.

习题 3.5

答案略

复习题 3

一. 1. C;　2. D;　3. A;　4. D;　5. B.

二. 1. (1,2),　2. 2,　3. $\frac{\pi}{6}+\sqrt{3}$,　4. (1,−1),　5. $y=3$

三. 1. 1;　2. $\frac{1}{2}$.

四. 略

五. 1. 单调增区间$(-\infty,3)$ 和$(3,+\infty)$,单调减区间(1,3),极小值 $f(3)=\frac{27}{4}$;

2. 凹区间(0,1) 和$(1,+\infty)$,凸区间$(-\infty,0)$,拐点是(0,0).

六. 底 10,高 5.

习题 4.1

1. 略.

2. $y=x^2+3x-4$.

习题 4.2

1. (1) $\frac{2}{7}x^{\frac{7}{2}}+C$；　(2) $\frac{2}{5}x^{\frac{5}{2}}+\frac{1}{2}x^2+6\sqrt{x}+C$；

(3) $\frac{2}{3}x^{\frac{3}{2}}-3x+C$；　(4) $\frac{1}{3}x^3-4x-\frac{4}{x}+C$；

(5) $\sin x+\cos x+C$；　(6) $e^x-3\sin x+C$；

(7) $e^{x-3}+C$；　(8) $\frac{1}{\ln 80}80^x+C$；

(9) $\frac{3}{7}x^{\frac{7}{3}}-a^{\frac{4}{3}}x+C$；　(10) $\frac{1}{x}+\arctan x+C$.

习题 4.3

1. (1) $-\frac{1}{6}(2x-3)^{-3}+C$；　(2) $2\sqrt{x+1}+C$；

(3) $-\frac{1}{3}\cos(3x+2)+C$；　(4) $\frac{1}{3}\arctan\frac{x}{3}+C$；

(5) $\frac{1}{2}e^{2x-5}+C$；　(6) $\frac{1}{3}\ln(3x-1)+C$；

(7) $\frac{1}{2}\ln(x^2+1)+C$；　(8) $\frac{1}{4}\sin^4 x+C$；

(9) $-\cos e^x+C$；　(10) $\frac{1}{2}\ln^2 x+C$.

2. 略.

习题 4.4

1. (1) $-e^{(x+1)}+C$；　(2) $\frac{1}{3}e^{3x}(x^2-\frac{2}{3}x+\frac{2}{9})+C$；

(3) $x^2\sin x+2x\cos x-2\sin x+C$；　(4) $\frac{1}{4}x^4(\ln x-\frac{1}{4})+C$；

(5) $-\frac{e^{-x}}{2}(\sin x+\cos x)+C$；　(6) $x\ln(1+x^2)-2x+2\arctan x+C$.

习题 4.5

答案略

复习题 4

一. 1. A　2. A　3. B　4. B　5. D.

二. 1. $-\frac{3}{4}\sqrt{(5-2x)^2}+C$；　2. $-F(\cos x)+C$；

3. $\frac{1}{3}(1+x^2)\sqrt{1+x^2}+C$；　4. $-\frac{1}{3}x\cos x+\frac{1}{9}\sin 3x+C$；

5. $\arcsin(\ln x)+C$.

三. 1. $\frac{1}{2}\ln^2 x+\ln x+C$；　2. $\arctan x+\frac{1}{2}\ln(1+x^2)+\arctan^2 x+C$；

3. $-\cos x+\frac{1}{3}\cos^3 x+C$；　4. $\tan\frac{x}{2}-\ln(1+\cos x)+C$；

5. $(x+1)e^{-x}+C$.

四. $v(t)=t^3+\cos t+1$，$s(t)=\frac{1}{4}t^4+\sin t+t+1$.

习题 5.1

1. (1) 0；　(2) $\frac{\pi a^2}{4}$.

2. (1) $\geqslant$；　(2) $\geqslant$；　(3) $\geqslant$；　(4) $\geqslant$.

3. (1) $1\leqslant A\leqslant 2$；　(2) $\frac{\pi}{2}\leqslant A\leqslant \pi$.

习题 5.2

1. (1) $\frac{1}{101}$；　(2) $\frac{14}{3}$；　(3) $e-1$；　(4) $198\ln 10$；

(5) -6；　(6) 20；　(7) 0；　(8) 4.

2. $\frac{4\sqrt{2}}{3}-\frac{4}{3}$.

3. (1) $a=-1$；　(2) $b=2$.

习题 5.3

1. (1) $\frac{2}{5}$；　(2) π；　(3) -260；　(4) $9+\ln 2$；

(5) $\frac{1}{2}$； (6) $e-\sqrt{e}$； (7) $\frac{\pi}{4}$； (8) $\frac{1}{4}$.

2. 略.

习题 5.4

1. (1) 收敛于 π； (2) 收敛于 0； (3) 发散；

(4) 发散； (5) 发散； (6) 收敛于 $\frac{1}{2}$.

习题 5.5

1. (1) $\frac{14}{3}$； (2) $\frac{4}{3}$； (3) $\frac{32}{3}$； (4) $\frac{3\ln 2}{2}$； (5) 1； (6) 9.

2. (1) $\frac{32\pi}{3}$； (2) $\frac{512\pi}{15}$； (3) $\frac{2\pi}{99}$；

(4) $\frac{8\pi}{5}, \frac{\pi}{2}$； (5) $\frac{3\pi}{10}$； (6) $\frac{2\pi}{15}, \frac{\pi}{6}$.

3. 400 万，704 万，304 万.

4. 14 万.

5. 3.136×10^7 N.

6. 10.

7. 12m/s.

习题 5.6

答案略

复习题 5

一. 1. A； 2. D； 3. C； 4. D； 5. B.

二. 1. 2； 2. 2； 3. $\frac{9}{10}$； 4. 0.

三. 1. $\frac{1}{4}$； 2. 1； 3. $\frac{(e^2+1)}{4}$； 4. $\frac{1}{2}$.

四. 略.

五. 面积 $S=2$，体积 $V=\frac{\pi^2}{2}$.

习题 6.1

1. 略.

2. $(\frac{27}{2},0,0)$.

3. $\{5,7,-7\},\{1,-3,-3\}$.

4. $2\sqrt{3}$；$\frac{\sqrt{15}}{5}$.

5. 22；$19\boldsymbol{i}+24\boldsymbol{j}-21\boldsymbol{k}$.

习题 6.2

1. $\frac{x-3}{3}=\frac{y-1}{2}=\frac{z-2}{2}$.

2. $\frac{x-2}{2}=\frac{y-4}{-1}=\frac{z-6}{-7}$.

3. $\arccos\frac{4\sqrt{110}}{55}$.

4. $\frac{\pi}{2}-\arccos\frac{17\sqrt{35}}{105}$.

习题 6.3

1. $\sqrt{14}$.

2. (1) $\frac{x^2}{3}+\frac{y^2}{4}+\frac{z^2}{4}=1$；(2) $\frac{x^2}{3}+\frac{y^2}{4}+\frac{z^2}{3}=1$.

3. (1) $x^2-y^2-z^2=1$；(2) $x^2-y^2+z^2=1$.

4. 略.

复习题 6

1. 略.

2. $(-\frac{5}{18},0,0)$.

3. $(-8,5,-6)$；$(-4,-3,-4)$.

4. -4；$-\frac{4}{5}$.

5. $-17.9\boldsymbol{i}+9\boldsymbol{j}+9\boldsymbol{k}$.

6. $\dfrac{x+3}{-3}=\dfrac{y-1}{2}=\dfrac{z-2}{10}$.

7. $\dfrac{x-1}{3}=\dfrac{y-4}{-2}=\dfrac{z-5}{-6}$.

8. $\dfrac{19\sqrt{374}}{374}$.

9. $\dfrac{\pi}{2}-\arccos\dfrac{7\sqrt{3}}{130}$.

10. $(x-1)^2+(y-4)^2+(z-5)^2=42$.

11. (1) $\dfrac{x^2}{4}+\dfrac{y^2}{9}+\dfrac{z^2}{9}=1$；$\dfrac{x^2}{4}+\dfrac{y^2}{9}+\dfrac{z^2}{4}=1$.

12. $x^2-4y^2-4z^2=1$；$x^2+y^2-4z^2=1$.

13. 略.

习题 7.1

1. (1) $\{(x,y)\,|-2\leqslant x\leqslant 2, y\geqslant 1$ 或 $y\leqslant -1\}$；　(2) $(x,y)\left|\dfrac{x^2}{4}+\dfrac{y^2}{9}\leqslant 1\right.$；

(3) $\begin{cases}x+y>0\\y>0\end{cases}$；　(4) $x^2+y^2\leqslant 9$.

2. $f(x,y)=x^2+2y$.

3. (1) $-\dfrac{1}{2}$；　(2) 0.

4. (1) 坐标轴上的点；　(2) $y^2=2x$ 上的点.

习题 7.2

1. 18；18.

(1) $\dfrac{\partial z}{\partial x}=e^x[\sin(x+y)+\cos(x+y)]$；$\dfrac{\partial z}{\partial y}=e^x\cos(x+y)$；

(2) $\dfrac{\partial z}{\partial x}=4x^3-8xy^2$；$\dfrac{\partial z}{\partial y}=4y^3-8x^2y$.

3. (1) $\dfrac{\partial^2 z}{\partial x^2}=y(y-1)x^{y-2}$，$\dfrac{\partial^2 z}{\partial y^2}=x^y(\ln y)^2$，$\dfrac{\partial^2 z}{\partial x\partial y}=\dfrac{\partial^2 z}{\partial y\partial x}=x^{y-1}(y\ln x+1)$；

(2) $\dfrac{\partial^2 z}{\partial x^2}=12x^2+4y^2$，$\dfrac{\partial^2 z}{\partial y^2}=12y^2+4x^2$，$\dfrac{\partial^2 z}{\partial x\partial y}=\dfrac{\partial^2 z}{\partial y\partial x}=8xy$.

4. (1) $f(2,1)=-28$，$f(-2,1)=4$，$f(2,-1)=-4$，$f(-2,-1)=28$.

(2) $f(0,3)=-6$，$f(-4,-2)=8e^{-2}-3$

习题 7.3

1. $dz = 0.1 + 0.4\ln 2$.

2. 7.99.

3. (1) $dz = \dfrac{1}{x^2 + y^2}(x\,dx + y\,dy)$； (2) $dz = -\dfrac{y\,dx}{\sqrt{1 - x^2y^2}} - \dfrac{x\,dy}{\sqrt{1 - x^2y^2}}$；

(3) $dz = -\dfrac{x\,dx}{\sqrt{x^2 + y^2}} - \dfrac{y\,dy}{\sqrt{x^2 + y^2}}$； (4) $dz = x^{a-1}y^{b-1}(ay\,dx + bx\,dy)$.

4. (1) $e(e-1)^2$； (2) 4； (3) 8π； (4) $\dfrac{4\pi}{3}$.

复习题 7

1. (1) $\{(x,y) \mid -1 \leqslant x \leqslant 1, -2 \leqslant y \leqslant 2\}$； (2) $\left\{(x,y) \,\middle|\, \dfrac{x^2}{9} + \dfrac{y^2}{4} \leqslant 1\right\}$；

(3) $\begin{cases} x > 0 \\ x - y > 0 \end{cases}$； (4) $\left\{(x,y) \,\middle|\, 0 \leqslant \dfrac{x^2}{4} + \dfrac{y^2}{9} \leqslant 1\right\}$.

2. $f(x,y) = x^2 - 2y$.

3. (1) 不存在； (2) 1.

4. 略.

5. 42，63.

6. (1) $\dfrac{\partial z}{\partial x} = e^x[\sin(2x - 3y) + 2\cos(2x - 3y)]$；$\dfrac{\partial z}{\partial y} = -3e^x\cos(2x - 3y)$；

(2) $\dfrac{\partial z}{\partial x} = 4xy^2 - 3y$；$\dfrac{\partial z}{\partial y} = 4x^2y - 3x + 3y^2$.

7. (1) $\dfrac{\partial^2 z}{\partial x^2} = 6y(2y-1)x^{2y-2}$；$\dfrac{\partial^2 z}{\partial y^2} = 12(\ln x)^2 x^{2y}$；$\dfrac{\partial^2 z}{\partial x \partial y} = \dfrac{\partial^2 z}{\partial y \partial x} = 6x^{2y-1}(2y\ln x + 1)$；

(2) $\dfrac{\partial^2 z}{\partial x^2} = 2y^2$；$\dfrac{\partial^2 z}{\partial y^2} = 2x^2 - 18xy + 24y^2$；$\dfrac{\partial^2 z}{\partial x \partial y} = \dfrac{\partial^2 z}{\partial y \partial x} = 4xy - 9y^2$.

8. $f(0,0) = 0$.

9. 2.58.

10. 8.01.

11. (1) $dz = \dfrac{x\,dx}{\sqrt{x^2 + y^2}} + \dfrac{y\,dy}{\sqrt{x^2 + y^2}}$；

(2) $dz = -3y^3\,dx + (-9xy^2 + 8y^3)\,dy$.

12. (1) $e - 2$； (2) $\dfrac{\pi}{2}$.

习题 8.1

1. (1) $-\dfrac{1}{1-x^2}$； (2) $[-1,1)$； (3) $-\dfrac{1}{1-x^2}$； (4) $-\dfrac{1}{1-x^2}$.

习题 8.2

1. (1) $\dfrac{1}{1-x}$； (2) $-\dfrac{1}{1-x^2}$； (3) $\sin x$； (4) e^x； (5) $\dfrac{x}{(1-x)^2}$；

 (6) $-\dfrac{1}{x}\ln(1-x)(0<|x|<1$ 及 $x=-1)$； (7) $\ln(x+1)$.

2. (1) $e^x=1+x+\dfrac{x^2}{2!}+\dfrac{x^3}{3!}+\dfrac{x^4}{4!}+L+\dfrac{x^n}{n!}+L, x\in(-\infty,+\infty)$；

 (2) $\dfrac{1}{1+x^2}=1-x^2+x^4-x^6+x^8+L+(-1)^n x^{2n}+L, x\in(-1,1)$.

3. $\dfrac{1}{1+x^2}\overset{\infty}{\underset{n=0}{=}}(-1)n\left[1-\dfrac{1}{2^{n+1}(x-1)^n}\right], x\in(0,2)$.

习题 8.3

1. In[1]:=Series[Log[1+x],{x,0,8}]

 Out[1]=$x-\dfrac{x^2}{2}+\dfrac{x^3}{3}-\dfrac{x^4}{4}+\dfrac{x^5}{5}-\dfrac{x^6}{6}+\dfrac{x^7}{7}-\dfrac{x^8}{8}+o[x]^9$.

2. In[1]:=Series[arctan[x],{x,0,10}]

 Out[1]:=$x-\dfrac{x^3}{3}+\dfrac{x^5}{5}+\dfrac{x^7}{7}+\dfrac{x^9}{9}+o[x]^11$.

3. In[1]:=a=Series[sin[x],{x,0,5}]

 Out[3]=$x-\dfrac{x^3}{6}+\dfrac{x^5}{120}+o[x]^6$

 In[4]=b=Series[x * cos[x],{x,0,5}]

 Out[4]=$x-\dfrac{x^3}{2}+\dfrac{x^5}{24}+o[x]^6$

 In[5]:=D[a,x]

 Out[5]=$1-\dfrac{x^2}{2}+\dfrac{x^4}{24}+o[x]^5$.

复习题 8

1. (1) $(-1,1)$； (2) $(-\infty,+\infty)$；

(3) $R=0$;　　　　(4) $(-3,3)$;

(5) $\left[-\frac{1}{2},\frac{1}{2}\right]$;　　　　(6) $[4,6)$.

2. (1) $\frac{1}{(1-x)^2}$　$x\in(-1,1)$;　　　　(2) $1-x+\frac{1}{2}\ln\frac{1+x}{1-x}$　$x\in(-1,1)$;

(3) $\frac{x^2}{(1-x^2)^2}$　$x\in(-1,1)$;　　　　(4) $e^{x^2}+2x^2e^{x^2}-1$　$x\in R$;

(5) $\frac{2x}{(1-x)^3}-\frac{x}{(1-x)^2}$　$x\in(-1,1)$; (6) $S(x)=\frac{1}{2}\ln\frac{1+x}{1-x}(-1<x<1)$.

3. (1) $f(x)=\frac{x^2}{x-3}=-\sum_{n=0}^{\infty}\frac{1}{3^{n+1}}x^{n+2}$;　　　　(2) $\mathrm{sh}x=\sum_{n=0}^{\infty}\frac{x^{2n-1}}{(2n-1)!}(-\infty,\infty)$;

(3) $a^x=\sum_{n=0}^{\infty}\frac{(\ln a)^n}{n!}x^n(-\infty,\infty)$;　　　　(4) $\sin^2x=\sum_{n=0}^{\infty}\frac{2^{2n-1}\cdot x^{2n}}{(2n)!}(-\infty,\infty)$.

(5) $\frac{1}{x}=\frac{1}{3}\sum_{n=0}^{\infty}(-1)^n\frac{(x-3)}{3n}(0<x<6)$.

习题 9.1

1. (1) 特解； (2) 通解.
2. (1) $C=1$; (2) $C_1=1, C_2=-1$.

习题 9.2

1. $y=Cxe^{-\frac{1}{x}}$.
2. $y=Cx^2$.
3. $y=\frac{1}{4}x^3+\frac{C}{x}$.
4. $e^{-y^2}=e^{2x}-\frac{1}{2}$.

习题 9.3

1. (1) $y=(C_1+C_2x)e^{3x}$; (2) $y=e^{-x}(C_1\cos 2x+C_2\sin 2x)$.
2. $y=(4-x)e^{\frac{3}{4}x}$.
3. $y=C_1e^x+C_2e^{2x}+x(\frac{1}{2}x-1)e^{2x}$.

习题 9.4

1. In[]:DSolve[{y'[x]=ay[x]+1,y[0]=0},y[x],x]

$$Out[] = \left\{\left\{y[x] \to \frac{-1+e^{ax}}{a}\right\}\right\}.$$

2. In[]:DSolve[{y′[x] = x + y[x],y[x],x]

$Out[] = \{\{y[x] \to -1 - x + e^{x}C[1]\}\}.$

3. In[]:DSolve[{y′[x] + y[x] * cos[x] = Exp[− sin[x]],y[x],x]

$Out[] = \{\{y[x] \to e^{-\sin[x]} + e^{-\sin[x]}C[1]\}\}$

4. In[]:DSolve[{y″[x] − y[x] = Exp[x],y[0] = 0,y′[0] = 1,y[x],x]

$Out[] = \{\{y[x] \to e^{-[x]}(-1 + e^{2x} - e^{2x} + e^{2x}x^{2})\}\}$

复习题 9

1. (1) $\frac{1}{2}x^2 - 4x + \frac{1}{2}y^2 - 5y = 0$；　　(2) $y = ce^{x^2}$；

(3) $\sqrt{1-y^2} - \frac{1}{3x} + c = 0$；　　(4) $\sin y = ce^{\frac{x^2}{3}}$；

(5) $y = ce^{-\int p(x)\mathrm{d}x}$.

2. (1) $y = c_1 e^x + c_2 x e^x$；　　(2) $y = c_1 \cos 2x + c_2 \sin 2x$；

(3) $y = c_1 e^{3x} + c_2 e^x$.

3. $e^{2x} - \frac{1}{2}$.

4. $y = c_1 x + c_2 x^2 + x^3$.

习题 10.1

1. (1) 13；　(2) $a^2 + b^2$；　(3) 120.

2. $x_1 = \frac{D_1}{D} = 1, x_2 = \frac{D_2}{D} = -2, x_3 = \frac{D_3}{D} = 0, x_4 = \frac{D_4}{D} = \frac{1}{2}$.

3. $4A - B - 3C = 0$.

习题 10.2

1. (1) $\begin{bmatrix} -1 & 6 & 5 \\ -2 & -1 & 12 \end{bmatrix}$；　　(2) $\begin{bmatrix} 2 & 4 \\ 6 & 8 \end{bmatrix}$；

(3) $\begin{bmatrix} 10 & 4 & -1 \\ 4 & -3 & -1 \end{bmatrix}$；　　(4) $\begin{bmatrix} a^n & 0 & 0 \\ 0 & b^n & 0 \\ 0 & 0 & c^n \end{bmatrix}$.

2.(1) $\begin{bmatrix}-1 & 3 & 1 & 5\\ 8 & 2 & 8 & 2\\ 3 & 7 & 9 & 13\end{bmatrix}$；　　(2) $\begin{bmatrix}14 & 13 & 8 & 7\\ -2 & 5 & -2 & 5\\ 2 & 1 & 6 & 5\end{bmatrix}$.

(3) $\begin{bmatrix}3 & 1 & 1 & -1\\ -4 & 0 & -4 & 0\\ -1 & -3 & -3 & -5\end{bmatrix}$；　　(4) $\begin{bmatrix}\frac{10}{3} & \frac{10}{3} & 2 & 2\\ 0 & \frac{4}{3} & 0 & \frac{4}{3}\\ \frac{2}{3} & \frac{2}{3} & 2 & 2\end{bmatrix}$.

3. $x=-5, y=-6, u=4, v=-2$.

4.(1) $X=\begin{bmatrix}2 & -23\\ 0 & 8\end{bmatrix}$；　　(2) $X=\begin{bmatrix}-5 & 4 & -2\\ -4 & 5 & -2\\ -9 & 7 & -4\end{bmatrix}$.

5. 略.

6. 略.

7. $\begin{bmatrix}0 & 0\\ 0 & 0\end{bmatrix}$.

8.(1) $\begin{bmatrix}-2 & 2 & 1\\ -\frac{8}{3} & 2 & -\frac{2}{3}\end{bmatrix}$；　　(2) $\begin{bmatrix}1 & 1\\ \frac{1}{4} & 0\end{bmatrix}$.

9.(1) $\begin{cases}x_1=1\\ x_2=0\\ x_3=0\end{cases}$；　　(2) $\begin{cases}x_1=5\\ x_2=0\\ x_3=3\end{cases}$.

11. $\begin{bmatrix}2 & 0 & 1\\ 0 & 3 & 0\\ 1 & 0 & 2\end{bmatrix}$.

12. $\begin{bmatrix}1 & \frac{1}{2} & 0\\ -\frac{1}{3} & 1 & 0\\ 0 & 0 & 2\end{bmatrix}$.

13. $A^4=\begin{bmatrix}5^4 & 0 & 0\\ 0 & 5^4 & 0\\ 0 & 2^4 & 2^4\end{bmatrix}$.

14. $3^{n-1}\begin{bmatrix}1 & \frac{1}{2} & \frac{1}{3}\\ 2 & 1 & \frac{2}{3}\\ 3 & \frac{3}{2} & 1\end{bmatrix}$.

15. $\begin{bmatrix}1 & 0 & 0\\ -\frac{1}{2} & \frac{1}{2} & 0\\ 0 & 0 & 1\end{bmatrix}$.

16. $\frac{1}{2}(A+2E)$.

17. $A=\begin{bmatrix}1 & 0 & 0\\ 2 & 0 & 0\\ 6 & -1 & -1\end{bmatrix}, A^5=\begin{bmatrix}1 & 0 & 0\\ 2 & 0 & 0\\ 6 & -1 & -1\end{bmatrix}$.

习题 10.3

1. (1) $\begin{pmatrix}1 & -2 & -3 & 0\\ 0 & 2 & 4 & 1\\ 0 & 0 & 0 & -7\end{pmatrix}$;　　(2) $\begin{pmatrix}1 & 1 & -2 & 1 & 4\\ 0 & 1 & -1 & 1 & 0\\ 0 & 0 & 0 & 1 & -3\\ 0 & 0 & 0 & 0 & 0\end{pmatrix}$.

3. (1)2;　(2)3;　(3)3.

3. 2,3.

4. $\lambda=5, \mu=1$.

习题 10.4

1. (1) 当 $a\neq 0$ 且 $b\neq 0$ 时，方程组有唯一解，$x_1=\frac{2b-1}{(a-1)b}, x_2=\frac{1}{b}, x_3=\frac{1-4b+2ab}{(a-1)b}$;

(2) 当 $a=0$，即 $b\neq\frac{1}{2}$ 时，方程组无解;

(3) 当 $b=0$ 时，方程组无解.

2. $k\neq\frac{3}{5}$.

3. 2.

4. (1) $X=k_1\begin{pmatrix}\frac{9}{4}\\-\frac{3}{4}\\1\\0\\0\end{pmatrix}+k_2\begin{pmatrix}\frac{3}{4}\\\frac{7}{4}\\0\\1\\0\end{pmatrix}+k_3\begin{pmatrix}-\frac{1}{4}\\-\frac{4}{5}\\0\\0\\1\end{pmatrix}$；

(2) $X=\begin{pmatrix}\frac{3}{5}\\0\\\frac{4}{5}\\0\\0\end{pmatrix}+k_1\begin{pmatrix}-3\\1\\0\\0\\0\end{pmatrix}+k_2\begin{pmatrix}\frac{7}{5}\\0\\\frac{1}{5}\\1\\0\end{pmatrix}+k_3\begin{pmatrix}\frac{1}{5}\\0\\-\frac{2}{5}\\0\\1\end{pmatrix}$.

习题 10.5

1. 设变量 x_i 为第 i 种(甲、乙)产品的生产件数 $i=1,2$.

根据题意，我们知道两种产品的生产受到设备能力(机时数)的限制. 对设备 A，两种产品生产所占用的机时数不能超过 65，于是我们可以得到不等式

$3x_1+2x_2\leqslant 65$；

对设备 B，两种产品生产所占用的机时数不能超过 40，于是我们可以得到不等式

$2x_1+x_2\leqslant 40$；

对设备 C，两种产品生产所占用的机时数不能超过 75，于是我们可以得到不等式

$3x_2\leqslant 75$；

另外，产品数不可能为负，即 $x_1,x_2\geqslant 0$.

同时，我们有一个追求目标，即获取最大利润. 于是可写出目标函数 z 为相应的生产计划可以获得的总利润：$z=1500x_1+2500x_2$. 综合上述讨论，在加工时间以及利润与产品产量呈线性关系的假设下，把目标函数和约束条件放在一起，可以建立如下的线性规划模型：

$\max z=1500x_1+2500x_2$

$$\text{s.t.}\begin{cases}3x_1+2x_2\leqslant 65\\2x_1+x_1\leqslant 40\\3x_{2n}\leqslant 75\\x_1,x_2\geqslant 0\end{cases}.$$

2. 设 x_{ij} 为 A_i 运往 B_j 的运量(万块)，构造目标函数

$\min S=50x_{11}+60x_{12}+70x_{13}+60x_{21}+110x_{22}+160x_{23}$

$$
\text{s.t.}\begin{cases}x_{11}+x_{12}+x_{13}=23\\x_{21}+x_{22}+x_{23}=27\\x_{11}+x_{21}=17\\x_{12}+x_{22}=18\\x_{13}+x_{23}=15\\x_{ij}\geqslant 0\end{cases}.
$$

习题 10.6

答案略

复习题 10

1. 0.
2. 2.
3. -2.
4. $\begin{pmatrix}0 & -1 & 1\\-1 & 1 & 0\\1 & 0 & 0\end{pmatrix}$.
5. 2.
6. -2.
7. 4.
8. $|\boldsymbol{A}+\boldsymbol{E}|=0$.
9. $-\boldsymbol{A}$.
10. 5.
11. $|\boldsymbol{A}-3\boldsymbol{E}|=0$.
12. 6.
13. 5.
14. $\boldsymbol{B}=\begin{pmatrix}0 & 0 & 1\\-1 & 1 & 3\\3 & 2 & -5\end{pmatrix}$.

主要参考文献

[1] 顾静相．经济数学基础．北京:高等教育出版社,2000.

[2] 盛祥耀．高等数学．北京:高等教育出版社,2002

[3] 何春江．高等数学．北京:中国水利水电出版社,2006.

[4] 姜丽娟,池春姬,万淑香．高等数学．成都:电子科技大学出版社,2006.

[5] 陈水林,易同贸．高等数学．武汉:湖北科学技术出版社,2007.

[6] 侯云畅．冯有前 刘卫江．高等数学(应用高等数学)．北京:高等教育出版社,2009.

[7] 钱椿林．高等数学 (第二版)．北京:电子工业出版社,2010.

[8] 刘传宝．高等数学．重庆:重庆大学出版社,2010.

[9] 吴云宗．高等数学(应用高等数学)．北京:高等教育出版社,2011.

[10] 朱国权．高等数学(应用高等数学)．北京:高等教育出版社,2011.

[11] 赵红革,颜勇．高等数学．北京:北京交通大学出版社,2011.

[12] 窦连江 ,林漪．高等数学(经管类专业适用)(第二版)．北京:高等教育出版社,2011.

[13] 欧阳光中．文科高等数学(应用高等数学)．北京:高等教育出版社,2012.

[14] 李文丰．高等数学(应用高等数学)．北京:高等教育出版社,2012.

[15] 天津大学数学系．高等数学学习辅导．北京:高等教育出版社,2014.

[16] 同济大学数学系．高等数学(第六版)．北京:高等教育出版社,2014.

[17] 李广全．高等数学(应用高等数学)．北京:高等教育出版社,2014.